问世间美为何物

美学新讲

张法 著

四川人民出版社

图书在版编目（CIP）数据

问世间美为何物：美学新讲 / 张法著 .— 成都：
四川人民出版社，2024.3
ISBN 978-7-220-13571-2

Ⅰ.①问… Ⅱ.①张… Ⅲ.①美学–通俗读物
Ⅳ.① B83-49

中国国家版本馆 CIP 数据核字（2024）第 024007 号

WEN SHIJIAN MEI WEI HEWU: MEIXUE XIN JIANG

问世间美为何物：美学新讲

张 法 著

出 版 人	黄立新
责任编辑	王定宇 母芹碧
装帧设计	李其飞
责任校对	舒晓利
责任印制	祝 健
出版发行	四川人民出版社（成都三色路238号）
网 址	http://www.scpph.com
E-mail	scrmcbs@sina.com
新浪微博	@四川人民出版社
微信公众号	四川人民出版社
发行部业务电话	（028）86361653 86361656
防盗版举报电话	（028）86361661
照 排	成都木之雨文化传播有限公司
印 刷	四川机投印务有限公司
成品尺寸	185mm×250mm
印 张	17.25
字 数	306千
版 次	2024 年 3 月第 1 版
印 次	2024 年 3 月第 1 次印刷
书 号	ISBN 978-7-220-13571-2
定 价	68.00 元

题　记

人言美在此山中
寻觅方知行路难
心想着
各美其美应有缘
美美与共岂无因
好几回
宛在林尽水穷处
临近看
云起云落山外山

目录

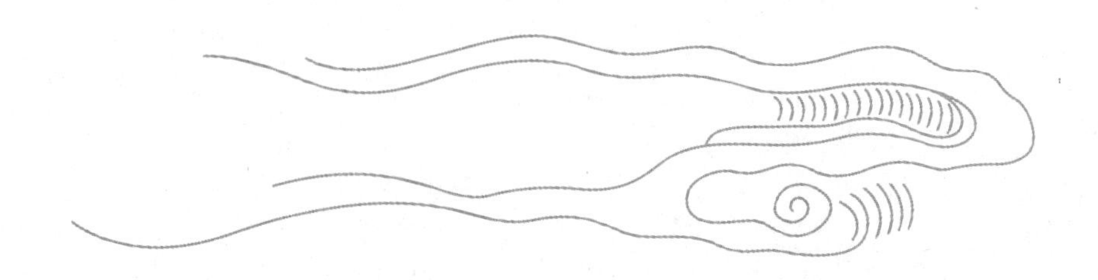

第一讲

美为何物

一

三个命题与美学之难

人生在世，皆知世界有美，皆怀向往美、追求美之心，皆有过拥有美、欣赏美、陶醉美之时……然而，倘若你遇上一个像柏拉图《大希庇阿斯篇》中苏格拉底那样的哲学家，猛然地问你一句：什么是美？不知道你会不会给出一个正确的回答。

在《大希庇阿斯篇》中，那些被问到的人，最初都信心满满地给出自己的答案，对那些花样百出的回答，且进行义同形异的重组，可为：一个说，美就是住在我家对面的那个漂亮姑娘。另一个说，美就是我家庭院中的那朵开得红艳艳的鲜花。还有一个说，美就是我爸书房里那个精致的陶瓶。第四个说，美是他们城邦神庙中的阿波罗雕像……当这帮人一一说出自认为不错的答案之后，苏格拉底严正指出：我问的不是某一具体事物，人、花、器皿、雕塑，等等，是美的，而是问的为什么这些具体事物能够被称为是美的。人、花、器皿、雕塑，等等，明明是不同的东西，是什么决定了这些东西是美的。

苏格拉底的问，包含着很多内容，就柏拉图的本意来讲，最重要的是，要让人们从理论上去思考美的问题。从西人的思维方式来讲，就是，宇宙中任何事物都处在现象与本质的结构中，人、花、器皿、雕塑等事物是美的，这是现象，决定这些人、花、器皿、雕塑为什么是美的，是本质。现象各不相同，本质只有一个，知道了这个美的本质，才能从理论上知道什么是美，才能从理论上讲清楚大千世界各种各样的美。因为柏拉图书中的这一问，西方文化开始尝试美学的建构，即获得关于美的理论形态。苏格拉底之问也成为后来西方美学著作（以及受西方美学著作影响的世界各文化的美学著作）的基本结构：首先是关于美的本质的论述，然后进

图1–1 苏格拉底（前469—前399）

入由美的本质决定的艺术、自然、社会、生活等各领域的美，以及美的基本类型——优美、壮美、崇高、滑稽、悲剧、喜剧……然而，第一，这一由柏拉图确立的研究美学的方向或曰讲述美学的方式，只是一种西方文化才有的方式，各非西方文化，进入世界现代进程之前，都不是用这种理论方式去谈美，而是用自身文化的特有理论方式去谈论美，而且讲得口生莲花，文如锦绣，与西方文化异曲同工。第二，西方文化自身，自柏拉图以美的本质之问开启西方美学之路以来，历尽艰辛，在柏拉图之问一千多年以后，美学方在德国的鲍姆加登那里，正式成为一门学问，并在康德和黑格尔那里得到完善。而且，康德、黑格尔取得胜利不久，这一从柏拉图到鲍姆加登再到黑格尔的西方古典美学类型，又遭到20世纪西方哲学家和美学家的群起否定。本来，柏拉图在《大希庇阿斯篇》中提出美的本质，并对之进行了各种各样的追问之后，发现对这一提问无法得出一个正确的结论。因此，这一篇具有伟大开创性的对话录，以一句令读者失望的话来结尾：美是难的。

从柏拉图的一声叹息，到西方文化建立美学的拖拉，到各非西方文化，特别是中国文化和印度文化，都不用西方美学的方式去谈论美，就可知，柏拉图确实面对着一个非常困难的问题。美是难的，难在什么地方呢？这里且用三个西方型的命题，来呈现美之难。

这朵花是圆的。

这朵花是红的。

这朵花是美的。

首先要解释一下，所谓西方型命题，即不是中国古代文献上一再讲的“命题立意”之类，而是亚里士多德《范畴篇》讲的proposition（命题），用学术方式讲，命题是指，用一个判断句来表达一个要表达的语义，讲通俗点，命题是西方文化得出真理的方式，它以判断句的形式，对作为具体事物的“主项”（这朵花），通过具有逻辑严格性的“是”或“不是”的“判断”，与一个用谓项表达的“本质性”的概念（圆、红、美）关联起来，得出一个放之四海而皆准的普遍性结论。把事物和世界，用概念进行逻辑组织，形成正确的命题，由一个个命题的提出，最后形成正确的理论体系。命题的正确保证着理论的正确，确保人获得客观真理。这是一种西方型理论方式。但进入这一方式，并将之关联到其他非西方文化（比如中国文化和印度文化）的方式，却可以对世界的性质和理论的性质，得到理论性的理解，同样，也使本书的主题，美学问题，得到基本性的理解。

上面的三个命题，第一个命题讲花的形状。物的形状是由物的客观物理事实确定的，不以任何人的主观状态而改变。这是一个正确的具有必然性的放之四海而皆准的理论命题。谁要说这朵花不是圆的，肯定错了。第二个命题讲花的颜色。物的颜色并不是物本身固有的，而是由多种因素构成的，一是由光波，波长800—390纳米的光波可以形成红橙黄绿青蓝紫的颜色。二是由花的性质，光照射到花上，这种花的物理性质吸入其他波长但使之不显，而只把与红相关的800—600纳米的波长呈现出来，形成此花的固定色。三是由人眼的性质，人眼在生物进化中，形成了杆状细胞和椎状细胞为主的视感官，人因在视感官中有如上构成，方能看见800—600纳米光波在此花上所呈现的红。许多食草动物看不见颜色，只有灰色视觉，大部分哺乳动物，视觉相同于色盲之人，有些动物比人色觉更好，很多昆虫可看见800纳米—1毫米长光波的红外线之色，蛇能看到400—10纳米光波的紫外线之色。四是由人脑的性质，花之红在光的变化中、在与周围其他事物的互动中，会发生不同色彩变化，但人之看花，由椎状细胞经神经系统传导到大脑皮层，在由文化形成的心理定式中，认知到花作为红的固有色，使花的红在人的感知中具有恒定性，不管花在昼夜晨昏阴晴的光线中怎样变化，都被认知为红。[①]花之红还有更多的内容，与这里的主题无关，仅从以上四条可知，花的红乃主客互动与合和的结果。虽然花之红必须依赖于人的视感官方能成立，但对人来说，花之红仍为一种与花之圆一样的“客观事实”。如果你不是色盲又说此花不是红的，那肯定错了。总之，花的红与花的圆一样，正确答案都只有一个，都非常符合建构一种西方型的理论的命题。下面到第三个命题，就开始出大问题了。你说这朵花是美的，他说不美，你却不能说他错，顶多只能说，他的审美观与你不同。这意味着什么呢？前两个命题都有客观的物理（或者加上主体生理）标准，而且都可以把命题与客观事物（或加上主体生理结构）进行对照而加以验证。但对花之美，没有客观的物理事实，花之美，不是花之蕊、之瓣、之叶、之茎、之色、之香，而是既在之蕊、之瓣、之叶、之茎、之色、之香里面，又是超出这些因素，且难以形求的东西。知道了花之红要加上主体方面的因素才成立，花之美呢，在那些感受到花之美的人的生理感官中，却进不到感受美的专门细胞、专项感官、专门的皮层区域。人的生理心

---

① 参见特沃列·兰姆、贾宁·布里奥编：《色彩》，刘国彬译，北京：华夏出版社，2011，第85-106页。

理机能感受到花的美，却不能科学地指出是怎样感受到美的。对花的审美感知和其他感知，审美情感和一般情感，审美愉快和一般愉快，在生理（感官构成）和心理（大脑皮层）上找不到确切实在的定位。从科学上和理论上讲，你说这朵是美的和他说不美，从客观的物理因素和主体的心理因素上看，都不能实体地确定下来。这就是美的理论之难。

三个命题中，第一个命题具有宇宙普遍性真理，圆是一个放之天地而皆准的客观存在，并随时可以验证。第二个命题只具有人类普遍性真理，是人与世界互动后的产物，仅在人中才可以验证。第三个命题从现象看只有部分真理，从本质看是确有真理但甚为复杂，用西方古典的实体性逻辑无法验证（花中找不出美的专门因子来，心中找不出感受美的专门细胞来）。通过这三个命题可以知道美的理论建构之难，然而，以这种方式呈现的美的理论建构之难，却通向西方人最初并未想到，而又确实存在着的人在其中的世界构成。而理解这一世界构成，方能使人体悟到美的理论建构之难，以及这难对人类的意义。

三个命题与三大文化的世界结构

以上的三个命题，从第一到第三，真理的普遍性范围越来越小，验证越来越难。又恰巧透出了两个重要的特性，一是世界的构成，二是理论的特性。

先讲第一个方面。人所存在的客观世界，以三种基本方式存在：一种恰似花之圆，是不以人的主观意志为转移的客观存在。有人还是没有人，这一类世界都是如此，永远如此。另一种宛如花之红，是依赖于人的性质，在与人进行互动中，方成为如此的存在。在一些与人不同的物种眼中，如在食草动物、许多昆虫、各类蛇虺的眼中，世界呈现为另一种色彩模样。还有一种仿佛花之美，它在世界中存在着，但为虚体，虽为虚体，又从实体事物上显现出来。对之要想确知，却无从寻觅，用中国《老子》（第十四章）的话来讲，是视之“不见其形”，听之“不闻其声”，搏之而得不到的存在。用印度《歌者奥义书》的话来讲，它是“人体之外的空”“人体之内的空”“心中的空”[①]。用司空图《诗品·缜密》的诗句来讲，乃“是有真迹，如不可知，意象欲生，造化已奇”。

以上的三种形态又浑然一体地作为整体世界存在着。人在自身的演进中，展开为不同的文化，不同文化面对如此的世界，进行整体思想时，各按自身的实践方式，对世界进行观察、思考、组织，得出了自认为应是如此的世界图景，各有不同。人类产生以来，从思维方式和思想类型上看，经历了五大阶段，以虚体之灵为主的原始阶段，以神为主的早期文明，以哲学理性为主的轴心时代，以科学加哲学理性为主的走向全球一体的现代时期，以电视—电脑—手机的电文化为主的多元哲学思想互动的全球化时代。在这五大时期，三大地区的哲学理性的思想升级最为重要：由地中海的希腊和希伯来综合成的西方思想，由南亚的以奥义书为基础的印度教、佛教、耆那教形成的印度思想，由以孔子和老子为代表的先秦诸子形成的中国思想。三大文化形成人类思想的三种基本形态，并开始对美进行理性思考和理论组织。

（一）“花之圆”型的思想与西方的世界结构

西方人面对三类一体世界，把思想着重点放在“花之圆”这类不以人的主观意志为转移的存在形态上，并以这一形态为基础或曰为主干，建构起包括“圆”“红”“美”在内的整体世界的基本模式。这一以“花之圆”为基础的思维方式，确立了以几何学为基础的哲学思想。柏拉图学院门牌大书：非懂几何，切莫入门。几何学专注物体之形体（比例尺度），对形体进行精密计算（数），在计算中进行严格推理（逻辑）。希腊人看待世界进行思想的三大要项，美的“比例”、精确的“数”、严格的“逻辑”，都来自一个古老的语词——逻各斯（logos），逻各斯被汉译为“道”。这一来自古代思想又加以改进了的逻各斯之“道”，以几何学的三大要项为指导，就可以面对任一事物或整个世界，说出明晰确定的“是”（希腊文的εἰμί即英文的to be）来。当理性哲学在希腊产生之后，事物和世界的存在，通过“是”而得到确定。因此，“是”成为西方哲学最重要的东西，说“是”就意味着有物“存在”（而非“不存在”），存在之物一定是实体的“有”（而不是虚体的“无”），这一

---

① 参见《奥义书》，黄宝生译，北京：商务印书馆，2012，第156页，See S. Radhakrishnan. *The Principal Unpanișads*.（英梵对照本）New York：Humanities Press INC, 1953, p.388.

"存在"之"有"一定是正确的可以用定义表达出来又在现实中进行验证之"是"。正是从"是"开始，按花之圆的方式运行，曾为流动性的逻各斯变成了严格的亚里士多德的逻辑，专用来证明"存在"的"有"的世界何以为"是"。

且看希腊人是怎样从花之圆这一方式出发，并按照花之圆之"逻各斯"去建立自己的世界观念的。对世界的认知，可以分为三个层面，一是具体的单个物体，可称为个物；二是同类个物的集合，可称为类物；三是由一切个物和类物形成的世界整体。对三类事物，希腊人用花之圆的方式进行认知，并建立起自己的世界观。

每一具体之物，是多种属性的统一。比如人，有身高、重量、肤色、性别等自身的身体属性等，同时与他物和世界处在一定的关系之中，并由这些关系及关系物产生并决定着一些属性，比如地点（雅典城内、商店门口、运动场中）、时间（童年、中年、老年）、拥有物（房屋、食物、技能、知识），还有具体的存在状态，如言谈举止姿势，在与具体相关物中是主动的（医生做手术）或被动的（病人被做手术）。在古希腊人看来，所有这些林林总总的属性可以分为本质属性和非本质属性，本质属性贯穿于这一物体从产生到死亡的全过程，决定了这一事物之为此物，非本质属性则只在此物的某一阶段存在。因此认识某一事物，最重要的，就是去认识这一事物的本质属性。希腊语与西方语一样，一个词有多种形态，人要认知物的属性，都要用εἰμί（相当于英语的to be和现代汉语的"是"）来准确表达。因此，用是（εἰμί）的阴性分词ουσία（英译即substance）来指具体个物的本质。中文翻译为实体或本体。只要我们知道这个实体或本体或本质来自"是"，由求"是"思维直接推出，就算得其要旨。这一点在英语中显得更清楚，就是从对一物认知开始的to be（是什么）到认知结果的being（此物的"本质之是"）。这里being已经排除了所有非本质的to be（是），而只留下本质之是（being）。

对个体之物的认知，一个重要方式就是把个物归为类，比如人，先归到动物，再归到生物，如此等等，同一类就有这一类的共性。然而个体之物是多种属性的统一，属于他的各种属性，都有其类，有实体性的属性归类：人的身高归为以米、厘米、毫米相关的长度一类，体量归于两、斤、公斤相关的轻重一类，肤色属于黑、白、黄等色彩一类，人种属于家族、民族、种族一类，如此等等；还有各种抽象品质的归类，如善恶属于道德，美丑属于审美，脾气属于气质，兴趣属于爱好，如此等等。很多属性，对于个体来讲，是非本质的。但对这一属性存在于各种不同事物中来讲，又有其共同的本质，比如红色，花有红的，布有红的，墙有红的，血是红的，火是红的……

红作为这些不同事物的共性，有一个本质，希腊把这种类物的本质称为ιδεα（理式），中外学人都研究了，在希腊语中，“理式”（ιδεα）也与“是”（εiμί）有非常紧密的关系[①]，可以说也由“是”而来，同样乃求是思维导出的结果。在类物层面的求本质中重要的是，不仅是在个物整体性种属体系内追求共性本质，如星、云、山、河、人、兽、花、草……而且是在个物的分离性属性中追求共性本质，如颜色、长短、高下、善恶、美丑……这里的对象，不是某一个物的整体，而是其部分，正是在这里，本质追求进入一个更加抽象和更加复杂的层面。通过各类物种中的分离属性进行跨种属的重组，呈现了一种世界的分类方式。而这种新方式，又是在个物本质追求的原则和逻辑上进行的，把抽象的属性，如数量、善恶、爱好等，转变为实体的东西，可以说，把花之红按花之圆的方式进行，忽略了花之红的复杂性，把它放进了花之圆的普遍性的推导中。在类物层面的求是运行中，美的本质问题会与红的本质问题一样被提出来，但却难以像红的本质那样得到解决。其解决要从更高的层面方可得出。

把世界万物进行类物层面的分类，一级级上升，最后达到世界的整体本质。世界中个物由ουσία（substance，即实体或本体，即个物的本质之是）可以得到确定，世界中的类物由ιδεα（idea/form，即理式，即类物的本质之是）可以得到确定，世界的整体就是个物和类物的大集合。对个物和类物的本质的确认，是从认知的“是”（εiμί即to be）到本质的确定之是（ουσία）和类物的本质之是（ιδεα）。同样，对世界整体的确认，也是从认知的“是”（εiμί即to be）开始，到确定的oϋ（世界整体的本质之是），在希腊文中oϋ是εiμί的中性分词。用英文来讲更为清楚，就是从to be（是……）到Being（世界整体的本质之是）。对于中文世界的读者，可以把希腊文三个层面的本质ουσία、ιδεα、oϋ，都按essence（本质）理解即可。从词汇史讲，个物之是的ουσία在闪米特各种语言中去跨界旅行一圈之后，再被翻译回拉丁文，成了essentia（本质），又成为英语和法语的essence（本质）。[②]但同时要知道三个层面的本质又是有差异的。这一差异，本来大致可以对应于“花之圆”“花之红”“花之美”，但希腊人面对三个不同层面却用“花之圆”型的“是”一以贯之，从而形成了西方世界观的基本特质。

希腊人在世界的三个层面进行的如上的知识进路，可以从两个方面进行总结，一

---

① See C. C. W. TAYLOR ed. *From the Beginning to Plato*. New York：Routledge，1997，p.332；王晓朝：《绕不过去的柏拉图——希腊语动词eimi与柏拉图的型相论》，《江西社会科学》2004年第4期。

② 葛瑞汉：《论道者：中国古代哲学论辩》，张海晏译，北京：中国社会科学出版社，2003，第465页。

是从西方思想的特性本身，二是从世界构成的三个层次。先从西方思想的特性本身来讲。如上的三个进路使西方世界成了一个实体-区分型的世界。这一实体-区分型世界有如下特点：

第一，世界是由实体构成的。凡物都是实体，实体可以大如地球，小如原子，但都是实而非空，构成西方的物与空间的关系，作为实体之物存在于空间之中，在空间中运行，但与空间没有本质关系。占有空间和征服空间成为西方人的特征之一。罗马哲学家卢克莱修（Titus Lucretius Carus，约前99—约前55），用诗的语言，呈现了西方实体宇宙的基本结构：

> 独立存在的全部自然，是由于
> 两种东西组成，由物体和虚空
> 而物体是在虚空里面，在其中运动往来。①

第二，实体是有本质的，并由本质决定。本来，物体存在于时空之中，是在时间中变化的，但从个物本质理论，变化的是非本质属性，本质属性不会改变，这样时间带来的变化无论多么重要都与本质无关。西方文化形成了排斥时间的空间性文化。

由以上两点，实体在本质上与空间无关，也与时间无关，形成了西方文化最重要的特点。物体是独立的个体，在本质上可以与他物完全区分开来。认知物体应当就物体本身（排除所有关联）进行认知。把这一原则运用到人，形成了个人权利和自由意志；运用于物，形成了亚氏逻辑中的物和实验科学中的物。这两大使西方文化走向现代化的要项的理论基础，都突显了个物作为个体的独立性。

第三，实体是可区分的。个物可以与他物区分开来而独立，同样个物本身的各个组成部分也可以与之区分开来进行独立的观察和分析。这是西方理论的基础，也是从古希腊哲学和科学开始的还原论的本原追求和元素分析。由于世界三个层面在本质上的实体性，可分性要有一个终点，在物体的最小方面是原子（原子的希腊词ἄτομον的词义即为不可再分）；在理念的最后核心是理式（ιδεα），在世界的最大方面是Being（有-在-是本身）。这样最小的不可再分的原子、最大的不可变无的Being（大有），构成了对在最大和最小之间的万物的可分性认知。而观念上的最后的理式，成为对世

---

① 北京大学哲学系编译：《古希腊罗马哲学》，北京：商务印书馆，1961，第391页。

界中从最大到最小之“存在之有”进行分析的理论工具，成为学科分类的理论基础。因此，由对实体进行区分而达到本质认识，成为西方思想的基本方式。

第四，实体是可以定义的。从古希腊开始的西方特有实体性区分性的本质追求，形成特有的语言方式，即用定义的语言形式，具体讲即“是……”的句式，对本质进行明晰的语言表述。欧几里得《几何原本》第一章第一节就是给出“定义”，如：“点是没有部分的”，“线只有长度，没有宽度”，“圆是由一条线包围成的平面图形，其中有一点与这条线上的点连接成的所有的线都相等”。①

第五，实体世界是二分的。人对世界认知，一旦像希腊人那样，一方面用实体区分的方式，如上所讲，使个物在本质上与空间区分开来、与时间变化无关，可以进行层层面面的细分微察，从而得到关于个物的明晰知识；另一方面，人又是靠工具（物质工具和思维工具）去认识世界的，人的工具发展的程度又决定了，用实体区分的方式，只能认知一部分个物和类物，及认识到某一层级和类级，从而世界被区分成了已知世界和未知世界两个部分。作为这两部分统一的Being（整体的存在之是），用实体-区分型思维，由近到远或曰由部分到整体的方式推论出来，未知部分被认为与已知部分有相同的性质，可以由人的工具一步步发展和提升而被不断地认知。因此，对西方人来讲，未知世界，从工具的严格性来讲，是未知的，但从由工具进行的逻辑推导来讲，又是已知的。然而，因为这一已知还未经过验证，因此，从哲学上讲，就是希腊人得出来的Being（整体之有的存在）；从宗教上来讲，就是希伯来人创造又由基督教承继过去的上帝。希腊人的世界整体需要一个“整体之有的存在”或“上帝”来给自己以文化自信。因此，当希腊思想与希伯来思想在罗马帝国后期结合成基督教思想，并成为西方思想的主流时，早期的希腊文本把《圣经·出埃及记》（3.14）中“eheyeh asher eheyeh”（简体中文和合本译为“我是自有永有的”），用希腊文译为“Ego eimi ho on”（用英语讲即“I am The Being”，用汉语讲就是“我乃整体之有的存在”）。总之，上帝等于Being（世界的整体之有的存在），是西方思想运行的必然结果。但这并没有改变世界被区分为已知和未知两个部分的事实，只是每当已知部分有了质的提升，世界的整体的性质就会进行一次新的改变，古代科学得出的亚里士多德-托勒密型的世界整体，到近代科学成为哥白尼和牛顿的世界整体，到现代科学又成了爱因斯坦型的世界整体，但无论世界整体的性质怎样随科学工具和思想的进展而升

① 欧几里得：《几何原本》，诗翁译，天津：天津人民出版社，2018，第1-2页。

级，世界整体都不会改变其作为Being或上帝的性质。从宏观上讲，可以说，希腊的科学-哲学与希伯来的上帝一道，消灭或排斥一切非科学的灵或神的异教思想，而把整个世界变成一个具有实体-区分性质且有着客观规律的物质世界。

以上五点，是从西方思想自身的视角去看的，这样的好处是不但可以进入得深入些，而且可以对之有因换位思考而来的同情之理解。现在需要从世界构成的三个层次去看西方的实体-区分型思想，从而可以看出西方思想在取得重要成就的同时，是怎么走偏了的。西方思想可以说都是从"花之圆"得出来的，就世界本就存在着"花之圆"来讲，西方通过把个物与他物区别开来，把空间和时间区别开来，乃至把宇宙整体区别开来，而取得了最明晰的结论。西方文化的两大基础，亚氏逻辑和实验科学，都是在此基础上产生出来的。然而，当进入世界构成中的"花之红"部分时，西方人仍是用"花之圆"去思考"花之红"，从而把"花之红"不是按照本来方式看成主客互动的结果，而仍看成不以人的主观意志为转移的客观规律。正因为这样看，产生了很大困难，因此西方把颜色排除在理论思考之外，古希腊的毕达哥拉斯、柏拉图、亚里士多德、欧几里得的理论成果都与颜色无关，近代哥白尼、伽利略、开普勒的理论成果，也与颜色无关。当牛顿通过光谱把色彩纳入科学理论之后，西方理论在色彩上仍充满一个又一个的困惑。关键在于色彩问题不是一个纯客观的问题，而是一个主客互动的问题。直到现代物理学的理论升级，方把主观互动而形成的世界构成部分，纳入西方科学和哲学思想的主流观念之中，主要体现在科学上的相对论、量子论和哲学上的现象学、符号学，以及各类后现代的思想中。同样，当西方人面对"花之美"时，仍是按照"花之圆"的方式去思考，仍把"花之美"看成一个与"花之圆"相同的实体结构，而不是按照花之美的本来那样，看到一个虚实互补且重点在虚的结构。这样虽然西方从古希腊开始就进入对美（以及与美相同性质的事物）的理论思考，但在美的理论上一直困难重重，虽然以"花之圆"的方式去建构美的理论，也取得了一次又一次的胜利，但按照西方实体-区分型的理论的严格性来讲，却难讲圆满，特别是相对论以及时空一体论的产生，量子论以及暗物质和暗能量的发现，精神分析、存在主义、后期维特根斯坦思想的出现，才把谈论和建构美的方式，转到了虚实结构上来。然而，由于西方思想是在实体-区分基础上形成的，当自20世纪开始转到主客互动论和虚实结构论，也是在实体-区分型思维推动下一次次的思想升级后出现的，在讲主客互动论和虚实结构论时，仍带着较强的实体-区分型的基质，西方思想的调整还在演进之中，但只要知道世界是三种层面的统一体，对于西方思想从古代到现代以来的复杂演进，就会有较好的理解。

（二）“花之红”型的思想与中国的世界结构

中国人面对三类一体世界，把思想着重点放在“花之红”这一主客互动而形成的存在形态，并以这一形态为基础或曰为主干，建构起包括“圆”“红”“美”在内的整体世界的基本模式。这一以“花之红”为基础的思维方式，体现在中国哲学的最高概念“道”的字形和词义中。下面是道在甲骨文和金文中的字形：

[illegible]（严一萍《释[illegible]》）[illegible]（《散盘》）

甲骨文的道，由[illegible]（人）和[illegible]（道路）两部分组成，金文中人简化为首和止（脚），重在脚，止又可换寸（肘），重在手。正书里止（脚）或寸（手）之义并在辶（辵）里，只有首，道路之[illegible]（行）也化入辶之中，成为（首加辶）之“道”。因此，道，是人行走在道路之中。道字所内蕴和反映的观念，回溯到远古，最初包含两个部分，一是日月星运行的天道，道中之“人”实为道中之神，比如，当人以太阳为鸟，这个人即鸟头人身的太阳神。与之相应，人在地上的仪式中，族群的巫王在与世界整体同形的亞形仪式空间中模仿太阳神，以鸟头人身的装饰举行仪式，太阳运行被文化地想象为地中巫王的舞步运行。巫王在仪式空间的道中模拟各种天地神灵的舞蹈性行走，被想象为世界本身的客观性运行。因此形成了中国人的天人合一的观念。这一观念包含如下内容：天地是运行着的客观存在，但这一运行是需要人去认识的，因此孔子讲“非道宏人”，而是“人能宏道”（《论语·卫灵公》）。上面的两个方面构成了中国型的主客合一的基础，在此基础上，人的宏道，不是人可以自由去做，宏道又必须要按照道的规律去做，这就是屈原强调的“禀德无私，参天地兮”（屈原《橘颂》）。人参天地，并在参天地的“参”中，形成中国型的主客互动而来的世界图景。

参天地的“参”的前提，是一种对世界的整体认知，中国人对世界的整体认知，来自远古以来的立杆测影。在村落中间空地立一中杆，进行日月星的天文观测。《周礼·考工记》讲了天文观测中昼观日影和夜观极星的重要性。太阳一天的东升西落在中杆的投影，构成了东西方位；一年的南北移动与回归构成了南北方位；冬至日影最短，夏至日影最长，春分秋分日影等长。立中的日影观测，得出的是（日月季年之）时间与（东西南北之）空间合一的世界整体。从时空合一的世界整体去看世界万物，是中国世界观的一大要点。在36°N的黄河流域，各种星辰在一年中有出有没，但天北极却是从不没入地平线的常显区。中国的星相，形成了以北极-极星-北斗为中心，日月众星围绕这一中心运行的天文常态。天上的中心是北辰，地上的中心是京城，各省城州城县城围绕着京城这一中心，进行政治运作。以中为核心来看待世界万物，即古人一再强调的“尚中”“执中”“中庸”（《说文》释“庸”曰：“用也”，中庸即用中），是中国世界观的又一大要点。在中国天相中，北极是天空中一个几何点，极星是离北极最近的星。由于岁差，北极附近的星辰会缓慢移离北极，因此极星约一千年会变动一次。虚体的北极与具体的极星，构成了虚实的关系结构。理解了北极为无，极星为有，可以体悟《老子》以“道”为“无”的思想和“道生一”的思想。曾离北极很近后又稍远的北斗，因其随地球自转而绕北极作周日旋转，又随地球公转而绕北极作周年旋转，斗柄或斗魁的不同指向，与四季的变化形成了同构的对应关系。由天之中的北极、极星、北斗引导日月星的运行，引起天地互动，产生万物。中杆的天文观测中，看见日月星在轨道上运行，这一运行是怎样产生天地互动与万物形生的呢？古人认为是气。气是中国哲学与道同样重要的核心概念。《春秋·文耀钩》曰：“中宫大帝，其精北极星。含元出气，流精生一也。”《太平御览》卷22引徐整《长历》曰：“北斗当昆仑，气注天下。”《鹖冠子·环流》说：“斗柄东指，天下皆春；斗柄南指，天下皆夏；斗柄西指，天下皆秋；斗柄北指，天下皆冬。”天地互动与万物生灭，是由气的运行来决定的。道，来自日月星的运行轨道，（轨）道看不见，又确实存在，可从日月星的移动体会和计算出来。道是（日月众星之）实和（运行之道之）虚的统一。日月星的运行可明见、可计算是“实”，但其运行引起的天地互动及万物生灭，实际发生着又不可见、难计算，为“虚”。由此，中国世界的又一大要点突显出来。中国世界是一个气的世界。前面讲过，人类思想的演进，是从原始文化之灵到早期文明之神到轴心时代的理性，从本原上讲，轴心时代的理性思想从来源上讲，都与原始时代变动不居的灵相关，西方的逻各斯与灵相关且由灵而来①，印度

① 海德格尔《存在与时间》（陈嘉映译，北京：三联书店，1987，第41–42页）在对逻各斯的词源考据中，提出了逻各斯一直被西方哲学所遮蔽的“看-显”词义。他说：logos的“功能在于把某种东西展示出来让人看……把话题所及的存在者从其隐蔽状态拿出来，让人把它当作无蔽的东西来看……（以让人看的方式）把某种东西放到某种东西之前，从而使这种东西作为它所不是的东西呈现出来”，透出了逻各斯本原的灵的内涵。

的大梵与大我乃至幻相，都与灵相关且由灵而来[1]，中国先秦理性化的气，也来自原始时代之灵，只是将之做了理性的提升。知晓中国哲学中气的来源和理性化之后的性质，是理解中国思想的关联。这里，主要从业已理性化的气的特点来讲，中国的世界是一个气的世界。因气的重要，可以得出中国世界的基本特点如下：

第一，中国世界是一个气的世界，气化流行，产生万物，物灭又复归于气。气是虚体，成物后有形而为实体，但气仍在物中，并成为物的根本。

第二，中国世界是一个虚实结构世界。其一，世界整体是虚实结构。天上的日月星辰，地上的山河动植，皆由气而生，带气而行，气灭而亡，复归世界之气。其二，具体的个物是虚实结构，任何一物，可以有很多属性，但各种属性，都可以归为由外在之形和内在之气，形成古籍中常讲的形气之物。其三，类物是虚实结构，中国类物有两个方面之虚，一方面在与西方似的分类中，如青赤黄白黑为颜色类，角徵宫商羽为声音类，酸苦甘辛咸为滋味类，有自身的实与虚。另一方面，色声味等类又属于木火土金水的五行，色之青、声之角、味之酸等，都属于五行之木，五行即五种基本的运行之气，这是与前一种分类不同的另一更高的分类，这种分类进入了宇宙整体的关联。

第三，中国的世界是一个相互关联的世界。气的世界决定了中国世界是一个虚实结构且以虚为主的世界。以虚为主，即个物的根本在于其中的虚体之气，类物的根本也在于其中的虚体之气，更重要的是，个物的虚体之气与类物的虚体之气，都与世界整体之气紧密关联在一起。个物不能与类物区分开来，不能与世界整体区分开来讲自身的本质。没有西方式的独立性，而是一定要与类物相关联、与世界整体相关联，在此基础上再形成自己的个体的丰富性。

---

① John Crimes. *A Concise Dictionsary of Indian Philosophy*：*Sanscrik Terms in Defined in English*（Albany：State University of New York Press，1996，p.96）说：Brahman（梵）一词的名词词干即主格的bráhmā，来自词根bṛh，意为膨胀（to swell）、扩张（to expand）、成长（to grow）、展开（to enlarge），体现的正是梵作为原始之灵所具有的“气化万物”的特征。孙晶《印度吠檀多哲学史》上册（北京：中国社会科学出版社，2013，第68页）讲：Ātman（我）与三个词根有关，即an（呼吸）、av（风吹）、at（来去）。前者透出的是人之气，中者显出的是天之气，后者展现的是天人之间的互动。格沃基［Vensus George. *Welf-Realization*（*Brahmananubhava*）：*the Advaitic Perspective of Shankara*. Washington.D.C：Library of Congress Cataloging–in–Publication，2011，p.31］说：Ātman来源于梵语词根an，意为to breath（呼吸之气），是生命之气。商羯罗说，Ātman来自词根Aatman，意为to obtain（获得，透出的是“由气成物”），或pervade all（遍及，展现的是“气化万物”），或to eat or enjoy（类似于中国的“万物皆备于我矣，不亦美哉）。以上诸说，无论细节差异有何不同，但共同的特点是，Ātman（我）最初与原始之灵有关。

第四，中国世界是在时空一体中运行的世界。中国的道和气都强调的是运行之“行”。道，一是讲决定世界运行的根本本质，二是讲这一根本本质只有在运行中方体现出来，但在运行中体现出来的也不是道的全部，因此，道从根本性来讲是“无”，但人又可以在道的各种运行中去体悟认知运行后面的道。这就是体用不二，知行合一。道的运行，既是在时辰天月季年的时间中运行，不同的时间点，个物和类物都呈现出不同的外在面貌和内在气质，又是在东西南北中的空间中运行，不同的空间，个物和类物都呈现出不同的外在面貌和内在气质。

第五，这样一个气化流行的、虚实结构的、相互关联的、时空合一的世界，是人用自己之眼去观、用自己之心去思而体悟出来的。《周易·系辞下》讲：“古者包牺氏之王天下也，仰则观象于天，俯则观法于地，观鸟兽之文与地之宜，近取诸身，远取诸物，以成八卦，以通神明之德，以类万物之情。”包牺即远古的伏羲，他立于原始仪式的中杆之下，用仰观俯察、远近往回的游目，去观看按着道的规律、气的流动，在天上地下、四方远近运行着的世界，从中体会出了万物运行的规律，天地后面的真谛。这里包含个物和类物于其中的世界整体，一方面是按自然的本来面貌出现，另一方面，又是在他的眼之所视的“观”中出现的。世界的呈现是一种心物互动而产生的结果，比如花之所以呈现为“红”。孟子讲，尽心知性知天，强调主体的作用，庄子讲“以天合天”，即以人来于自然的天性去行动以符合客观运行之自然。张载讲“大其心，则能体天下之物”（《张载集·正蒙·大心篇》），陆九渊讲“宇宙便是吾心，吾心即是宇宙”（《陆九渊集·年谱》），要强调的都是，当人用主体本然的方式去看，世界就以符合主体的方式呈现出来。在人的观照中，世界是以人的主体能力能够见到的方式呈现的。

由于中国思想是在花之红这一层面强调主客同一和心物同一，因此，中国人虽然对于花之圆的形的一面也重视，但并没有放在首位，而是要服从于花之红的主客互动，因此要求“以形写神”（顾恺之）乃至于要求“离形得似”（司空图）的境界；虽然对于“花之美”的空的一面也重视，但并没有放在首位，而是要服从花之红的主客互动，强调从天地的运行中、世间的实践中去体会那难以体会之“无”，而达到一种既与无形无色无味的形上之道有关联，又完全落实到君贤臣忠、父慈子孝、夫妇合好、夏夷安和的家国天下运行中，落实到每天每月每季每年的行住坐卧的日常生活中，中国文化的最高境界，就是这种在主客互动中达到的既与天契又与人合的非圣非凡、即圣即凡的境界。

（三）“花之美”型的思想与印度的世界结构

印度人面对三类一体世界，把思想着重点放在“花之美”这一体悟现象世界后面的形上性质而形成的存态形态，并以之为基础或曰为主干，建构起包括“圆”“红”“美”在内的整体世界的基本模式。这一以“花之美”为基础的思维方式，体现在印度哲学的最高概念Brahman（绝对的大梵）和Ātman（绝对的大我）中。与中国思想进行比较就非常明显，中国讲天人合一，“天”是世界的整体，具形上的本质性，人是现象界中的人，乃形下的现世性。而印度的梵和我都是形上整体，与本体的梵相对的是现象世界的万象，与Ātman（本体大我）相对的是现象世界的jīva（个我）。印度的一个根本至言是梵我如一。这里的我不是现象上的jīva（个我）而乃本体性的Ātman（大我）。梵和我都在形上层面。在西方和中国，世界本体的存在（Being）和天地的根本之道，都是客观的，在人之外的，而在印度梵即是我，梵我一如，世界的整体本质同时就是人的最高本质。印度人认为，与梵等同如一的大我就内在于个我之中，只是由于世俗所障而感觉不到、意识不到、认知不到而已。梵-我内在于世界万物之中和内在于个我之中，个我可以通过特有的方式，达到自身的觉悟，从世俗的存在中解脱出来，达到与形上的梵我合一的境界。印度人把人生和世界的价值放在梵-我上，而梵-我正如花之美一样，乃空。奥义书有很多故事和论说，一再讲述着梵-我为空的至理，且举《歌者奥义书》第6章第12、13节讲的故事。第12节的故事如下：

父（对儿说）：去摘一个无花果来。

儿摘来呈上：父亲大人。这，无花果。

父：剖开它。

儿：剖开了。父亲大人。

父：你在里面看到什么？

儿：这些很小的种子。父亲大人。

父：剖开其中的一颗！

儿：剖开了。父亲大人。

父：你在里面看到了什么？

儿：里面什么也没有。父亲大人。

父：好儿。你没有看到这个微妙者，正是这妙机其微，这棵大无花果树得以盛大挺立。

第13节的故事如下：

父对子说：把此盐放于一碗水中，明晨再来见我。

儿子遵命而行。第二天执碗见父。

父：且将水中盐取出给我。

儿看向碗中水，不知盐在何处。

父：尝上面的水——怎样？

儿：咸的。

父：尝中间的水——怎样？

儿：咸的。

父：尝底面的水——怎样？

儿：咸的。

父：放下碗，你坐到我这儿来吧。

儿子坐定后，

父：你的身体犹如那碗水。在身体之中，你察觉不到那存在，犹如在碗中你看不到水中之盐一样，但它本就存在于你的身体之内。那是宇宙之中的精妙，宇宙万有以此为自性。[①]

第12节的故事讲梵-我为空存在于自然物中，虽然难以感知却的确存在。第13节的故事讲梵-我为空在人体中存在，梵-我之空如盐在水中一样，进入人体之中，虽然难以感知却的确存在。印度世界整体的梵-我之空，初一看来，与中国的道甚为相同，但本质有异。中国的道，虽然其本体为无，但一定要在运行之中进入具体事物里，以有无相生的方式突显出来，犹如《老子》第十章讲的，用泥土做一个陶器，陶器底壁

---

① 参见《奥义书》，黄宝生译，北京：商务印书馆，2012，第197–198页；See S. Radhakrishnan. *The Principal Unpaniṣads*.（英梵对照本）New York：Humanities Press INC, 1953，pp.462–463.

部的实有和中间的空无，特别是中间可以盛物盛水的中空之“无”，使之成为一个可发挥功能的器皿。本体之无在具体之器“有无相生”中突显出来。而印度的空，则强调的是空本身，正如乔荼波陀（Gauḍapāda，约7世纪末8世纪初）的经典举例，世界本空，陶工做瓶，围起了一个瓶内之空，瓶内的具体之空与瓶外的世界之空使人只看见和认为是瓶内的具体之空，一旦瓶破，瓶内之空与瓶外之空就合为一体，再无分别。[①]如果说，《老子》的“无”在于运行中的“有无相生”，“无”在使用中显出功效，那么，商羯罗的“空”，就是进入瓶中，也并不强调其现实的功用，只有突出其本质之空被误认为具体之空。从哲学上来讲，是一种现世中的误认。本体之空在这里成了具体现象之空。商羯罗的瓶空之例，内蕴着印度哲学的根本思想。与本节相关的重要处有两个方面。

第一，印度哲学中世界的本体之空，不是像中国那样从道之无的具体运行中去讲，而一定要从空本身讲，这就是各种奥义书反复述说的，梵–我是什么呢？是不生、不死，无前、无后，非动、非静，非过去、非未来，不执、不住，无家名、无种姓、无呼吸、无思想，不可目视、不可耳闻、不可言说、不可名状、不可知之……总而言之，本体之空，一说即错。因此，本体之空是存在的，可以说，但既然是空，又说不出，要说，只能用遮诠方式，说：它不是……它不是……空进入瓶中，成为瓶内之空，虽有本体之空在其中，又不是以本体之空而是以瓶内之空显示出来的。瓶内之空在现象上已经成了本体之空的幻相。用瓶之空去讲本体之空，正如《金刚经》所讲的，用语言去讲本体之空，已经不是本体之空：“如来说世界，非世界，是名世界。”“所言一切法者，即非一切法，是故名一切法。”“如来说般若波罗蜜（智慧），即非般若波罗蜜（智慧），是名般若波罗蜜（智慧）。”[②]本体之空一旦进入具体之空，虽然与本体之空有关联，但已经不是本体之空。理解此，就可体悟印度的本体之“空”与中国的本体之“无”的差别。同时从印度的本体之空，可以理解西方用实体方式去理解花之美何以会遇上巨大的困难。

第二，瓶存在于一段具体的时间过程之中，从瓶由陶工制成而产生，到瓶的最后破碎而消亡，因瓶的存在，世界本体之空转成了瓶内的具体之空。前面讲了瓶内之

① 乔荼波陀：《圣教论》，巫白慧译释，北京：商务印书馆，1999，第113–114页。第三章第3颂：“一我变现诸个我，如空现为众瓶空。和合如有如瓶等，斯乃所说生之义。”第4颂：“犹如瓶等中之空，瓶等遭到破坏时，其空悉归于大空，众我汇入我亦然。”

② 鸠摩罗什等：《佛教十三经》，北京：中华书局，2010，第10页。

空为本体之空的幻相，主要从空间的有无角度去讲，对于印度人来讲，在世界的时空中，一维时间最为重要，空间以及空间中的万物皆在时间之santāna（时间流动，汉译为“相续”）中，时流由每一kṣaṇa（“刹那”，姑称为“时点”）所构成，时点流过，事物存在于此时点的这一存在也随之逝去，不存在了。在新的时点上存在的此物，已经与上一时点上的此物有了变化，但由于此时点的此物来自上一时点，因此，人们还会将之视为一物，但强调时点与物的捆绑关系的印度人知道，虽是一物但已非前一时点之物。此时点也会转瞬即逝，从而此时点之物也会转瞬成空。在印度人“物时一体”的观念中，物，不但由空而来（生）又回归到空（死），而且在其生存时段中的每一点，都是在实与空的统一中存在着并变化着。由（已逝时点之）空而（当下时点之）实，又由（当下时点之）实而（已逝时点之）空。时间之流的每一时点都不会停留，永不停留，从而物存在的每一瞬都转瞬即灭，由此形成了佛教三法印中的“诸行anitya（无常）”观念（这与中国的五行永恒观念形成对比）。就物在每时点中已逝而人往往感觉不到其此瞬已逝来讲，印度人将之称为māyā，这一梵文词的核心词义为幻，可译为幻象或幻相。“象”在中文里，指物在时间中变动着。中国人会把在时间中变动的物看成实实在在的物（只要它没有从世上消失），但印度人却突出了物随着每一时点的流逝而已经消失，物的存在就是一个不断在时间中消失的过程，把这一不断转瞬成空之物看成一个一直存在之物，与物本来的客观存在不相符合，因此，在中国人认为实有“象”加一“幻”的定语，称为幻象。“相”在中文里，是专门停顿下来，照相即让人在按快门的那一瞬停顿下来，亮相即戏曲表演时从行动突然停顿下来让观众细看。时间由时点构成，物在某一时点上停下来让我们细看，就是相，但时间一直在流动，停下来只能在人观念上而非客观的事实上，但人认知事物的确是通过一种停的观照方式进行，使物以“相”的方式呈现，这一方式与物的客观事实并不符合，因此可加一“幻”的定语，称为幻相。对于印度人来讲，幻象或幻相都是māyā（音译摩耶，意译为“幻”）。在思想中，人们可以把本来在时流中不断转瞬成空即诸行无常的物，转变为一些长时段的整体进行把握，如他的节庆之夜，他的少年时代，乃至他的一生。这是没有问题的，但是要知道，从客观实际讲，这些都是幻相。因此，按照印度哲学，一切现象界的物，无论是个物还是类物，都在不可逆的时间流动中存在，都是māyā（幻象或幻相）的存在。

也不知印度人是先得出本体之空，方以此推及类物和个物，得出世界本空万物为幻的哲理，还是先由对时间之流的强烈感受，从个物与类物之幻，才推出世界本空的玄思。也许在时间之流中，再美好的事物都转瞬成空，给印度人以太深太强的感触，他们因时间之太重要反而轻视历史，不像中国与西方那样去作翔实的历史记录，因此，我们目前只能从无精确时代的典籍中，寻出一些久远的碎片，以推测思想的演进。在《梨俱吠陀》中，有宇宙之神用幻化之神力幻出具体之物，物亡又被神用神力幻归回去，从而世界就是由神进行的幻化而出和幻归而去的幻相世界。印度神系在雅利安文化与哈拉帕文化的互动中，最后产生了三位宇宙主神，是按照时间进行安排的，梵天（Brahma）是创造之神，世界万物皆由之而生。毗湿奴（Vishnu）是保持之神，世界万物由产到灭，皆由他主管。湿婆（Shiva）是毁灭之神，世界万物的消逝死亡在他的掌控之中。当然毁灭又与转世重生相连，时间三神形成一个相互关联的整体。印度神系在时间上展开，正与希腊的神系强调空间的分布形成对比：宙斯是天界之神，波塞冬是海洋之神，哈迪斯是冥界之神。中国的神话虽然因先秦的理性化被弄得面目全非，但从先秦典籍中，可以看到天神–地祇–祖鬼–物魃的体系，这是一个天之神、地之祇、四方物魃的天地四方的空间加上由祖鬼形成历史世系的时间形成的时空合一的神系。从先秦到汉代形成的五行体系中可以看到，空间上东–南–中–西–北的五神，句芒、祝融、后土、蓐收、玄冥，同时兼为时间上的春–夏–长夏–秋–冬五季之神，同样是一个时空合一的神系。在中西印的比较中，印度神系的时间性特别突出，上面讲的梵天作为生、毗湿奴作为保持的住–异、湿婆作为灭是印度教的三主神，佛教最基础的四相图，强调的仍是佛陀一生的四大阶段，一是佛陀在母亲的“胁下诞生”突出的“生”，二是佛陀成佛时的“降魔成道”突出的“住”，三是成佛后的佛陀第一次宣讲教义的“初传法轮”突出的“异”，四是佛陀“双林涅槃”的“灭”。这里印度教和佛教都突出的时间性对世界整体性质及世界万物运行的决定作用，使得印度哲学对客观上从不停顿下来而一直流动的时间这一事实，认为一方面以“空”去反映世界整体的本质，另一方面以“幻”去反映世界万物的生灭，是合适的。与之相应，在反映和肯定形上界的世界本质，梵语用了as一词作为“本质之是”，在反映和肯定现象界的世界万物，梵语用了bhū作为“现象之是”，因为现象界的万物总是在时间的流动中存在并为之所决定，因此bhū在具有“是”的词义的同时，还有“变”的词义，乃“是”与“变”的统一。这样现象界万物的bhū（是–变一体），正与本体界对世界本空的肯定之as（是）相应合。

世界的三种存在与美学的理论构成

现在，先把上面对中西印文化的不同进行总结，然后再转到美学的问题上去。

中西印三大文化，面对世界三种类型的构成，都感受到了这三种类型是相互关联着的整体存在，但在对之进行互动和认知上，在进行思想选择和强调重点上各不相同，从而造成了整体上中西印不同的世界结构。

西方文化把重点放“花之圆”上，对世界的认知从确确实实的个物的“这一个”开始。一方面让个物成为几何学上确实存在又不可再分而且可以进行时空扩展的“点”，让个物可以从关联和整体中独立出来进行研究，从而得到一种可以独立于类物和整体，存在于时间的变化中又与变化无关，存在于空间中又把空间排斥在物体的内在关联之外，只为个物自身的明晰而使之呈现空间性的静态，进而形成了关于个物的本质的具有明晰的“是”的语言定义，并把这一关于个物的认知，推演到类物，形成西方的分科性知识体系；进而推演到世界整体，对于本来无法确定的整体之是（只有说是而不说是什么，方可成为不是具体个物或具体类物之是的是本身），却把作为整体之是（Being）的是本身（Being），定为确定“存在”（Being）的“有”（Being）。这样虽然西方思想看到了三种类型的区别，但对三种类型都作了“花这圆”的思考，得出了与“花之圆”相同的结论。

中国文化把重点放在“花之红”上，从天人合一到主客合一的人与世界的关系开始，面对个物，不但将之放到与类物的关系中，而且放到与世界整体的关系中，找出个物与类物以及世界整体的关系，把个物的本质不是定在只有自身具有的实体上，而是定在一定与他物、类物以及世界整体相关的虚体之气上。面对世界整体，也不是从世界整体之性的本身去讲，而是从世界整体之性在具体的运行中去讲，把形上之道转为运行之道，为了让道之运行之道通达无碍，把世界上的一切，整体之性、类物之性、个物之性，都定义在虚体的气上。道之运行的气之体与世界上的方方面面都关联了起来，成为一个虚实合一的关联整体。任何客体之物在时空的运行中，都如钟嵘《诗品序》所讲的“气之动物，物之感人”；任何主体之人，在时空的运行中，都如刘勰《文心雕龙·明诗》所讲的“人禀七情，应物斯感，感物吟志，莫非自然”。总之，无论是世界整体，还是类物和个物，在中国文化中都呈现为“花之红”的人与世界的互动关系，从大讲，要求天人在互动中合一，以小论，要求主客在互动中合一。文化最核心的概念，无论是形上的道、无、气，还是形下的含气之物或含气之器，都讲究人和世界互动的和合与中庸。正如郑玄和孔颖达在《礼记·中庸》题解中，都注曰：“庸，用也”[1]，同时也精释了“极高明而道中庸”的思想主旨，就是要在主客互动的运用中去体会世界。何休注《春秋公羊传》（隐公元年）时，引《春秋说》曰：“庸，通也”[2]，认为在主客互动中去运用，具有普遍的意义。郑玄注《中庸》里“君子中庸”讲：“庸，常也，以中为常，道也。”[3]透出了在主客互动中去体会世界，乃中国思想的恒常之道。

印度文化，把重点放在“花之美”上，在世界的整体性质，只能是空，无论从客观角度讲世界整体的大梵，还是从主体角度讲世界整体的大我，性质都为空。面对花之红这样的人与世界互动突出之处，初看来与中国的天人合一或主客合一互动相同，但实际上在这种相同中更突出的是空，以及由空而来的变动性。这就是viṣaya（境）的理论，一方面，印度人看来，世界呈现的一切，只有在人的感知器官（眼耳鼻舌身意）去感知方才呈现出来，另一方面，主体所感知到的世界上的一切（色声嗅味触法）只有本身具有这些性质，方能够被感知到。但是，第一，每一个人的主体性质不同，面对相同的客体，其主客互动所呈现出来的境是不同的；第二，每一客观物体在不同环境和不同时点上是不同的，面对相同的主体，其主客互动所呈现的境也是不同的，因为，主体与客体不但各有其性，而且都处在时间之流的是-变的过程之中，因此，主客互动之境各有差异。总之，主客互动之“境”在客体的呈现上是每呈每变，在主体的感知中也是每感每异，从而主客互动，如果要从西方型的确定性来讲，呈现的是一种在是-变一体中不断变化的幻境。由于世界本空，因此当印度人面对具体个物之时，也是用是-变-幻-空的思维去看，如胜论学人所认为的，由于个物是宇宙之空中的个物，因此也充满了空性。具体来讲有五种空，个物之空不是宇宙的整体之空（Śūnyatā），而是由个物在时间之流中所呈现出来的空，个物在时流中是动态，称为bhāva（情态），每一时点上的情态都因时点的转瞬即逝而成为空，因此个物的空性

---

① 郑玄注，孔颖达疏：《礼记正义》，北京：北京大学出版社，1999，第1422页。

② 何休解诂，徐彦疏：《春秋公羊传注疏》，上海：上海古籍出版社，2014，第7页。

③ 郑玄注，孔颖达疏：《礼记正义》，北京：北京大学出版社，1999，第1424页。

在梵语就是在bhāva（具体时点中的情态）这个词前面加一个否定前缀a，成为abhāva（个物之空）。与宇宙整体之空而来的具体个物之空，可从五个方面讲，胜论学人称为个物"五空论"[①]：第一，个物产生之前，是"空"，曰pragabhāva（未生之空）。第二，当其已灭之后，也是"空"，可称为pradhvamsabhāva（已灭之空）。这两个空讲的个物与世界的关系，即个物从世界幻化而出与幻归而去的问题。由此可悟世界万物本空之理。接着是个物进入存在之后的特点。第三，个物在从空到有之前，成为何物有多种的可能，而一旦成为此物，其他可能性就不再存在了，如人已成为人，不可能再成鸟成鱼成虫成树成草成石成泥成风成雨，所有这些可能，对于人来说业已成空，为atyantabhāva（毕竟之空）。第四，个物之为此物，是在与相对或相反的甚多之物的对照中成为此物的。如人，是在与地上之马牛羊狗猪的对比中，与空中之鸟和水中之鱼的对比中，与田野的庄稼、屋中的器具的对比中，以及其他事物的对比中，成为人的。他成了人，就再也不具有其他之物，如马、鱼、鸟、庄稼、器具的性质，这些他物的性质对于人来说，是空，可曰anyonyadhāva（比较之空）。第五，世界上的个物千千万万，各物有各自的特质和功能，一物一旦成为此物之后，再也不可能有很多世界上其他物体的功能，如人再也不可如鸟一样在天上飞，如雨一样从天上落，如树一样立在土中不动，总之，由于成为此物而再也不会获得世界上的其他特点，人永远不会得到的这些特点对于人来说是空，称之为asamsargadhāva（不会之空）。胜论的个物"五空论"，实际就是关联着世界本空的思想去看个物，使个物内蕴的空性得到彰显。

中西印三大文化面对世界的三种存在，强调的重点不同，形成了三种不同的世界认知和世界图景，但正因为不同，又使世界的三种存在以三种不同的方式得到了极大的彰显，因此，将三大文化的思想以一种互补的方式综合起来看，可以使整个世界图景得到更为充分的呈现，特别是使人类之美这一复杂问题，得到较好的体悟。

美，一方面，如花之圆一样，自美在人类历史上产生之后（各原始文化中艺术的产生是其实物证明，各文化的文字中美字的出现是其观念证明），是一种客观存在。美的客观存在，可以如几何学上的圆的存在一样，以一种明晰确实的话语去言说，比如在看重"花之圆"的西方文化，在古希腊时，就以几何学的方式，得出了美的比例，从思想的演进来讲，比例（logos）就是逻各斯（logos），有其形上的基础。从美

① See Jonardon Ganeri. *Philosophy in Classical India.* London：Routledge，2001，pp.43-46，pp.82-84.

的本质来讲，美的事物就是符合黄金比例的事物（如5：8等），古希腊的公共建筑，神庙、市政厅、运动场、剧场，都符合美的比例。用比例讲美，不仅是自古希腊以来的西方美学的内容，也是所有文化的内容，只是在不同的文化里，什么比例是最美的比例，又同中有异，美的比例在文化中具有怎样的理论性质和价值等级，也是不同的。用比例讲美，在中国，美的比例是由立中测影而来的9：5之比；在印度，印度教的《梵天度量论》和佛教的《造像量度经》，又有自己的美的比例。不同文化的美的比例虽然在具体内容上有同有异，但都用"花之圆"这样确切的不以人的主观意志为转移的事实，来讲物体由此具有美的比例，而使此物呈现为美。因此，美的理论是可以用"花之圆"这样的理论方式去谈论的。当然，用比例讲美，在不同文化的性质中是不一样的，在实体-区分型思维的西方，比例为美，具有本质性的重要性。帕特农神庙和持矛者雕刻，成为美的典型标志。在虚实关联型思维的中国，比例为美，只是美的基础性因素，在神骨肉中主要与肉即外形相关，而非最高之美，最高之美不是与实体而是与虚体相关联的神，以及强调神与他物和世界整体相连的象外之象，景外之景，言外之意，韵外之致。在印度，比例为美也只是美的基础因素之一，在性质上属于现象界的下梵和俗谛，而非本体上的上梵和真谛。

美，另一方面，如花之红一样，自从在人类历史中产生之后，特别是在各文化按自身的实践方式和思维方式走上不同的文化之路后，是在主体与客体的互动中产生出来的。这里，不但产生了"各美其美"的或小或大的差异，比如原始时代的把身体的生殖部位加以特别夸大的原始维纳斯雕塑，在理性化以后的文化中被认为不美甚至丑。又比如，西方油画在明清传到中国，被中国学人认为画得不好，郎世宁在中国画坛地位不高；同样，中国绘画初传到西方，也因不讲究正确的比例和应有的透视，而得到差评。

图1-2　史前维纳斯（2.8万年前）

图1-3　难评高位的郎世宁的画

美产生于主观互动，这是在不同时代、不同文化、不同个人中产生赏美和评美差别的主要原因。这一各美其美的现象，只在一个文化圈之内，还不突出，一旦进入不同文化的互看互赏，审美观的差异就马上放大出来。这时美的标准是什么的问题产生了出来，进一步，美在客观上是什么的问题产生了出来，各美其美的差异是什么造成的问题也产生了出来。这些问题都与“花之红”一样，仅由物之为美的客观方面难以讲清，在这里“花径不曾缘客扫”（杜甫《客至》），而必须从主客互动的角度，方可得入，“蓬门今始为君开”（杜甫《客至》）。

美，再一方面，如花之美一样，虽然自美在人类历史中产生以后就被感受到了，但怎样从理论的严格性上，讲出美是什么，却一直是一个难题。西方文化从实体-区分型思维的命题角度提出“花之美”，但却在花的实体上找不到实体性的因素，无论是像福尔摩斯那样用逻辑方式为在一间房内找细小东西把房间划成一个个小方格，一格格去找，还是如科学家那样把花放到实验室中进行物理的区分解剖分析，始终在花上找不到美的因子。用严格的西方思维，像分析哲学家那样去面对花之美的问题，最后得出的结论只能是，说“花是美的”这句话是错的。我们可以说花之圆、之红、之香、之柔，等等，但从科学的严格性和理论的严格性上，不能说花是美的。花之美，在客观上得不到花之圆那样的验证，在经验上得不到全部人类的验证，“花之美”是一个全称判断，只要有一个人确实感到花不美，又不能证明他错，花之美这一理论命题就不成立。虽然可以从“花之美”退回到如“花之红”那样，把全称命题变成非全称命题“花在一部分人那里是美的”，但只要“花在另一部分人那里是不美的”也成立，更主要的是在花上找不到“花之圆”那样确切的证明，“花是美的”作为命题就难以成立。

当然这一不成立，只是在西方实体-区分型思维中方才成立的。西方人把花看成只是由实体构成的，而且与他物和整个世界没关联，在花的实体上找不到美的因子，从而无法成立。但只要把这一命题移到中国和印度，就变成理论上是成立的了。西方思想把物体看成可以与他物和世界整体区分开来的实体，从花的实体性去找，肯定找不到美的因子。中国思想把物体看成虚实结构，实和虚两部分，特别是虚的部分，是与他物和世界整体紧密关联着的。中国人看来，美不仅在实的方面，更在虚的方面，《庄子·知北游》讲：“天地有大美而不言。”天地大美为虚，因此难以言说，花之美主要在与天地大美相关联的虚体上。贺知章《咏柳》诗：“碧玉妆成一树高，万条垂下绿丝绦。不知细叶谁裁出，二月春风似剪刀”，讲的就是植物之美在春来之时由天地的虚体所产生。因此，植物之美最关键的不在植物本身，而在植物与天地的虚体关系。这种虚体的关联其实还内蕴着客体与主体的互动关联，正如徐志摩的诗所写的：

那河畔上的金柳
是夕阳中的新娘
波光里的艳影
在我的心头荡漾
——徐志摩《再别康桥》[①]

徐志摩用诗写出了与“这朵花是美的”相同的感受。因此，这朵花是美的，中国型的正解，不是在花中去找实体性的美的因子，而是要与一个虚实相生的世界关联起来：“是有真迹，如不可知”（司空图《诗品·缜密》），“如逢花开，如瞻岁新”（司空图《诗品·自然》），“若其天放，如是得之”（《司空图《诗品·疏野》）。与中国人相似，印度人对“这朵花是美的”不是从实体上去看，而是从时间与事物的关系去看，一方面，人只能在某一时点上说这句话，此话之真只与这一时点相连，只要人在说这句话时，他确实感到这朵花是美就可以了，正如泰戈尔在一瞬间感受到百合花的美：

池水从幽暗中
高高擎起百合花
那是池水的抒情诗
太阳说：他们真好
——泰戈尔《流萤集》（第五十首）[②]

泰戈尔用这首诗表达了相当于“这朵花真美”的感受。这句话既与他此前是否感到此花为美无关，也与他此后是否还感到此花为美无关，还与其他人是否也感到此花为美无关。另一方面，在印度人的理论里，这朵花是美的，不属于与西方的本质相同

① 徐志摩：《志摩的诗》，北京：民主与建设出版社，2018，第2页。
② 泰戈尔：《流萤集》，吴岩译，上海：上海译文出版社，1983，第25页。

的上梵和真谛，而属于在现象世界中呈为幻相的下梵和俗谛。从作为世界整体本质的上梵和真谛来讲，人在感受到此花之美的俗谛之时，还应同时从“这朵花是美的”这一刹那的感受体会到世界整体的空性之永恒，悟感到“一花一世界”的空境。

总之，“这朵花是美的”在中国和印度之所以成立，在于中国思维和印度思维都从西方“花之圆”的实体-区分型思维转移了出来，中国思维转换到了“花之红”的主客互动的虚实关联型思维上，印度思维移迁到了“花之美”的是-变-幻-空型思维上。

综上所述，可以对中西印的三种思维方式以及由之产生的对美的理论思考作一综合的点评。

分而观之，世界的呈现可分为三种形态，一是不以人的主观为转移的“花之圆”的规律；二是由主客互动而产生的“花之红”的规律；三是由虚实结构之“虚”的由虚呈实和空幻结构之空的由空呈幻而来的“花之美”的规律。合而观之，这三种形态又是相互关联的三而一的存在。中西印在三种存在形态中各选其一作为基础，进而将之合而为一，形成各自的理论。这三种理论在各自的历史实践中，都取得了辉煌的成就，但美的问题是理论问题中最复杂最微妙最难讲的问题，三大文化的理论在面对美的问题时，各有所长又各有所偏，展开了一幅五彩斑斓的思想图景，内蕴着启幽探微的形上理路。

西方理论因为只有实体，而提出了美的理论问题，但又因为只知道实体，而解决不了美的理论问题，虽然其美学理论在成长演进的载沉载浮中左冲右突、大转大折、体系频出而表演非常精彩。中国理论因为不仅是实体而且有虚体，因而不会像西方那样以学科的方式提出美学，但却在虚实相生中不断面对和解决着美学问题，其非学科型的美学建构非常精彩又非常微妙，微妙得不但西方人看不出来，连走上世界现代性道路的现代中国学人都不是一下子看得出来，而中国的非学科型美学，在解决西方人难以解决的美学问题上，应当而且已经产生了巨大的启迪作用，这从西方现代思想，如分析美学在家族相似中体现的实虚合一的整体，以及后现代思想，如拉康把本体的实在界变成一个虚体，人在对之的追求中只有不断错过的相遇，所内蕴的中国因素可以悟出。印度理论因为不仅是实体，而且视实体为幻体，又把现象上的幻体关联到本体的性空，因而也不会像西方那样以学科的方式提出美学，但却以色空转换的方式不断地面对和解决着美学问题，这另一类型的非学科的美学建构非常精彩又非常空灵。空灵得不但西方人看不出来，连走上世界现代性道路的现代印度学人都不是一下子看得出来，而印度型的非学科型美学，在解决西方人难以解决的美学上，应当而且已经产生了巨大的启迪作用，这从西方现代思想，如柏格森把时间与主体的最高本性（nature）关联起来，怀特海把过程与客体的最高存在（Being）关联起来，以及后现代思想，如德里达强调时间中的延宕对词义和事物意义的变化，所内蕴的印度因素可以悟出。

要理解中西印美学互动所产生的美学效果，需要从世界美学总体演进的大框架中去看中西印美学的历史演进。

世界美学的理论演进

“美学”意味着对世界的审美现象进行理性的理论建构，这是在轴心时代理性代替神话成为世界的主要解释工具之后产生的，首先在地中海、中国、印度产生出来。这就是前面讲的西方的学科型美学和中国及印度的非学科型美学。所谓的学科型美学，即西方人面对世界之时，将世界视为是由实体构成的，进而将之区分为不同的方面，每一方面形成一门独立的学科，美是世界的一个重要方面，因此，美的世界应当建立一门学科。柏拉图的美的本质之问，启动了西方学科型美学的建构。由于西方的学科型美学是用实体-区分的方式建立起来的，因此可以称之为实体-区分型美学（the substance-definitive aesthetics）。中国人认为世界的构成不仅是实体，还要加上虚体，是由实和虚两方面构成的。在虚实结构的世界中，个物的性质主要由作为虚的气决定，而个物之气与宇宙整体之气有内在关联，物之美主要在自身之气，这气与宇宙之气关联着，因此，中国文化建立起来的是非学科形态的虚实-关联型美学（the void-substance and correlative aesthetics）。印度人认为，世界是只由实体构成，还是由虚实两部分构成，并非最为重要，重要的是个物处在时间不可逆的流动之中，为实体为虚体皆与人在哪一时点去感相联系，在主客合一的“感”中，为实体为虚体皆体现为“境”的呈现，从时间流动的整体分为各个刹那时点看，个物，无论只被感知为一个独立的可以在本质上与他物无关联的实体，还是感知为虚实合一的与他物有着内在关联的物体，这物体都在时间流动中存在，呈现为某一时点上的“是”，同时又正在“变”之中，转瞬即成为过去时点上的业已成空之物。同样，主体之人的感物之

"感"也是在时间的流动之中，就是所感之物不变，只感此物，感物的地点不变，只从这一角度去感，但人在上午去感和下午去感，感时主体眼耳鼻舌身意的组合也有所不同，同样，客体与他物在色声嗅味触法上的组合，也有所不同，从而呈现之"境"当然一定有所不同。而且下午感时，上午的所感已经永远过去成空，再也不会回来，明天感时，今天的所呈已经永远过去，再也不会回来，业已成空。因此，无论从客观之物的呈，还是从主观之人之感，都在时间流动之中，永远处在不断的"是"和不断的"变"的是-变相续之中，只要物还存在，物就还是此物，只要人还存在，人对此物之感，就还是感，但是-变一体的客观性使得从本质上对之进行把握，只能呈同为幻物或呈同为幻境。这样，印度人基于要客观地描述物之美以及此美在时间流动中实际存在和人感受此美在时间流动中的实际存在，从而建立起了是-变-幻-空型的美学（the bhū-māyā-śūnyatā aesthetics）[①]（bhū之"是-变"把握住了美和美感在时间流动中存在的实际，māyā之"幻"是对具体的美进行本质定性，śūnyatā型的"空"是把具体的美关联到宇宙本质进行定性）。

从现在回望过去，世界美学的演进，自轴心时代以来，经历了三大阶段，一是分散世界史中的美学，时间定位在从轴心时代以来到世界现代进程的出现之初。二是统一世界初期的美学，从世界现代进程遍及全球到现代社会升级到电文化主导之前。三是统一世界史中期的美学，即从以电视—电脑—互联网—手机为代表的电文化占有文化的主导以来的美学。虽然统一世界史的晚期还看不到何时降临，但美学自身的演进，内在地预示了一个晚期必将来临的逻辑动因，然而，虽有动因，实未到来，可存而不论。且只看从轴心时代到今天的世界美学演进，给今天的美学言说以怎样的历史启迪。

（一）屡败屡战而终成正果：西方古典美学的曲折演进

在世界美学的第一阶段，以希腊和希伯来为主流思想的地中海，以印度为主流思想的南亚，以中国为主流思想的东亚，于轴心时代建立起来的西方的实体-区分型美学，印度的是-变-幻-空型美学，中国的虚实-关联型美学，皆按自身的规律演进，各放光彩，甚堪骄傲。只要提出三大文化的主要美学论著，即很昭然。但在这里，可

---

① 关于中西印三类美学的具体释义，参张法：《作为艺理基础和核心的美学》，《艺术学研究》2020年第3期。

以按西方出现的经典型美学著作，在中国和印度去发现其对应著作。在西方，美学的标志性著作有：柏拉图《大希庇阿斯》、亚里士多德《诗学》、维特鲁威（Marcus Vitruvius Pollio，生卒不详）《建筑十书》、阿尔伯蒂（Leon Battista Alberti，1404—1472）《论绘画》、里诺（Gioseffo Zarlino，1517—1590）《和声规范》、布拉西斯（Carlo Blasis，1803—1878）、《舞蹈法典》（1828）、柏克《论崇高与美》、鲍姆加登《美学》、巴托《单一原理而来的美的艺术》、康德《判断力批判》、黑格尔《美学》……以此为对照，可以在印度找出：婆罗多《舞论》、《歌者奥义书》、埃哲布《画像度量经》、檀丁《诗镜》、婆迦王《庭院大匠》、摩诃钵多罗《工艺宝库》、恭多迦《曲语生命论》等著作。在中国找出相应的《礼记·乐记》、刘勰《文心雕龙》、张彦远《历代名画记》、司空图《诗品》、郭熙《林泉高致》、王骥德《曲律》、计成《园冶》、金圣叹《水浒传评点》、李渔《闲情偶寄》、刘熙载《艺概》等著作。然而，这样就把中国和印度美学基本等同于西方的美学，虽然进入中国和印度从名称上看貌似相同的著作中，会感受到不同的内容，但却有了一个与西方美学相同的框架，要从一开始就把中国和印度在美学上的特点突显出来，除了上面的著作之外，在印度，还应发现四吠陀、森林书、往世书中的思想，在十五基本奥义书基础上扩展开来的数以百计的奥义书中的思想，以及佛教典籍、耆那教典籍中的美学思想，还有从印度特色来专讲美学的专著，如波阇《艳情光》、世主《味海》、地天·苏克拉《味魅力》、四臂《味如意树》等；在中国，还应进入《周礼》《仪礼》等经书，正史上的礼仪志、祭祀志、舆服志、食货志等专志，以及从中国美学特色来讲中国型美学的专著，如陆羽《茶经》、苏易简《文房四宝》、孟元老《东京梦华录》、张谦德《瓶花谱》、周家胄《香乘》、文震亨《长物志》、张潮《幽梦影》、许之衡《饮流斋说陶》、王初桐《奁史》等，在按照中西印美学各自的特色来组织相关经典文献之后，中西印美学的星空，呈现出各自的文化特色。

虽然中西印三大美学如三颗太阳，照耀在各自的文化大区，形成了赤橙黄绿青蓝紫的不同组合，任何人进入其中都会受其吸引，美于其中，但由于第二阶段之后，西方美学成为世界的主流美学，其他文化的美学都纷纷弃旧图新，转向西方美学。这样，一方面，世界美学的视野，经过年年岁岁的驯化，已经变成了西方美学的视野，用西方美学的视点回望历史，三大美学各有魅力的图景，变成了西方美学的一家独秀。另一方面，当今世界之所以如此，主要来自西方美学从古到今的逻辑演进。这样，世界美学史仅就中西印美学的演进史来讲，本来的三路齐进，最后归一，应有第三条美学演进地图，一是中国美学的自身演进转向西方美学，二是印度美学的自身演进转向西方美学，三是西方美学自身的演进和最后的一统天下。然而，从今天回望历史，一条西方美学的演进历程，可以最好地把美学何以由古到今的如此这般，讲得最为通透。当然这一通透，只是从理解作为主流的西方美学来讲，如果要从兼顾中国和印度的原意，就有所不通和有所不透。不过，只要把中国和印度这两种美学的自身演进放在胸中，当然这种放进，不是把什么细节都放进，而是指基本结构和精神气质，形成一个不在而在的虚的背景，以一虚实相生的方式，去看西方美学的演进，就把西方美学演进，变成了西方为实、中国和印度为虚的中西印的虚实互映，西向而望，亦见东墙，形成一种虚实相生的世界美学演进整体。

西方美学之为学，正式开始于柏拉图在西方实体-区分型思维中区分现象与本质而提出"美是什么"的哲学之问。这一开创性提问的文化基础，一是认为世界由实体构成；二是认为对这一实体世界可以进行现象和本质的区分；三是以前两点为基础，推出美的事物后面有一个美的本质，用柏拉图在《大希庇阿斯》中一再讲的话是："有了它，美的事物才成其为美"的"美本身"[①]；四是这一美本身，从柏拉图的理论框架来讲，是美的理式。最后一点，是柏拉图的个人见解，前三点是整个古希腊的理论共识。对于柏拉图和整个希腊人来讲，是要对这一"美本身"给出定义，用《大希庇阿斯》一开始讲的话来说是"替美下一个定义"[②]。在这里，柏拉图努力了但失败了。然而，柏拉图努力的目的很重要，古希腊人从早期文明到轴心时代，在实际的审美活动中，已经把早期文明思想中的逻各斯升级为理性中心，并在美学上具体成为"美的比例"，这不但体现在神庙建筑上，而且体现在雕塑作品上（如毕达哥拉斯学派对《持矛者》的解释）、音乐作品上（如毕达哥拉斯本人对音乐进行数的解释）、戏剧作品上（如后来亚里士多德对戏剧的言说），对于柏拉图来讲，现实中人们对美的感受和言说不仅仅在那些比例明显的东西，而且还有在比例之后和之外的东西。这从《大希庇阿斯》中提到的各种美的实例明显可见。这篇对话里，属于美之物的，不但有具体性的美的小姐这样的人，美的竖琴这样的乐器，美的汤罐、汤勺这样的器皿，美的马、鸡这样的动物，以及美的海陆交通工具、商船、战船等，且有一般性的石头之美、木头之美、黄金之美、动作之美、学问之美，还有制度、习俗之美，还有

① 柏拉图：《文艺对话录》，朱光潜译，北京：人民文学出版社，1963，第188页。

② 柏拉图：《文艺对话录》，朱光潜译，北京：人民文学出版社，1963，第178页。

功能性的因恰当而美、因合适而美、因有用而美、因有益而美、因有能力产生善而美，以及由视觉和听觉的快感而美。这里，可以看到，希腊人的实践所产生的美感已经远非“美的比例”可以讲清。重新确定美本身已经成为一个迫切的理论要求。这一美在普遍发展和美的对象在价值等级上的上下波动，与中国和印度大致相同，在中国，可以看到老子、孔子、管子、孟子、庄子、墨子等关于美的讨论，在印度可以看到由吠陀经而来的森林书、往世书、奥义书，以及佛教、耆那教对美的问题的讨论。但中国用虚实关联型思维解决了这一问题，开始了自身的美学建构和从先秦到清代的体系展开。印度用是-变-幻-空型思维解决了这一问题，开始了自身的美学建构和从奥义书以来直到英国殖民化时期的美学建构。而柏拉图在与中国先秦和印度奥义书时代的大致同时也提出美学建构的根本问题，但却失败了。这一失败在于，柏拉图的理论目标——给美的本质下定义，建立在四个前提上：第一，美的本质需要一个本质定义，这一定义是明晰的讲得清楚的。第二，这一本质定义的得出一定要建立在各种美的事物的“共性”基础之上。第三，共性不是来自形上推理（如美是理念），而要可以落实到每一具体的美之物上。用从柏拉图到普罗提诺（Plotinos，204—270）的话语来讲，美的事物分享了美的理式而成为美，所分享的理式具体来讲是什么一定要给出来。因此，第四，美的事物分享的理式的“具体内容”一定体现在具体事物上，且应当可以找出来。而这体现在美的事物上的理式的“具体内容”又一定是实体的，从而是可证实的。柏拉图列举出来的美的事物，在每一种上，无论是美的小姐、竖琴，美的木器、金器，美的制度、学问，还是合适、有益、视听快感，都找不到美的实在因素。其实质在于，柏拉图建立美的本质的基础，即所面对美的事物给出的每一个语言陈述或曰理论命题，“这位小姐是美的”，等等，每一个事实陈述和理论命题中的“美的”一词，在所陈述的对象（即小姐）上，都找不到实实在在的对应物（美的因子）。柏拉图只感到这些东西是美的，这种感是共识，但要证实这种感来自对象身上的何处实体，却找不到。我们知道，中国古人将之不归为实而归为虚，美的理论建构就成功了。印度不将之归为色而将之归为空，美的理论建构也成功了。古希腊人的实体-区分型思维却只能将之归为实，所以失败了。然而，柏拉图按照四条法则去给美的本质下定义的失败，在西方人看来，只是在第四条上的失败，前三条都是正确的，由前三条而来的第四条，在方向上“应当”也是正确的，因此，柏拉图虽然失败了，他之后的西方学人却前仆后继做着柏拉图功亏一篑的事业。从古希腊到中世纪到文艺复兴到近代的西方美学史，在大方向上，就是这样的一个历史：不断地给出新的美的本质定义，又不断地否定这些给出的定义，再不断地重新给出新定义……

西方学人从柏拉图以来屡败屡战了一千多年之后，到近代在科学和逻辑的进步下，西方思维整体模式起了变化。如果说，古代的实体-区分型思维主要是在现象-本质二分基础上的本体论思维，那么，近代以来，实体-区分型思维则转到了主客二分为基础的认识论思维。实验科学的产生使人通过工具认识世界得到突出，人对世界的认知是通过人特别是通过人的工具来确证的。在这一潮流下，笛卡儿讲“我思故我在”（拉丁文Cogito ergo sum，法文Je pense，donc je suis，英文I think，therefore I am）。人的存在以及人周围世界的存在，要由人在思考这一点来确证。贝克莱说，“存在就是被感知”（拉丁文Esse est Percipi，英文to be is to be perceived），人的存在以及人周围的世界的存在是由人感知这一存在而得到确证。康德思考的问题就是，人的认识能力是怎么可能的，以及人的认识能力的边界在何处。整个近代哲学是在整体世界划分为已知和未知两个部分的基础上去思考，而得到主客二分结论的。在主客的二分、互动、同一中，通过人对自身的思考而加速着对世界的思考。这一从本体论向认识论的转向，以及由之而来的对主体的反思，反映到美学上，就是转到主客一体上来了，但这一转向是经过一种较为复杂的过程而实现的，体现为，首先在主体上的突破，然后是在客体上的突破，最后达到主客合一。

先讲客体上的突破。近代西方哲人，在古代以来追求客观的美的本质一直未能成功的寒冬苦痛里，感受现代认识论的春风吹拂，猛然醒悟：虽然在美的事物上难以找到实体性的美的共性因子，但面对美的事物时，人确实都感到美。这样，美的事物之所以成为美的事物，最可以证实的一点，是人的美感，一个人面对此物感到了美，此物对于此人来讲就是美的。一个民族都感到了此物为美，此物对于整个民族来讲就是美的。这样，探求什么是美的理论路径，应当是，人是怎样感到物为美的。美的本质问题就变成了感美之感是怎样的。英国美学家夏夫兹伯里（The Earl of Shaftesbury，1671—1713）率先提出了内在感官说，美感是一种快感，但不是一种功利快感，而是一种非功利快感，夏氏是一位新柏拉图主义者，他讲，功利快感是由人的外在感官感受到的，非功利快感是由人的内在感官感受到的。外在感官与人的生存相连，内在感官由人与上帝的关系而来。夏夫兹伯里因提出了“美感是一种非功利的快感”而被当代的某些美学史家称为西方现代美学的创立者。[1]在夏夫兹伯里那里，内在感官包括

---

① D. Cooper. ed. *A Companion to Aesthetics*. Malden：Blackwell Publishers.ltd, 1992, p.395.

美感和道德感。从近代美学的逻辑演进看，夏夫兹伯里开始的美感方向在英国美学中经爱迪生、哈奇生等人的发展，非功利与道德区别开来，只与美感关联。在德国美学中，鲍姆加登（Alexander Gottlieb Baumgarten，1714—1762）一方面接受了夏夫兹伯里-哈奇生的美感思想，但拒斥了其带有宗教性的内在感官说，而将之放进理性主义的理论框架中，另一方面从来源于希腊文的αἰσθητικός（感），并用其相对应的拉丁文aesthetica（感），把此词的词义升级为专门的美感，用西方的实体-区分型方式，以知识整体的形式把美感确定下来。人的美感决定着事物对人来说是美的，从而美的科学就是美感学（aesthetica），讲美感不是为了美感，而是为了美，因此aesthetica（美感学）从本质上讲，就是美学（aesthetica）。美感属于主体，主体可分为知、意、情三大部分，与知相对应的是以逻辑为主的哲学和科学，与意（志）相对应的是伦理和宗教，与情（感）相对应的是美学和艺术。通过这一整体的区分，aesthetica（美感）作为一个实体领域非常清楚，从而由美感而来的美学的定位也非常清楚。鲍姆加登因其创建了一个新词和给出这一新词在知识整体中的实体结构，而成为美学之父。但这一创立并非完美。第一，鲍氏的整体结构来自德国思想家沃尔夫的理性主义，在这一思想框架中，感性是低于理性的，鲍姆加登对美的定义是美是"感性认识的完善"（sensuous perfection）。美不仅处在比理性低的位极上，而且美感属于认识论。第二，在美感与艺术上，艺术在中世纪分为高端的自由艺术和低端的机械艺术，鲍姆加登的艺术是自由艺术，自由艺术有七类：语法学、修辞学、辩证法、算术、几何、天文、音乐。因此，虽然鲍姆加登对美感作了一个基本的区别，但历史留下的难题，如柏拉图所罗列的各种具体的美，自由艺术大类之中与科学相关的类，应当怎样处理，对于鲍姆加登来讲，还是未曾解决的问题。后来，康德《判断力批判》把鲍氏的理论完善了起来。康德的理论是：第一，美感是一种快感。这是很容易从主体的众多"感"中区分出来的；第二，美感这一种快感，不是感官的舒服（如吃了一顿美食）、不是功利的快乐（如赚了一笔钱）、不是认知的愉快（如认了一个新字），也不是道德的喜悦（如做了一件好事），而是非感官、非功利、非认知、非道德的快感。通过这一区分，人们知道了美感是什么，同时也明白了当面对事物有了这样的美感，引起美感的事物就是美的事物。因此，通过康德的严格区分，我们知道了由这样区分之后而来的实体，主体的美感和客观的美，成为美学的研究范围。美学从美感这一方面就建立起来了。就此而言，可以说，夏夫兹伯里、鲍姆加登、康德是西方近代美学的创立者。从西方美学的整体来看，这一创立，要从历史长河中去看其近代特点，还要加上柏克

（Edmund Burke，1729—1797）。近代科学的革命，把西方思维本有的已知和未知的世界二分进一步扩大了，夏夫兹伯里在游历阿尔卑斯山后，提出了使震惊、恐怖、敬畏的崇高范畴，但将之放在美的范围内，柏克是一个纯粹的经验主义者，把崇高与美对立起来，美与崇高变成了人面对已知世界和未知世界的两种美感。康德对美和崇高作了进一步的提升。面对崇高这一在近代西方出现的重要问题，夏夫兹伯里、柏克、康德、黑格尔，以及后来的各种美学家有不同的处置，这是一个逸出西方近代美学之外的问题，不适在此详论，但又必须插入进来，是为了强调柏克在这一时代的重要性。即在近代美感的建立上，大家为四：夏夫兹伯里、柏克、鲍姆加登、康德。

然而，严格地讲，仅有康德的理论，美学在理论的严格性上还是不够。美感存在于人内心中，如何在心理上发现这一美感，变成了一个审美心理学的问题，以后的美学理论，为发现和坐实这一理论，作了多方面的努力，有实验心理学，通过各种心理实验方式，要把美感确定在某些图形和色彩上，以客观的形色来确定主体的美感形态。有理论心理学，通过现实的审美活动，去发现人由多面向的主体转到专一的审美活动中，心理发生了怎样的模式变化，并用了一系列概念去把握这一变化，心理距离、心理抽离、心理孤立、直觉、内摹仿、移情，等等，以建立美感的理论体系。还有后来的精神分析和格式塔心理学，各有自己的方式。这些理论基本上是在康德设定的范围之内，可以看成是对康德理论的进一步落实和完善。但这样做，把美学变成了心理学的一部分，成为审美心理学。这与古代以柏拉图为代表的美学理论从本体论去建立美学的初衷有距离，也与近代以来笛卡儿、洛克、贝克莱、康德为代表的认识论美学从主客观统一去建立美学的理论构想有差别。各种审美心理学虽然都把重心放在主体心理上，但主体心理中并没有专门的审美感官，美感是用一般感官进行审美操作时出现的。这一审美操作是要由客体来加以限定的。怎样的客观事物可以使审美操作产生、使审美心理发生呢？而这样的事物最好专为审美感受而产生而不为其他方面的感受而产生。如果客观世界有这样的事物，主体的美感就得到了具有实体-区分型的专门落实，美感的理论就客观化和实体化了。正好西方自文艺复兴以来，一种新兴事物产生了出来，适应着美感的需要，这就是艺术。

艺术，在古希腊文字中是τεχνη，以几何精神为中心，以可计算有逻辑的techne（技术）为主，但贯穿并兼有中文的技（手艺、技工）、术（政术、方术）、艺（观赏、审美）三词之义。因此，理发、裁衣、绘画、建筑、天文、几何，皆为艺术（τεχνη）。到了中世纪，西方的通用话是拉丁语，艺术，在语言上由希腊语变成拉丁语ars（艺术）。主流的天主教在思想上要求人们区分肉体之身和灵魂之心，艺术也因此有了二分，与身体的运用相关的七种工艺：编织、装备、商贸、农业、狩猎、医学、演剧，在社会等级上地位低，叫粗俗艺术（vulgar art or servile arts），从技术性质上讲，叫机械艺术（mechanical arts）。建筑、雕塑、绘画，因为要动手，被归在装备之艺中。与之相应，动用心智、关乎灵魂之艺有七种，称为自由艺术（liberal art），具体是：语法、逻辑、修辞、算术、音乐、几何、天文。文艺复兴开启的世界现代性进程，西方思想在哲学和科学的升级中进行重组，其中最主要的是绘画、雕塑、建筑与动手的艺术脱离关系，升级到用心的自由艺术之中，特别是绘画，在科学的助力下，通过焦点透视的发明，使二维平面幻出现实三维效果，使上帝之光和科学之光以艺术之美逼真地呈现出来，成为新型艺术的核心，占有了审美世界的先锋地位。在意大利发端的以绘画、雕塑、建筑为核心的新型艺术，也产生了自己的意大利新名：Arti del Disegno（心创艺术）。这里，艺术前的定语Disegno（心构）不同于英文的design（设计），彰显的是与当时的哲学和科学具有同样的用心特征，实质是用心去创造。与绘画、雕塑、建筑在文化整体中地位的大升级相关联，是各类艺术在由文艺复兴开端的现代进程中，在科学革命、启蒙运动、宗教改革、贸易世界化、工业革命等全方位展开中，产生的艺术重新组合，这种重组经过艺术与其他知识门类，如工艺、科学、哲学、宗教等，不断地区别开来的演进，终于在18世纪，以法国人巴托（Charles Batteux，1713—1780）的著作《由同一原理而生的美的艺术》（1747）为标志，形成新的艺术体系。此书，以绘画、雕塑、音乐、诗歌（包括戏剧）、舞蹈五大类为基础，加上建筑和雄辩术，共七类，定名为Beaux arts（美的艺术）。[①]巴托的思想经过一系列改进，特别是法国以狄德罗为代表的百科全书派，英国以华兹华斯为代表的文论家，德国以谢林、黑格尔为代表的浪漫哲学等多方面的努力，美的艺术以法语的Beaux arts、英语的Fine art、德语的Schöne Kunst等各种欧洲语言形式广泛传播，而成为全欧洲的思想，在结构上，成为定型在建筑、雕塑、绘画、音乐、戏剧、文学这六大门类上的艺术体系。虽然后来“美的艺术”简化为大写字母开头的Art（艺术），再简化为小写字母亦可的art（艺术），但美的艺术的词义不变。其最核心内容是如下六点：第一，艺术不是现实，而是想象，因此与现实的功利无关，只与美的创造相关，与美

① See Charles Batteux. *The Fine Arts Reduced to a Single Principle*. Trans by James O. Yong. Oxford: Oxford Universty Press, p.3.

的规律相关，从而是专门为了人的美感需要，为了美的欣赏而创造出来的。第二，艺术之外的其他（社会的、自然的、科学的、宗教的等）事物皆有美，但其美是混杂的，美在其中只有非本质属性。第三，艺术是为美而创造出来的，是纯粹的美，艺术可以有多种属性和功用，但美是其本质属性和本质功能，因此，艺术是纯粹的美。第四，艺术不是现实而是想象，审美的想象不是区分的而是统一的。以上前三点是艺术要达到的西方区分型世界中统一可体会的三个方面，因此这三方面可以分别讲为如上三点。第四点专重客观世界方面，西方的客观世界分为已知世界和未知世界，由审美想象而来的艺术世界中，可能而且能够跨越已知世界和未知世界并将之联结和统一起来，呈现为一个完整的世界。第五，在主观世界方面，人心是一个整体，但在现实和思维活动中，人却被分裂成不同方面，在审美想象的艺术世界中，以感性的形象方式把人性的完整彰显出来，人心的统一性得到了体现，人的主观世界呈现为一个完整的世界。第六，在人与世界的关系上，如前面所讲，世界以三种形态存在，不以人的主观为移转的花之圆的客观存在，依赖主体性质的花之红的存在，具有象外之象、景外之景、言外之意、韵外之致的花之美的无和空的存在。艺术的想象世界，把这三种存在形态统一了起来，使人体会了世界的全（面）、圆（融）、深（邃）。以上六点，特别是前三点，使主体心理中与其他感相区别的美感，有了一个客观的限定，艺术成了美感的对应物，在现实中无论是对自然物之感，还是社会物之感，虽然有美感在其中，但是混杂的、非本质的，而对艺术之感，就是纯粹的美感。这样，美感就是对艺术之感，艺术是客观的存在，美感在艺术上得到了实实在在的验证。从而，美学即是艺术之学，在古希腊以来的思想中，各种理论皆称哲学，如今天的科学那时叫自然哲学，因此，美学也称为艺术哲学。美学，当其研究现实中的审美，也是要把现实中混杂的美学提升到纯粹的美感中去，一旦提升到纯粹美感，就与艺术美感在本质上同一，因此，美学从本质上讲就是艺术哲学。当美学等于艺术哲学，与艺术哲学二而一地存在和出现时，美学就完全成功了，这一成功不但达到了西方实体-区分型的思维方式的完美性，同时也达到了西方近代以来的主客合一的时代性。

西方美学在以夏夫兹伯里、柏克为代表的英国学人，以巴托、狄德罗为代表的法国学人，以鲍姆加登、康德、黑格尔为代表的德国学人的共同努力下，以美学即艺术哲学的方式建立了起来，这一英法德学人共铸的美学，从理论的精密性来讲，康德和黑格尔是典型代表。这一西方美学随着世界的现代化进程走向全球，成为世界的主流美学。

（二）众流归湖而本性难移：中印美学的转型演进

在世界现代化进程中，当西方列强在19世纪末和20世纪初把世界瓜分完毕之后，整个世界进入了统一性的现代世界，西方文化成为世界的主流文化，各非西方文化在这一进程中，主动或被动地进入了世界的现代化进程之中，各在现代性的原则和框架中以互动方式，转型和提升到西方知识体系上来。在美学上也是如此，纷纷从非学科型美学转到西方型的学科型美学上来。西方主导的世界现代性，犹如一个大湖，各种非西方文化在现代性之前的演进，犹如大湖上游的各种溪流，而今都汇入这一世界现代性的大湖里来了。因而，这个第一次出现的世界一统的美学，包含了两大特征，一是西方美学是以康德、黑格尔为代表的近代美学成为所有现代美学的基本框架。二是各非西方美学与西方美学的具体互动把自己原有的美学特质加到西方美学的原则和基本框架中去。

以康德、黑格尔思想为基础的西方美学以如下的方式构成：一是有一个美的本质，二是由美的本质引出一批美学的基本概念，三是以美的本质为根本，以基本概念为结构展开，形成一个艺术体系，或形成一个美感体系。前者是通过艺术体系讲美感的本质，达到本质之后，美感体系就可以省略了。后者是通过在现实生活中如何从混杂的美感提升到纯粹的美感，讲清了美感的本质（即审美心理学的问题），实质上也讲清了艺术的本质，因此艺术部分就可以省略了。因此可知，西方美学主要包括三个部分（美的本质、美感、艺术）和两种类型（审美心理学和艺术哲学）。在上面三个部分之后，还可以引出第四个部分，即以审美心理或艺术作品的纯粹美感为基础，引出艺术之外的自然美、社会美等相关部分的理论。这第四个部分（就美本是一个世界性问题而非仅是艺术问题来讲）可以有（就美的本质属性已经在艺术中讲清楚了来讲）也可以没有。因此大致来讲，西方美学主要是由前三部分组成。而各非西方文化的现代美学，基本上是按照这一方式进行自身美学的现代转型。不过，那些具有悠长深厚传统的文化，如中国和印度，在进行自身的现代转型时，一方面基本上按照西方美学的原则和结构进行，但具体深入下去，自己的文化特质又不断地冒出来，结果形成的是现代美学新貌。仍然以中国和印度为例来具体展开。

先讲中国。中国美学在19世纪后期和20世纪前期，经过三大步，完成了美学的初步转型。第一步，为西方美学学科aesthetics找一个汉语词汇，在汉字文化圈里的中国和日本学人与西方互动的共同努力下，曾有一系列的汉语词汇对译，最后在日本定译为汉字的“美学”，中国的蔡元培、王国维、梁启超等，肯定了日本学人的汉译，于20世纪初以“美学”作为aesthetics对应的学科定名。第二步，把美学纳入国家的教育体制，这从清末《奏定大学堂章程》（1904）到民初《教育部公布大学规程》（1913）基本完成。“美学”成为学术体系中的一个专域和教育体制中的一门课程。第三步，写出自己的美学原理著作。这在借助西方外文原著的基础上，很快完成，1923年第一本完整的美学原理书，吕澂的《美学概论》出版。从此书始，美学原理专著一本本地出现，而这一时代正是西方美学开始升级，而受世界现代性影响的苏俄和日本开始强大之时，中国的美学转型受到西方、苏俄、日本三大文化的美学影响，其中西方和苏联占有主要地位。民国时期，与西方美学互动而推出美学思想的代表是朱光潜，《谈美》（1932）、《文艺心理学》（1936）是其实绩，与苏联美学互动而推出美学思想的代表是蔡仪，《新艺术论》（1943）、《新美学》（1947）是其成就。两人的著作正好反映了中国现代美学与西方及苏联互动的历史涨落。苏联美学在西方近代美学和本土文化的互动中发展起来，具有西方美学的基本框架而又有自身特点，可以称之为实体-关联型美学（即一方面把美当成排斥了空间之虚和时间之幻的实体，另一方面又不将美与文化整体，特别是作为文化整体核心的政治，区分开来，而要与之关联起来）。共和国成立之后，苏联美学占主导地位，中国美学转型接受了苏联美学的基本框架（也是西方美学的基本框架），这就是：找出一个正确的美学的本质，以此为纲，书写美、美感、艺术之美，以及艺术之外的自然美、社会美等各重要部门的美，同时又要把中国特色和时代需要填进这一框架中去。这就形成了中国现代美学的基本面貌。主要体现在两大方面，一是为美学体系的建立找出一个美学的本质，在20世纪50—60年代，出现了四种美的本质定义：蔡仪说“美是客观的”，高尔泰讲“美是主观的”，朱光潜说“美是主客观的统一”，李泽厚讲“美是客观性和社会性的统一”。四种观点相互争论，但在总体上，都是实体-关联型的。且以李泽厚的定义为例：美是规律性（真）和目的性（善）的统一。以上四派在20世纪80—90年代出版了具有体系结构的著作，比如朱光潜《谈美书简》（1980）、高尔泰《美是自由的象征》（1986）、蔡仪《新美学》（三卷本，1985—1999）、李泽厚《美学四讲》（1999）。自20世纪80年代以来，中国的美学原理著作数以百计。总体上，都在西方美学的基本框架之中，即美论、美感论、审美范畴论、艺术论，再加上艺术之外的其他部门如自然美、社会美，乃至技术美之类。而在艺术之外的添加，成为中国美学在体系结构上的主色，而这一主色彰显的正是中国现代型实体-关联型思维的特色，正好与美的本质定义上的特色相应合。这两大特色，形成了进入世界的美学大湖但又带着传统文化的水分子且本性难移的特点。20世纪90年代以后，西方升级了的美学开始对中国美学界产生影响，中国美学开始了新变，这种新变从美学整体来讲，放到与西方的升级版中一起讲，会更清楚。这里暂先不表。

再讲印度。印度的现代美学，在汇入世界美学大湖而又本质难移上，与中国现代美学异曲同工。且以三本最重要的著作为例：潘迪（Kanti Chandra Pandey）《印度美学》（1959）、苏蒂（Pudma Sudhi）《印度美学理论》（1988）、巴林格（Surendra Sheodas Barlinggay）《印度美学理论：从婆罗多到世亲》（2007）。[①]潘迪的著作，以西方的艺术哲学，主要是黑格尔的美学为框架，一方面从西方艺术的普遍性出发，认为黑格尔的艺术体系，建筑、雕塑、绘画、音乐、诗歌（包括戏剧）是艺术的基本结构，另一方面又从印度艺术的特殊性出发，承认印度思想家主要认同诗歌、音乐、建筑三种艺术，因为这三种艺术内蕴着丰富的哲学思想。在具体写作中，一是按西方方式，各艺术门类都要讲，每一种艺术门类，都有技术层面，整本书的结构依材料的多与少和内容的轻与重给予不同的篇幅。二是按印度的材料，在诗歌中戏剧最重要，其实是婆罗多讲舞剧一体的《舞论》核心地位。三是讲各门艺术特别是三个重要艺术时，按印度固有的概念讲，但给予一种在印西互动中的时代新释。苏蒂的著作以西方美学为框架，去梳理印度的美学概念，着重从两大理论家跋娑和马鸣的著作中，两大剧作家首陀罗迦和迦梨陀娑的作品中，去梳理印度美学的本土概念体系和文艺作品的基本特征。首先从两位理论家的材料中呈现各类关于美和美感的概念，并将之按照西印互动的方式进行新的阐述，然后对两大剧作家作品中体现美学概念、美学思想作品的结构和美学特征，进行西印互动的呈现和解说。总的说来，整个作品以解释印度的美学术语以及建立于其上的美学思想为主。比如，在由味而来的rasa-visva（审美世界）里，有佛教论著中常讲的审美快感（ananda阿难陀之乐），有由印度教思想而来的审美快感（brahmasvada梵感之美），还有把性爱提升到神性而来的美感（kama），以及其他种种非印度语言所能理解的美感。在巴林格的著作中，正如书中的副标题所

① Kanti Chandra Pandey. *Indian Aesthetics* 2ed. Varanasi：Chowkhamba Sanskrit series Office，1959；帕德玛·苏蒂：《印度美学理论》，欧建平译，北京：中国人民大学出版社，1992；Surendra S. Barlingay. *Indian Aesthetic Theory*. New Delhi：D.K. Printworld Ltd, 2007.

彰显的，是以专门的美学理论著作为内容，一方面以西方美学为框架去梳理印度本土的美学著作和理论，另一方面突出印度美学的本土概念，以味为整个美学思想的核心，全书十三章，七章都是专门讲味，以味为核心的印度美学及其理论展开和历史演进，呈现了出来。以上三本著作，大致可代表印度现代美学的面貌：一是以西方美学的框架和思想，去梳理总结印度的本土美学；二是在梳理和总结中，突出印度美学的本土特点。前一点，体现了印度美学在世界现代化进程中众流归湖的一面，后一点体现了在众流归湖的同时本性难移的一面。

总而言之，中印美学呈现的众流归湖和本质难移，基本也是各非西方美学在世界现代化进程中的特征。

（三）思想升级与多元互动：世界美学的前行主线

由西方近代思想形成的主流文化，具有不同于非西方的西方鲜明特色，当其进入非西方世界，引起了西方与非西方的巨大反差，使非西方思想受到巨大震撼，造就了非西方与西方的互动，而使各非西方文化进入世界一体的现代化进程中，与之同时，西方文化内部产生了科学和哲学的思想升级。非欧几何，尼采、柏格森、怀特海的思想是升级前的转折。相对论、量子论的建立，英美的分析哲学、实用主义，欧陆的现象学、精神分析、结构主义、西方马克思主义六大思想群，为这一升级奠定基础，同时是西方与非西方思想在对话上的转折。热力学第二定律、暗物质和暗能量的发现，以及西方六大思想群从现代向后现代的再次转折，是思想升级的质的定型。从世界思想史来看西方的思想升级，又可看成中西印互动在新的局面的开始。一方面，在中国和印度，体现为中国和印度全方位地吸收西方思想，而形成中国和印度的新型现代思想；另一方面，在西方，体现为西方思想在升级中全面走向与中国古代思想和印度古代思想相契合的新型思想。西方的思想升级，反映在美学上，体现在对西方近代美学三大基本点的否定：一是否定美的本质，二是否定美感的超功利性，三是否定只有艺术才是本质性、典型性、纯粹性的美。

对美学本质的否定。这主要是由分析哲学和分析美学进行的。其论述甚多，归纳起来，有四个要点。第一，从对应论看美的本质为空论。第二，从词性上看，美的本质建立在对词性的错判上。第三，从句型上看，美的本质建立在对美的定义的错认上。第四，美的本质之错在于西方思维方式的迷误。

第一点主要是由前期维特根斯坦提出。他把命题与事实的对应，看成检验命题真假的标准。他认为，命题是对事实的陈述，命题的真假，由与命题相对应事实的有无来验证。美学上关于美的本质的命题，找不到与之相等的对应物。本质意味着，空间上放之四海而皆准和时间上放之过去、现在、未来而皆准。迄今为止西方人下的美的本质定义，在文化多元和美感多元的现代，从空间上难以找到完全符合定义的对应物，比如，西方人说美在形式（form），中国人偏重神轻形，印度认为形本为幻。在科学演进和思想演进不断升级的现代，未来会怎么样，从现在推断未来，从本质上只能算作猜想，怎么能做出命定如此的定义呢？美的本质从时间上无法找到完全符合的对应物，因此，关于美的本质的命题，都是假命题。

第二点，美的本质建立在词性错判上，主要是由艾耶尔（Alfred Jules Ayer 1910—1989）提出来的。美的本质定义，从柏拉图开始，就是建立在对众多具体事物之美的总结上的。这众多具体事物之美，如柏拉图讲的，这位小姐是美的，这个陶罐是美的，这幅画是美的，等等。在艾耶尔看来，美的本质追求所建立的基础，就是一个个的词性错认，即对“美的”这一词的错认。这错也是由希腊人造成的，如亚里士多德《范畴篇》把陈述句中的“美的”这类形容词认定为由相应性质的名词引申而来，给西方思想作了误导。[①]“美的”在关于美的陈述句中，本是没有对应物的形容词，因为从小姐、陶罐、绘画等事物上找不对美的因子。因此，按照西方人认为事物都是实体的这一理论，要仔细地追问下去，“美的”一词实际上与客体的属性无关，而只与主体的感受，以及由感受而来的主客互动相关。因此，在关于“某物是美的”这类陈述句中的“美的”一词，实质上不是对事物属性的形容词，而是对主体感到事物是“美的”的感叹词。说“这朵花是美的”与说“这朵花，真美！”表达的主体感受完全相同。因此，“美的”不是指向客体的性质，而是指向主体的感受。进而，“这朵花，真美！”与“这朵花，啊！”表达的意思相同。人在对很多事物说了“美的”之后，要寻找这些事物共同的美的本质，为什么在对很多事物说了“啊”之后，不去寻找“啊”的本质呢？是“美的”这个词对人产生了欺骗。在分析哲学家看来，柏拉图正是在这一词性的错判中，要去寻找美的本质。由此可知，美的本质从柏拉图开始，就建立在词性的错判上。基础为错，由错的基础而来的美的本质的追求，又怎么会对

① 亚里士多德：《范畴篇》（方书春译，北京：商务印书馆，1959，第5页）：“形容词一般地是由相应性质的名称引申转成的。”

呢？因此，美的本质的命题是一个假命题，在于它建立在词性的错判上。

第三点，美的本质错在句型判断上，这一问题主要是由肯尼克（Williom · E. Kennick，1923—2009）提出来的。[①]美的本质定义都体现为一种标准的句型："美是什么。"这一句型是西方对事物性质进行真假判断的标准陈述。如问"氦是什么"，可得到正确回答：氦是一种化学元素，气态，惰性，无色，原子序数2，原子量4.003。又如问"学生是什么"，可得到正确回答：指在学校或其他学习的地方受教育的人。这一句型，凡是用于实体事物和属于科学范围的提问，都可以得到真的回答，通过这样的回答，人们获得了确定的事物的实情和科学的知识。但这一句型，用于形而上学的、宗教的、美学上的非实体和非科学等无法找到对应物进行验证的追问，则没有正确的回答。分析美学把这类句型用于针对实体的能得到回答并可验证的陈述，称为"科学问题"，把用于非实体的不能回答无法验证的陈述，称为"哲学（中的形而上学）问题"。所有形而上学问题，都没有正确答案，都应当拒斥在理论之外。而凡是"美是什么"的问题，都是形而上的问题。以前形而上问题因为与科学问题享用同一句型，被理论家们误解了两千年，现在我们应当把这类问题从美学理论中清洗出去。从中西印的互鉴中，可以知道，西方美学要从陈述主体上去找其本质不是存在于实的部分而是存在于虚的部分的美的事物时，肯定会失败。但西方美学又不能像中国美学那样，将之归为虚体，或像印度美学那样，将之归为幻体。因此，对某物是"美的"这样的词性，因为没有实体性的对应物，只能将之从客体性质转向主体感受。对于"美是什么"这样的句型，因为没有实体的对应物，只能将之归为属于没有正确答案的形而上问题。但通过词性错判和句型错判的这两种批判，相信实体论的西方学人都不得不服。能够进行这样批判的分析哲学突显了两个前提：一是事物和世界是由实体组成的。美并非实体存在，而是由主体的美感产生的。二是世界分为两个部分，已知和未知。美的本质属于未知，它也许存在也许不存在，目前的科技水平和思维水平，还无法给出定义。第一个前提不容易完全说服人，别人要问：柏拉图以来这么多人得出这样的感受原因何在？还会开启更为复杂的追问。后一个前提则甚为精彩，不但结束了美的本质这一问题，而且堵住了前一问题可以产生的追问。一方面讲以前的错了，但什么是对的无法回答。它是问题但不是科学的问题和理论的问题。但这样其实

---

① Williom. E. Kennick. *Does Traditional Aesthetics Rest on a Mistake*. Mind，Vol. 67，1958，中译本参李普曼：《当代美学》，邓鹏译，北京：光明日报出版社，1986。

是坚持西方的实体-区分型思维，只是将之提高到了现代的水准层级。站在第二个前提上，维特根斯坦在其前期的著作《逻辑哲学论》中庄严宣布："凡是能说的，都能够说清楚"，未知的形而上学的虚体部分是不能用定义去表达的，"凡是不能说的，就应当沉默"[①]。

最后讲美的本质之错在于思维方式的迷误。这一点与前一点紧密相关。美的本质属于学人应当对之沉默的问题，但沉默并非没有，而是仍然存在。美的本质以前是用来组织众多的美的事物的，如果不能讲，美学应当用什么方式去对众多美的事物进行理性的组织？维特根斯坦在对所有应当沉默的问题进行长期思考之后，转向了自己的后期思想。维特根斯坦后期思想的实质，就是转变思维方式，从实体-区分型思维中摆脱出来，用中西印结合的方式，推出了可以对美学进行组织的"家族相似"（family resemblance）理论。所有家族成员都属于这个家族，应有共同的特征。怎样才能得到这一家族的共同特征呢？用实体的方式去看这一家族的所有成员，发现，此成员与彼成员，眼睛相似；彼成员与另一成员，脸形相似；另一成员再与其他成员比，身材相似。如此的实体类推继续下来，发现既找不到一个属于所有成员的共同属性特征作为固定的本质性内涵，也划不出一条明确边界作为共同特点的固定外延。但整个家族有共同特征，是可以感到的且确实存在的。这里，家族本质是存在的但说不出来，用中国思想的话来讲，是虚体。本质之虚与具体特点之实结合起来，就可以恰当构成这一家族的特性。因此，维特根斯坦的家族相似中的"相似"是以一种类似于中国的虚实相生的结构对家族共性的表述，之所以实体方式不能确定，在于家族是通过婚姻而延续，与谁恋爱结婚，之前不能预知。从而家族成员以怎样的方式产生新一代，什么样的外族男女会加入进来，也不能预知。因此，家族相似包含了本家族与外族人的关联，这种关联也包含着虚实两部分，从而决定了由之形成的共性在内涵和外延上都具有不确定性。用维特根斯坦的话来讲，是共同点的不断出现、变化、消失。同时，家族相似在方法上与印度是-变的时间结构相契合，家族相似是基于某一时点的总结，但这一时点本身移动着，关联着过去，并走向未来。在各个时点上的总结和再总结，并非定论，而是开放的。这一把中国的虚实关联和印度的是-变都纳入其中的"家族相似"，是西方人把握既有一家与他家关联又在时空中流动的统一体的新方式，具有一种哲学的普遍性，用之于美学上，美就是一个相似家族。在这一意义上，可以说，西

---

① 《维特根斯坦全集（第1卷）》，涂纪亮译，石家庄：河北教育出版社，2002，第187页。

方美学否定美的本质这一古典美学的基础，而以美的家族相似这一具有中西印互动而来的新方式取而代之。在这一新方式中，“某物是美的”这样的陈述，就不仅是西方古典的定义陈述，而且加入了中国的虚实-关联和印度是-变一体的内容。美不是在这一具体事物上去找美的实体因素，而是从这一事物与其所在的文化中美的众多家族的关联中和时间流动中去找它是怎样成为美的。

接着是对美感的非功利性的否定。在20世纪前半期，桑塔耶纳（George Santayana，1863—1952）的自然主义美学就把美感的生理构成由视听扩展到一切感官以及包括内脏在内的一切身体器官，莫里斯（William Morris，1834—1896）的新工艺美术运动和杜威（John Dewey，1859—1952）的实用主义，又把艺术美感从本质上归结到日常生活经验中的美感。20世纪后半期，随着富裕-消费-休闲社会的出现，城市美化，步行街、大超市遍布各地，景观学科和设计学科在生活审美中的努力大见成效，社会的方方面面都具有了美的外观，这种美的外观又与人心的现实欲望紧密地结合在一起，人所经验的美感，已经不仅是与现实生活分离开来的艺术美感，还有与现实生活紧密结合在一起的美感。生活处处有美感变成了普遍性的事实，生活美感在美的形式里面内蕴着生活的欲望、功利、知识，成为一个普遍性的事实。特别是在中国和印度的观念里，世界中处处具有的美，不仅是实体性的存在，而且还是虚体性的存在，不仅是区分型的存在，而且还是关联型的存在，不仅是空间性的存在，而且还有时间性的存在。在中西印美学思想的互动中，在现实生活中美的存在方式的巨大变化中，美感是非功利的观念，受到方方面面的讨论和批判。

最后是对艺术方是本质性和纯粹性的美的否定。在科学与思想的升级中，艺术美观念发生新变。以绘画为例，没有了焦点透视的控制，各种现代派产生了出来，艺术的创造性向多方向演进，其中的多个朝向，都在打破由实体-区分型思维而来的艺术与生活的界线。超现实主义绘画要表现无意识，偶然性音乐从固定乐谱中超离出来，可以说是对实后面的虚的确认，凯奇（John Cage，1912—1992）的《4分33秒》让人们听的是无声之声。杜尚（Marce Duchamp，1887—1968）、沃霍尔（Andy Warhol，1928—1987）、劳森伯（Robert Rauschenberg，1925—2008）的现存品艺术，就是把随便一些日常物品搬到艺术馆，变成了艺术品。在物质外形上，这些物器与生活中的物品没有任何区别，但是艺术家把自己的用心（这一在物器上看不到的虚体）附加在物品上了，这些物品之为艺术就是在这看不见的“虚”里面。中国美学的“无画处皆成妙境”的虚实相生的理论，成为西方现代艺术正在实践着的真理。与上述艺术在虚实结构上用力不同，各种各样的行为艺术把艺术与时间捆绑在一起。无论是身体艺术（Body Art）、激浪艺术（Fluxus）、动作诗（Action Poetry），还是互动媒体（Intermedia）、现场艺术（Live Art）、介入艺术（Intervention），都把艺术的存在，转变成使人完全可以用印度的是-变-幻-空去欣赏的艺术，这些艺术都呈现了其在时点上的是和时点上的变，以及在时间流过中的幻和在时间中结束后的空。最主要的是，突出时间流动的艺术都嵌在生活中，彰显虚的现成品艺术与生活用品难以区别。在这样艺术与生活的互相渗入、相互换位中，只有艺术方为本质的、纯粹的美的观念不是被否定，就是被讨论、争辩着。

西方美学在科学和哲学的升级中产生的变化，体现在对西方近代美学的三大基本原则的否定上，同时又突显出向中国和印度美学的契合，这使得世界美学的演进复杂起来。在世界一体化的时代，中西印的不同美学进行互动交汇之时，给人类对美的思考奠定了最好的基础。

五 美学何为

美学是对美进行理论说明使人在审美上获得文化自觉和人的自觉。

美，一方面乃一事物或整个世界真善美统一的一个方面，另一方面又以艺术及各种审美对象显示相对的自成一体。美，因330万年前—170万年前工具制造技术的出现而萌生，在20万年前—5万年前由仪式艺术的产生而定型，就与最深邃的思想，作为当时宇宙整体的变动不居的原始之灵相连。前面讲三个命题，这朵花是圆的、这朵花是红的、这朵花是美的，主要关联人在其中的世界的三种存在方式。美，首先从不依人为转移的存在和依人（主客互动）而来的存在这两种形态中体现出来，但这两种形态又与不可见的第三种形态（由未知世界总体形成的深邃）内在相关联。如果说，世界按西方文化那样，作一个真善美的三分，那么，不从真，也不从善，而仅从美的角度去看人存在其中的世界，这三种形态又可以看作美的存在的三种形态。或者换言之，三大命题，既可用来区分美与非美，又可用来讲美的统一及其在统一中的三个特点。

“这朵花是美”的这一命题，以西方的思想形式，表达了美的放之四海和放之古今而皆准的本质性和普遍性。把这一普遍性放进中西印思想的互动中，加上印度和中国的方式去体现，会更为到位。具体来讲，人的世界中，美由人的感知而生，美感的深处内蕴着印度型的“空”和中国型的“道”。印度型的空，在表达美的根本性上（即本质之为本质上），最为妥帖。可表述为：美，乃一种非有形非无形、非有色非无色、非有声非无声、非有味非无味、非有言非无言的存在。一切美都与之有关，但又看不到与之怎样有关。中国型的道，在表达美的本质的运行上，最为合适。对于中国古人来讲，美，在本体与印度之空相似，乃一种大形无形、大色无色、大声无声、大味无味、大言无言的存在。但中国之道与印度之空，又有所不同。印度之空，讲其根本，中国之道，是形上之道与运行之道的统一，而更强调运行之道。回到西方美学的表达形式，就是由一种无形无色无声无味无言的美的本质，在运行中呈现出来，形成世界上千千万万的有形有色有声有味有言的具体之美。运行之道又把具体之美与形上之美关联了起来，并在这一关联中使形上之美可以具体地以“存在”之“有”的确证之“是”定义出来。这样，本体之空以运行之道为“存在”（Being）之“有”（being），而成为可感之“是”（being）。虽然美本体（Being）之空与运行中具体之有（being）并非完全对等，但通过具体之“有”，却可以体悟本体之“空”。但这一必有的差异，本身又是美的本质之必有，是美的个别性和多样性的必有，美的无穷魅力正是从这差异性和多样性中产生出来。

宇宙中千千万万的具体之美，可以借“这朵花是红”这一命题的句义来讲述。美由人之感而来，或者讲，无形无色无声无味无言的美，是经过人之感而具体化的，人是具体的，从而人在自身之感中发现或创造的美，也是具体的。具体可以是个人、群体、文化、时代，由于人的差异，当美由无形无色无声无味无言向人呈现，在主客互动中形成有形有色有声有味有言之美，美的差异性就从主客互动的行运本身产生出来，由主体的眼耳鼻舌身意与客体的色声嗅味触法的互动而产生了具有个别性的美。各种各样的个别性，形成了现象上美的多样性和丰富性。这多样性和丰富性以个人、时代、文化等多层多面地展现开来，形成了内蕴空的本质而又展开为个别性和丰富性的景观，犹如朱熹《春日》所呈现的：

胜日寻芳泗水滨，
无边光景一时新。
等闲识得东风面，
万紫千红总是春。

无论美的个别性和差异性有多大，所有的美被发现和被创造出来，一定是具体可感的，这里，可以借“这朵花是圆的”这一命题的定义来讲述。任何具体的美，一旦被定型下来，就有了按美的规律所决定的在一定时空中的不变性。与一个人、一个群体、一个文化、一个时代的本质性相关的美一旦被发现和被创造，其之为美就会伴随这个人、群体、文化、时代的始终，同样，与个人、群体、文化、时代的某方面、部分、片段性质相关联而发现和创造的美，只在与这些方面、部分、片段相关的时空中存在。无论怎样，这些美产生出来、形成之后，都如圆之美那样，是具体的。美的具体性，决定了其可感性和可说性，当然也决定其在多种多样的时空中的多姿多彩的生、住、异、灭的圆转灵动的显现。

在花之美、花之红、花之圆这三种形态中，花之美是本质、是宇宙之大空；花之红是运行，是主客互动的动态；花之圆的现象，乃由行运而产生的具体成果，是具体而鲜活的形象。三者为一个浑然圆融的整体，但强调某一方面时，其突显的关联是不一样的，花之圆的美更多地关联着物之为美的自然本性，与宇宙进化的自然规律相关，自然本来的性质占了较多的分量，比如圆形、方形、三角形，以及黄金比率等在所有文化中的美的形象中的作用。花之红的美更多地依靠人的性质，个人、族群、时代、文化在其中的作用更大，更多地体现个人创造的美和文化建构起来的美，如松、竹、梅在中国文化中的美，狮、鹰、牛、羊在西方文化中的美，狮、象、法轮、莲花在印度文化中的美。花之美，由是把个人的、文化的、自然的美，引向景外之景、象外之象、言外之意、韵外之致的人性的深邃和宇宙的深邃，从“水流花开”之景到“空山无人”之韵，从“一朝风月”之情到“万古长空”之想。

美，又是有统一性的，在于五个相互关联的方面：一，具体的形象。二，这具体形象与人的美感相关联。三，美感由四个相互关联又有所不同的方面构成：个人、群体、时代、文化。四，这四个方面构成某一形象为美的内蕴差异性动力结构。其中时代构成某一形象是否为美的主流，个人、群体都有向之靠拢的运行，但不会与之完全同一，而且会把自己的美感个性带进文化之中，与之互动，从而构成具体形象面对不同层级的人形成美感的多样性以及变异性。五，这四个方面互动的美感后面是由宇宙的统一性而来的人的本性和形式美法则。如果说前四个方面的互动构成美感的表层，那么这两方面的互动构成美感的深层。深层或隐或显或直接或变形地进入表层之中，形成另一种互动关系。由深层和表层构成的美感，以及由之关联的具体形象，在每一次具体的审美中，体现为印度人讲的“境”，即客体的内蕴着宇宙深度的色声嗅味触法，与主体的内蕴着人性深度的眼耳鼻舌身意，在现象上相遇，而产生的具体审美，在具体的审美中，人获得个性化一次性的美感，客观呈现出个性化一次性的美。如图1–4所示：

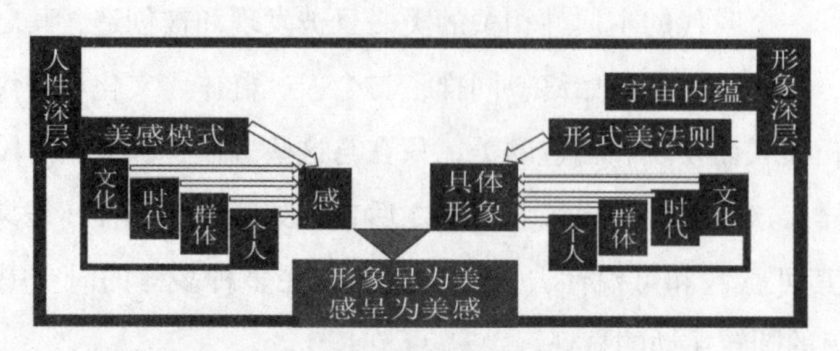

图1–4　美与美感的互动结构图

但五个方面具体怎样地结合和结合而成的形象又是非常多样的，特别由人与世界互动而来的多样性，使得美的存在和变动非常多样。具体形象，无论是一朵花、一个人、一幅画，还是一片风景，在人的眼中成为美的那一刻，一定是在上图的诸因素的互动中形成。参与的因素越多，形象就越丰富。但在这诸多形象中，最重要的是在显层中具体形象与具体美感的合一和在深层中人性深度与宇宙深度的合一。但每一层都对具体形象作为美的“是与变”产生影响，从而产生在现象上美的复杂性。

世界有美和人有美感的意义何在，费孝通从1990年开始就用美学的话语来讲人类学问题，后来总结为十六字诀，这里可借费孝通的话作为美学问题的回答：“各美其美、美人之美、美美与共、天下大同。”[①]把这十六字的主要内容，结合到美学的基本问题，可进一步解释如下五点：

第一，美的自由感与主体性。美是这样一种东西，当你感到什么事物不美的时候，别人不能强迫你感到其美，而且不能说你错，顶多说你的审美观与他不同。因此，审美从理论上肯定了并让人感受到人的自由，使个人的主体性突显出来。同时使群体、时代、文化意识到美的认同，是要经过审美转变而不是法律强制可以达到的，而达到审美认同，是群体、时代、文化认同的基本方式。

第二，美的层级性和丰富性。美感之所以有差异，在于美具有丰富的层级性，有外在形色之肉、内在结构之骨和本质之神这三层结构，其中，本质之神又与三个方面，自身的历史、当下的相关物、宇宙本质，有着或显或隐的内在关联。事物的自身

① 费孝通：《“美美与共”和人类文明（上）》，《群言》2005年第1期。

三层和外在三层构成了一个动力结构，这一结构与具体之人的美感相遇，产生了审美上主客互动而生的“境”的差异。

第三，审美的基本律。审美中主客互动而生之“境”是多样的，又是有规律的。一是群体、时代、文化构成了一个美的常数，二是个人独特性和感美的情景性构成了美的变数。常数与变数的互动形成审美的第一基本律。美的层级决定了具体审美的多样性，这里主要有四点，一是常数美感的获得对群体、时代、文化审美认同的意义，产生一般性美感，二是个人独特性产生新鲜感，三是主客合一性产生幻感，四是宇宙本质性产生灵感。后两种具有震撼心灵的作用。

第四，美的珍贵性。审美中，同一群体、时代、文化的美感，对一个群体、时代、文化的认同，经常产生，而成为审美常项，体现审美的正常运行。而异于他人、群体、时代、文化的个人感受是唤醒心灵的时刻，感受到主客合一体现了审美达到了深度，体会到宇宙的本质是审美的超越时刻，这两种不同于惯常的审美体验，都与美的虚灵性相关，虚灵性是美的事物灵光一闪的时刻，亦是人生中可遇而不可求的时刻，突出了“一期一会”的珍贵。亦即袁枚《续诗品》讲的“鸟啼花落，皆与神通，人不能悟，付之飘风”。这两种不同于常的美感，造就人们各美其美的自信，同时又增强、提升、丰富着正常运行的美感。

第五，美的超越性。对具体的个人、群体、文化、时代之美的欣赏，只要按美的规律进行，就会达到文化的深邃和自然的深邃，最后达到无与空的大美境界，也即美美与共的人性的深邃和宇宙的深邃，一种天人合一的最高的自由自然的境界。人性的深邃和宇宙的深邃既是深邃，就属于未知层面，虽未知但又确在，因确在就与人有这样那样的联系，因未知，不但其内容而且其关联都是人难以预料的。这种未知难料的人性深邃和宇宙深邃，一旦实际地偶然地接通，就具有灵感的性质。这种灵感，在美学上，更多地体现为艺术家的个人性和偶缘性，通过这种个人性和偶缘性的灵感，特别是把灵感转化为美的艺术作品，就以一种美的方式，把人性深邃及宇宙深邃与个人和文化关联了起来。

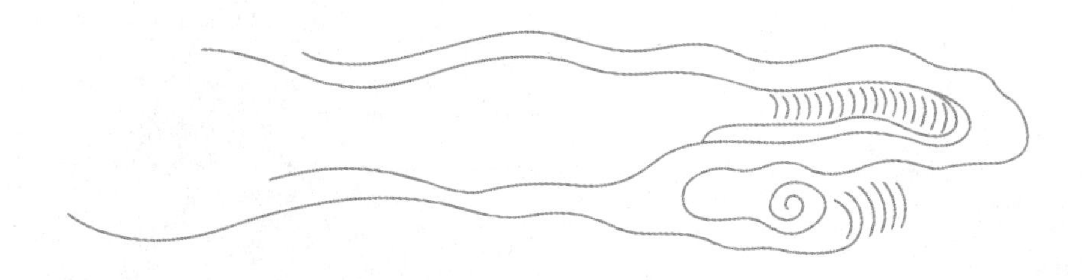

第二讲

美因何生

本讲题目中的“生”，用的是《周易》“天地之大德曰生”中的“生”之义，美由何生，既讲美的产生，又讲产生后的运行。运行还包括在运行中不断地发展变化，用《周易》的话来讲即“生生之谓易”。郑玄释“易”说，易有三义：不易，变易，简易。[①]美的产生和运行之生而又生也包括这三点，美在本质上不易如一，在现象上变易而多，这两条相当于《老子》说的“道生一，一生二，二生三，三生万物”。不易和变易以及由之而展开来的整个美的世界，应当用简易的理论来概括和把握，相当于《论语・里仁》中孔子讲的“吾道一以贯之”。从美的不易来讲，前面说过，美在于三个相互关联的方面：一是具体的形象；二是这具体形象与人的美感相关联；三是与人美感相关联的形象中内蕴宇宙深度和人性深度在内的宇宙整体性质。这三个方面在人的生存实践中交织互动，同时凝结在具体形象中。这具体形象就成为美的。这一讲把这三个方面与美的起源与演进关联起来讲。美的历史又嵌在人类历史中，因此先简要讲一下人类历史，再转到美的历史上。

人类历史从大的方面讲，分为五大阶段：原始时期、早期文明、轴心时代、现代性时期、全球化时期。大致时间、代表性文化、各阶段的类型特征，且列表如下：

时代	时间	代表性文化	类型特征
原始时期	800万—500万年前到前4000年	尼安德特人、智人	工具制造-仪式出现
早期文明	前3000—前2000年到前800年	埃及、两河、印度、中国	神庙与人形之神
轴心时代	前800—前200年到14世纪	地中海、印度、中国	哲学与理性思想
现代性时期	14—17世纪到20世纪60年代	西方主导的世界一体	实验科学和理性哲学
全球化时期	20世纪60年代至今	西方启动的多元互动	电文化主导的信息流动

上表显示的人类历史演进的大线，对于美学来讲，就是美的产生及其历史展开，具体地说体现为美的三方面在历史中的演进。第一方面，具体形象作为美，首先，在原始社会之初，美从人制造的工具即石器中出现，其标志是非洲的阿舍利斧和中国远

---

① 郑玄撰《六艺论》“易之为名也，一言而函三义：简易，一也；变易，二也；不易，三也”。载吴仰湘编：《皮锡瑞全集》（第3册）（《六艺论注疏》），北京：中华书局，2015，第514页。

古的斤斧。接着，展开为10万—5万年前开始的（以村落、山岩、洞穴为地点的建筑、绘画、舞蹈、音乐、戏剧合一的）仪式型艺术。仪式型艺术在新石器时代达到高峰，特别体现在遍及世界的彩陶，以及中亚巴达克山以东遍及中国的玉和以西遍及地中海的青金石。随后，升级为早期文明农耕定居地区以神庙为中心的仪式型艺术和草原游牧地区以旌旗马车流动为主的仪式型艺术。继而，在理性化的轴心时代发展为以中国、印度、西方为代表的三种以都市为中心扩向三大地域的艺术-审美形态。然后，西方文化率先进入世界现代性历程成为世界主流文化，与之相应，西方之美成为世界之美的主流，主导了各文化之美在多样互动中的基本走向。最后，在科学和哲学的升级中，在电文化成为社会信息流动的主潮中，以西方、中国、印度之美为主的世界美学，在互动上有了新的特点，使世界之美进入了多元文化互动的新局面。在第二方面，与具体形象相关联的人的美感，首先在精细化的石器中出现，接着转为原始时代（的村落空地中）和早期文明（的高大神庙中）的仪式型美感，继而因理性文化的不同而发展为以中国、印度、西方为代表的三种美感模式，然后在世界现代化进程中，形成以西方美感模式为主导的全球美感的一体化进程，最后在西方科学和思想的升级中，美感模式越来越走向了以中西印为代表的全球多元文化互补的新格局。在第三方面，与人的美感相关联的形象中内蕴人性深邃和宇宙深邃的宇宙整体之美，首先体现在工艺品的灵物上，接着体现在原始仪式型艺术的灵性和早期文明仪式艺术的神性上，继而体现在以中国、印度、西方为代表的三种不同的理性本质上：中国的道、印度的Brahman-Ātman（梵-我）、西方的世界本质的Being（有-在-是）。再之后，在轴心时代的展开中，在现代性时代到来后，在全球化时代的升级里，中西印三大文化的本质始终存在。虽然在与时俱进中，各有不同的高低起伏主次升降，但基本格局一直没有变，成为整个世界中美之为美的三种本质，这三种本质又交织进个人、群体、时代、文化的具体形象之中，使美出现了千种景观、万种样态。然而，无论美的历史怎样变化，其内在结构是不变的，就是第一讲呈现的，由具体形象之实与人性深度和宇宙深度之虚在各种个人、族群、时代、文化的多重互动中，产生种种丰富而具体的交织。从而，美因何生，首先讲的是构成美学的三要项随人的出现而从无到有的产生，然后展开为三要项在各个时空中生之又生的历史演进。

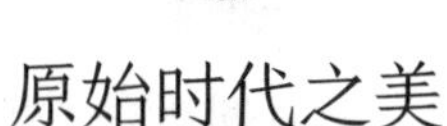

原始时代之美

人是制造工具的动物，工具增强了人的生理结构所没有的力量，工具的使用改变着人的生理结构，同时改变着人与世界的互动方式，产生了人的新型感知，其中，对于人来讲最重要的是，关于世界整体的思想，对美学来说最重要的是人的美感的产生与物被感知为美之物的发生。而今的考古学显示，人类工具使用的产生、发展、定型有三个关键点。一是800万年前到500万年前，人类把石器作为最初的工具使用，使自己从类人猿中分化出来；二是330万年前到220万年前，人类的石器技术体系在非洲的奥杜威（Olduvai）形成；三是170万年前，产生了石器中精美化的阿舍利（Acheul）手斧。这种手斧最初在法国的阿舍利发现并命名，后来发现起源于非洲，名定不改，词义变新，这种产于非洲又走出非洲的手斧成为一种新时代的标志。人类因石器而产生，石器从最初使用到形成技术体系到出现典型器物，人的美感也在其中产生和初步定型下来。石器的使用使人获得了超越生理限制的新能力，产生了超越生理能力的新效果，因石器而获得的种种生存中的胜利，使人在面对石器，特别是在用石奇迹发生后观赏石器之时，有了一种新型的快感，人类的美感在这种因石器而产生的快感整体中萌生出来。手握石器的人类，面对世界时，可以捕获好些以前不能战胜的对象如狮虎熊狼，好些以前不能去不敢去的地方，可以勇敢地奔赴。世界因石器而展现了一种新的面貌，使人产生了一种新的世界快感，人类的美感在这一世界快感中萌生出来。这里，石器的演进，从第一点到第二点到第三点各经百多万年，在悠长的时间中，工具的改进在反复的试错中缓慢运行，工具的效用在众多的偶然性中得到不断总结，工具使用的成败和人在其中的命运，把工具与人的双重演进的内在必然，覆盖在一种外在的偶然性中，对此，后来的中国人称为“运”，印度人称为pratītya（缘），希腊人称为moira（命）。这种因缘性使工具的效能和人的祸福与一种变动不居的世界整体性关联起来，这种世界整体性，以灵的形式出现，在后来的语言中，都有作为宇宙整体的灵的词汇，如美拉尼西亚的mana、梵语的many、希腊语的πνεῦμα、希伯来语的neshama、古汉语中的靁……各种语言中的灵，都有共同点。第一，灵是虚体而不可见。第二，灵变动不居而难以确测。第三，灵降在什么物体上，这一物体就成为具有灵性的灵物（fetish），但灵离去时，此物又为一般之物。因此，物并非固定为灵物，而乃灵显（梵语的bráhman和希腊语的φυσζ）之物。因此，工具之呈现为美，一是体现在外形上，外形在工具的进步中，朝向一种形式之美的方向演进，阿舍利斧定义在对称的形态上，这一外形的技术演进，一方面符合人的感官舒适，另一方面符合宇宙形式美法则；二是体现在人所感受到的灵显时的灵物上。简要言之，（由人可掌握的）技艺（产生出具体的好的形状的）工具，在灵显的时刻，被感受成为美之物体。这里灵显以因缘性的方式出现甚为重要，一种工具在灵显的不断重复后，被族群确定为美的物体。当然这时的美感是在真善美合一中的美感。美是工具的属性之一，只要对之进行审美欣赏，就会以美的形象显现。阿舍利手斧作为最初的美感事物，显示了：第一，美已产生但内蕴在真善美合一的人类美感模式中；第二，美包含两个方面，只关乎自身的外在形状的实体方面和与宇宙整体相关的内在灵显的虚的方面。从根本上讲，是灵显的虚体与形状的实体合一，才使物具有了美的属性。灵显是变动不居的，同样，宇宙整体之灵降临到人周围的任何物体上，这些物体都成为灵物。这样，人与创造的工具，人身在其中的天地四方山河动植，皆因灵的流动而成为灵显之物，当人用欣赏的眼光去感受周围与己相关的事物并发现灵显之时，这些事物就呈现出美。图示如下：

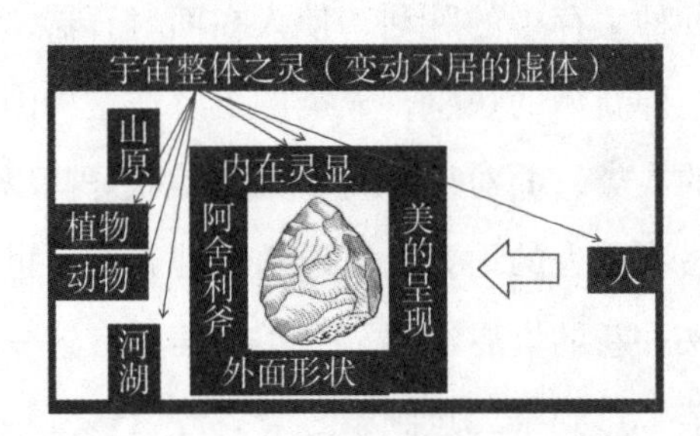

图2-1　最初的灵显之美

人的演进方向是要将变动不居的整体之灵变为相对固定的实体，终于在距今10万—5万年时在尼安德特人和智人中产生了仪式。阿纳蒂（Emmanuwl Anati）《艺术的起源》（2003）说，人类艺术也在这段时间与仪式同时在各文化中普遍出现。查特吉（Anjan Chatterjee）《审美的脑》（2013）还举出了更远时代的艺术个案，但从理论来讲，“普遍出现”方与必然性相关。从工具到仪式是人类的文化升级。人类的观念在仪式中得到了系统的定型，而且以艺术形式体现出来。仪式包括四个方面：仪式地点、仪式之人、仪式器物、仪式过程。这四个方面是人类技术创造的全面艺术化和审美化，地点与建筑相关，包括村落、山岩、洞穴、水边、山顶等各类建筑形态，因举行仪式而产生出来并为了观念的目的而不断改进美化。仪式之人为举行仪式而成为巫，为仪式而对身体进行与观念相符合的装饰，文身、画身、服饰、头饰、颈项、胸符、手镯、脚环等系列美饰产生出来。仪式的器物因有观念的意义而进行美化，彩陶成为世界各文化普遍性礼器，彩陶中所盛的饮品食品，也因观念而进行精益求精的美化。仪式过程需要音乐、舞蹈、剧情，咒语、祝词、祈言，诗、乐、舞、剧在其中发展起来并不断地求精求美。人通过仪式祈请宇宙的整体之灵降临于此，在仪式中，每一具项，地点建筑、身饰之巫、精美之器、行礼过程的诗乐舞剧，都因灵的降临而成为灵性之物。如下图所示：

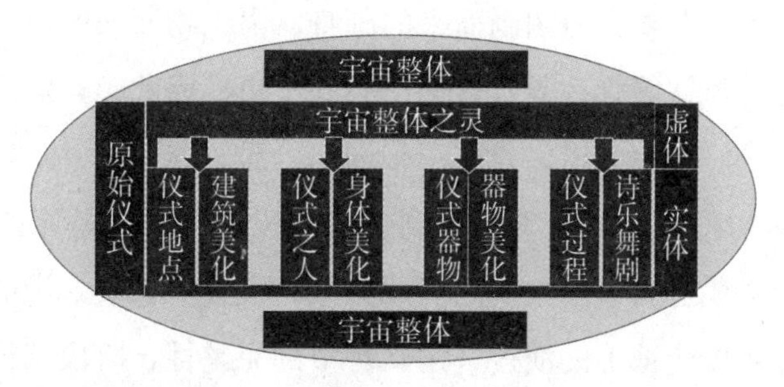

图2-2 原始仪式与审美体系

由图可见，仪式是原始时代的真善美的统一。仪式四项所关联的各类艺术，是仪式的审美外观。这一审美外观以宇宙之灵为核心，是虚实合一的结构。在中国文化中，仪式之巫以文身的方式体现，因此对身体进行了美饰的“文”成为仪式之巫的名称。文即人的美饰，即人之美。巫在仪式中具有核心的作用，因此，作为巫的名称的“文”，也可以用来指仪式四项中所有的美，美之音乐可曰声文，美的语言可称文采，绘画上讲错画成文。进而文可以用来指仪式整体的美。用仪式之美去看整个世界，整个世界的美都可以称为文，日月星，天之文，山河动植，地之文。但无论仪式之人的美、仪式整体的美，乃至整个世界的美，在本质上都是由宇宙整体之灵决定的，都是虚实两个部分的合一，虚体是主要的。虽然在对虚体之灵的追求中，仪式中各项实体艺术得到不断发展，但仪式的各项之美，仍是虚实合一之美。以作为礼器的彩陶为例，彩陶有其具体状和图案，由器形和图案形成的具体形象，这是彩陶的外在之实体；它又关联着一整套（人已经掌握的）技艺体系，这是彩陶的不可见的内在之实体；还关联到（人力图理解但又不能完全掌握的）宇宙整体之灵，这是不可见的既在彩陶内又关联到彩陶外的虚体。

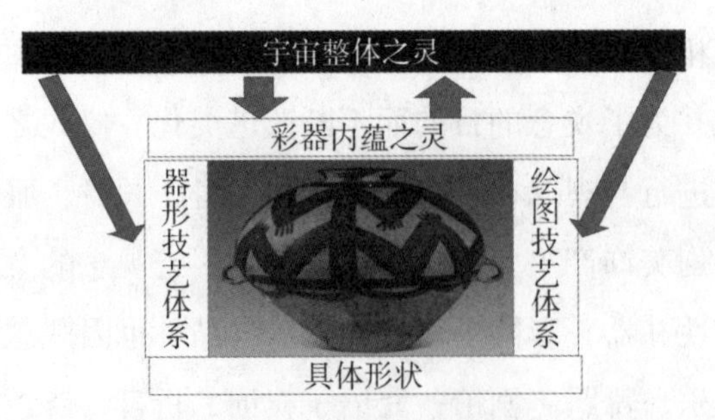

图2-3 原始仪式中礼器的审美构成

在人类之初从工具之用到工具之美的演进中，斧在工具体系中占有核心的地位。在由工具之美到仪式之美的演进中，斧之美也与时俱进，进入到仪式的结构之中，这样，比起仪式中其他的要项，由图画而来的画身、由织物而来的服饰、由火而来的熟食、由冶陶而来的陶器，等等，斧具有最悠久的历史，因此，斧的演进，最能体现出美在原始时代的演进。在中文里，斧有三个词汇，斤、斧、戉，正好体现斧的演进的三个阶段。斤是最初阶段的斧，斧是达到仪式阶段的斧，戉是原始社会高级阶段的斧，戉还随着中国文化进入早期文明之后成为钺，继续保持仪式中的高位。因此，中国之斧，从斤到斧到戉（钺）的演进，逻辑环节的完整性，阶段特征的独特性，不仅可为中国之美在原始社会演进的典型之例，还具有世界的普遍意义。

斤，是中国文化最初的斧。《说文》讲，斤是斧的象形。在甲骨文中，斤有多种字形，有的是人手持斧，有的是斧加木柄，总之都是东亚的片型工具。这种工具的使用，可以产生神奇的效果。《庄子·徐无鬼》讲了郢人运斤成风的故事。故事中对郢人高超技术的推崇，应有悠久的传统。斤是最初的斧，风与宇宙之灵相关。斤与宇宙整体之灵相关而获得灵显，这还从一系列与斤相关的字中显出。太阳加上斤为昕，是古老传说中的六天之一；北斗曾名为魁，是持斤加鬼面；土地加斤为圻，后为天子王畿之一，应来自远古仪式圣地；内心有斤曰忻，斤给内心带来信心与欢乐，在仪式的示（中杆）下向灵求福曰祈，这两项都应与斤内蕴的灵显有关。总之，中国的片型之斤，与宇宙整体之灵及其多样性的灵显，有着紧密的关联。斤进一步演进为斧。徐灏笺《释名》说：“斧斤同物，斤小于斧。”回到远古，这小不仅是体形上的，更是功能上的。斤主要是工具，斧则由工具扩展为武器，在远古各族群的利益之争中，武力和战争是重要的解决方式。战争需要更大的勇气和更多的智慧。作为军事指挥的持斧者，比运斤的工匠有了新质内容。这新质内容从斧的字形中显示出来。斧由斤和父组成，郭沫若说，斧字最初写为父，商承祚和叶玉森说，父与斧古义相通。许慎、段玉裁等讲，斧是与家长型首领持斧（以及与斧功能相关的杖、木、火、矩等权杖类）相关，是为了显出首领的威势。斧与远古首领之巫的威势，关联到另一音同义通的字，甫。甫即男子之美称。从斧到父到甫，构成了一个美的扩展链，都突出了斧与父（家长）与首领威仪的关联。父与甫，即从最初作为工具的斤之美，转换到政治权威巫王的仪容之美。前面讲了文是仪式之巫的文身之美，当文身演进为服饰，特别是丝绸作为高级服饰之后，首领的服饰上绣有相应的图案，即黼。黼上的图案有斧。早期文明后期西周朝廷冕服上的十二章还有斧的图案。这样，斧、父、甫、黼，构成了仪式中巫王的威仪之美的逻辑展开。斤斧从工具扩展到军事又进入政治的整个进程完成之后，具有了新的意义，这一新义在文字上的体现，就是斧成为戉。斤是斧的开始，斧是新的转变，戉是斧的进一步升级。斤斧连称为前段，斧戉连称为后段。斧虽有新质但仍可为工具，戉有斧外形，已非一般工具，全为政治功能。在文字上，与斧戉相关的还有一系列的字：戚、娀、戌、威、威、義、戚、我、戫、扬（《毛传》“扬，钺也”）……关联到各族群各阶段武器之斧升级为礼器之戉的多样性，但最后总归为戉，体现了审美转型的完成。戉与远古族群首领从原始之巫到方国之王的演进紧密相关。王在古文字中的字形很多，徐中舒、叶玉森等说，王字是最高首领之人的本形，林沄、吴其昌等说，王字来源于戉。[①]巫王与戉的联系在古代图像中还有出现。在仰韶文化彩陶上有象征天地运行的鱼鸟与戉并置，石家河文化彩陶上，有王持戉的图案，汉画像呈现与黄帝同时的蚩尤为鬼面持戉。戉在原始时代为石戉和玉戉，随着青铜器在原始时代到早期文明的演进中出现，石戉转为青铜戉，在戉上加金旁成为：钺。

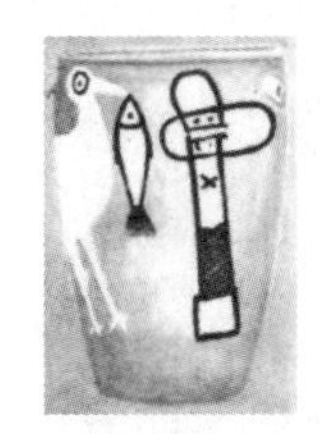
A. 仰韶彩陶的戉

B. 石家河彩陶巫王持戉

C. 汉画像蚩尤持戉

D. 美洲之斧

E. 非洲之斧

F. 克里特文化仪式中的双面斧

图2-4 斧钺与原始时代之美

斧从工具之美到武器之美到王权之美的演进乃世界史上的普遍的现象，斧与族群巫王的结合在非洲文化、美洲文化、古欧洲文化、地中海的克里特文化等，都有体现

① 李圃主编：《古文字诂林》（第三册），上海：上海教育出版社，2000，第689页。

（图2-4中D、E、F）。从斧中可以看到原始时代的一种器物之美从最远的过去一直到早期文明的演进。在中国文化中，随着原始时代初的德刑合一而以刑为主的观念到后来的德主刑辅观念的演进，即从对黄帝的以刑为主之威到对尧舜以德为主之仁的颂赞，斧钺也从巫王威仪的核心移向核心之一，不再是最核心，这体现在古代冕服十二章的体系中斧的位置和功能释义上。从斤到斧到戉的演进，贯穿整体原始时代审美观念的始终，而原始时代审美观念的整体，则要从仪式四个方面的各项体现出来：仪式地点的建筑演进，仪式之人的文身服饰演进，仪式器物的器类、器型、器饰、器内之物的演进，仪式过程的乐器、音乐、表演、诗赞祝词的演进。把从斤到斧到戉的演进，插进原始时代的仪式整体演进之中，通过以部分代全体的方式，体悟到原始时代之美的要点，以及后面的整体意义。还是要强调一点，原始社会的美感演进，虽然以物质实体性的斤、斧、戉的演进，以及仪式各项的演进体现出来，但斤、斧、戉之所以为美，在于与灵的关系，同样仪式中的各项之所以为美，也在于与灵的关系。总而言之，原始时代的美，是一虚实合一的结构。斤、斧、戉-钺以及仪式各项为实体，宇宙整体之灵为虚，宇宙之灵降临到斤、斧、戉等实体上的灵显也为虚。

早期文明之美

早期文明与原始时代的一个最大区别，就是原始时代之虚体之灵，演进到早期文明阶段，升级为实体性的神。早期文明最先于6000年前在埃及与两河出现，接着约4000年前出现在印度哈拉帕文化和中国的夏商周，然后于3000年前出现了美洲的奥尔梅克文化。早期文明作为一个类型，一方面在轴心时代以后还继续存在，如美洲的玛雅、阿克兹、印加帝国，以及非洲的约鲁巴等，另一方面，最初出现的早期文明又影响了其周围的关联地区，出现了另一些早期文明，如在与地中海、印度、中国的互动中，产生了欧亚草原的早期文明，在地中海内部，因多方影响产生了希伯来文明和克里特-迈锡尼文明。然而，地无论东西，时不分早晚，早期文明的共同特征，就是一方面区别于原始时代以灵为主的世界，另一方面区别于轴心时代以理性为主的世界。从历史演进看，原始时代的仪式对灵的互动要求灵的具体化，从而使虚体的灵转为实体之神。原始之灵，本为虚体，变动不居，可从各类有超凡能力的实体上体现出来，人希望灵能常显以便掌握灵为己所用，通过持久努力，产生了实体性的神体和使神常居的神庙。神体与神庙的同时出现，是早期文明到来的标志。原始文化中的仪式四项演进到早期文明，仪式地点升级为神庙。埃及、两河、玛雅文化都以高台建筑为神庙。神有庙而常住，成为神之家。在苏美尔语中是ėdingir，在埃及文字中为pr ntr或hwt ntr，约鲁巴语是ile orisa，词义皆为“神之家”。在玛雅语中为yotot，意为“其家”，或k'ulnah，意为“神家”。①庙中之神成为固定的实体存在，以生动的雕塑形象体现出来，在祝颂祷词祈语中进行文学性的展开，在仪式游行中以诗舞剧的形式展开。从美学上讲，神庙之美和神像之美成为早期文明美感的核心。如下图所示：

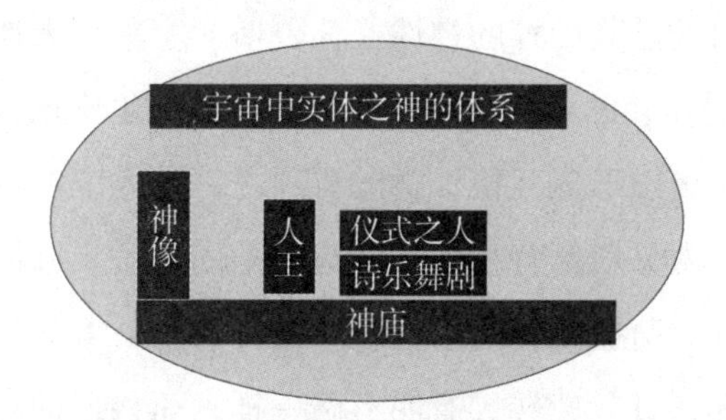

图2-5 早期文明的神庙审美构成

这是早期文明的基本图式。与原始仪式的四项相比，各项的内容和结构都有了变化，最主要的是虚实之灵转为实体之神。不过在不同文明中，每一项会有不同变项。比如埃及，作为人王的法老，本身就是神，而两河的人王则与神相区别，但地中海的神都是实体，而中国之神和印度之神则是虚实合一，但两文化的虚实合一又各有特点。总的来讲，早期文明的实体之神由原始文化的虚体之灵演进而来，实体之神中仍有虚体之灵的内容。因此早期文明之神可以称为“神灵”。在地中海文化中，神灵一体，但以神为主、以灵为辅，在中国和印度，神灵一体但神灵互用。各早期文明神灵一体有不同性质，从而产生了不同的审美类型。

（一）早期文明的地中海类型：神的实体定型

埃及文明和两河文明皆以实体之神为主，因此，神庙成为中心，在形态上最崇高壮丽，埃及的法老是神，并以自己的神身与整个神灵体系相连。埃及建筑以及建筑内

① 布鲁斯·G. 崔格尔：《理解早期文明：比较研究》，徐坚译，北京：北京大学出版社，2014，第400页。

外的雕塑、绘画，从最初的玛斯塔巴陵墓到标准的金字塔陵墓到后来依山而建的神庙，都以法老为中心而组织，呈现文化的观念体系和审美体系。埃及的思想体系以奥里西斯（Osiris）的家族神话为中心，把历史和宗教结合起来。奥里西斯作为最初的法老在被害又复活后成为冥界之王，其妻伊西丝（Isis）是生命、生育、魔法女神，不但救活丈夫而且诞育了子嗣，两人的儿子荷鲁斯（Horus）重获王位，成为以后所有法老的守护神。每一法老等同于荷鲁斯。埃及之神是实体，神中的灵性体现为神的变化。荷鲁斯的本相是鹰头人身。鹰是太阳的象征，鹰头代表天，人身是地上之王，代表地，鹰头人身是天人合一之相。荷鲁斯也可完全以鹰的形象出现，最多的是双翅展开头顶太阳之鹰，突出的是其纯粹的神性。荷鲁斯一家象征天地秩序和生命繁衍，其对手赛特（Set）象征混沌和沙漠，荷鲁斯在与赛特的斗争中成长，其少年形象头顶狮头，在古埃及，狮与牛可以形象互换，狮的要项之一是太空的象征，金字塔前的狮子与塔的指向天空相关。常见双狮背顶太阳升起的圣山，意义皆同。荷鲁斯头顶狮头彰显其在天空中的重要性。荷鲁斯作为与天合一之神的另一方面是，他的双眼就是太阳和月亮。正如天道循环、日月轮转、有明有暗一样，荷鲁斯的眼有时为神眼，能分明一切；有时为魔眼，不辨敌我。荷鲁斯的眼在与欲篡王位的赛特的厮杀中，曾被击为碎片，但其本有的神性使之在碎片时，也显现为有规律的美的比例；荷鲁斯之眼也为数学之眼，成为地中海几何学演进的最初源头。荷鲁斯作为实体，形象清楚，一看即知，这是神不同于灵的最大特征。但荷鲁斯又在不同的形象中变化，可变是对原始之灵的继承。实体形象是神之新性质，可以变化是灵之原功能，早期文明之神既有实体，又能形变，可称为神灵。神灵彰显的是虚实结构，实即形象实有，虚即可以变化。

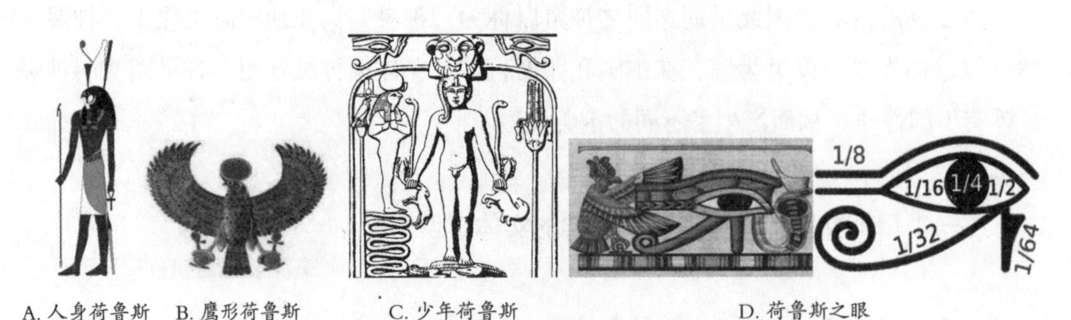

A. 人身荷鲁斯　B. 鹰形荷鲁斯　C. 少年荷鲁斯　D. 荷鲁斯之眼

图2-6　荷鲁斯的多种形象

在埃及，法老是神，在两河，国王非神，这一区别构成了美术图像上的两种文明的差异。主要体现为三点。首先是神与国王的区别，在埃及，神王一体的图像突出了法老与臣民的本质差异，在两河，神王有别形成了两种不同图像，神高于王，神既为实体又可变化，与埃及同。王为实体但不可变化，与埃及异。反映到建筑上，埃及是法老陵墓占有美的高位，两河显出了神庙与王宫的区别，而且在以后的演进中，后者的位置越来越高。从苏美尔到古巴比伦到亚述到新巴比伦，王宫的壮丽已经不减乃至超过神庙了。同样，王的形象在形体上也渐渐超过了神的形象。神可变而王不变，美术形象上王的重要性和实体性成为审美演进的主流。另一方面，两河之神，最初是人形与兽形的一体，后来演进为完全的人形，比如与埃及的伊西丝对应的两河的伊斯塔尔，最初是人形背有鹰翅脚趾为鹰爪，后来成为完全的人形。另外一个重要特征，埃及的神是人形与兽形皆为神，可以互换，两河的神是神、人、兽有了区别，兽成为神的随伴，兽由本为神降为神之伴的神兽，进而神兽再降为王宫门前和墙上的王之兽。由王展开的王之兽的结构和王与臣民的结构，成为两河美术形象的主体。不变的人的形象的进一步发展，同时促进了神的形象的向人形发展。在受埃及和两河文化影响的新型的早期文明，从克里特文化到迈锡尼文化到希腊早期文明的演进，神完全成了人形，在宙斯形象上还有各种变化，可变牛可变鹅，但很快变回人形，而其他主神，包括波塞冬、阿波罗、雅典娜、阿芙洛蒂特等，则很少有变化。因此，地中海早期文明的演进，可以说有三大特点，一是神的形象从兽形的实体到人兽合一的实体向完全人体的实体的演进。二是从神灵合一到神的实体性增多而灵的变化性减少到完全为神的实体性的演进。三是灵的虚体转化为数的实体。这一点从埃及金字塔内蕴着数的比例之美到荷鲁斯之眼彰显着数的比例之美中突显出来，并在希腊的早期文明的神庙和雕塑中得到定型。以前的灵的虚体从灵显形象中是不能完全透出的，而在实体的形象中，数的规律则可以从实体形象中透出。从而在灵这一层面，同样转虚成实，这一点在轴心时代的希腊得到了完全的定型。这样地中海早期文明的主潮，是在朝向一种实体性的审美体系演进。且作图如下：

图2-7 地中海早期文明中神的实体各形

图右是埃及象征生的鹰翼圣甲虫和人兽一体的荷鲁斯，图中是两河有神狮相伴的鹰翼人形神伊斯塔尔与亚述最高等级的阿淑天神，图左是希腊最高神宙斯，是完全的人形。在神的演进中，不仅是神有具体的实体，而且神的变化越来越小，在神的实体性中，灵靠变化来体现，没有了变化，灵的虚体性就消失了。由灵转化成数的规律，再转向人可以把握的科学之数。

（二）早期文明的中国类型：神的虚实合一定型

中国文化从原始时代的虚体之灵到早期文明的实体之神的演进，在结果上与地中海不同，形成的是虚实合一的神灵体系。具体的演进非常复杂，简要言之，可从两个方面进行。

第一方面，从文字上看基本演进逻辑，体现在三组文字上，就是从灵、神、鬼到鬼神合一之魅到天神、地祇、人鬼、物彪的演进。原始时代为灵、神、鬼，灵与神皆为虚体，灵是南方地区之灵，神是北方地区之灵。灵古文字为靁，说法甚多，基本释义为：上为雨下为三口，三口如以口代人，为地上各族群的仪式祈求，如以三口为口，为仪式中人不断喃喃祈祷，天应祈而雨。三口为象征的动态，下雨亦为实际动态，口发出的词与天下的雨本质皆为虚体，灵在此中显出，还突出了灵的核心是天地的互动与应合。神在甲骨文为形，以S形体现的是天地之间有规律的运行。灵与神皆为动态的虚体，灵和神降临在实体事物上之时，这一事物为“鬼”，鬼不是灵本身而是灵显之物，特别是异于常物的仪式中的美饰之物。从岩画、彩陶、玉器的实体形象包括人形、兽形、人兽合一形，皆为灵显之“鬼”。

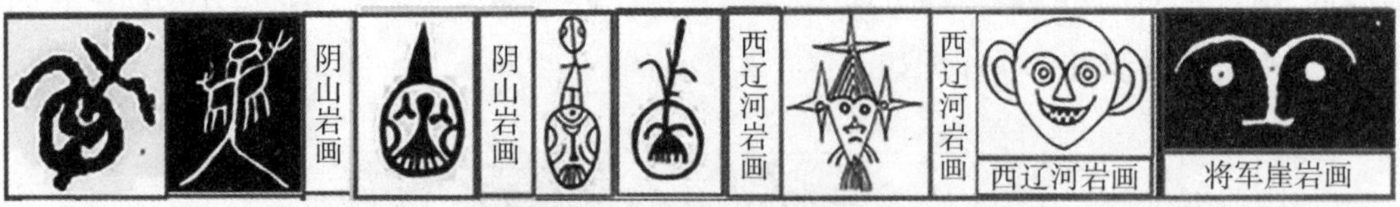

图2-8　中国远古岩画中的灵显人相

在半坡彩陶里，明显呈现四季运转内容（从盆边的符号显出），却用了不同的形象：两人面鱼纹与两单体鱼（图2-9A）、两人面鱼纹与两网纹（图2-9B），四鹿纹（图2-9C）、两比目鱼与两蟾蜍（图2-9D）。这些不同的图案，都是虚体之灵因地因人因时因缘的具象体现的灵显之物。

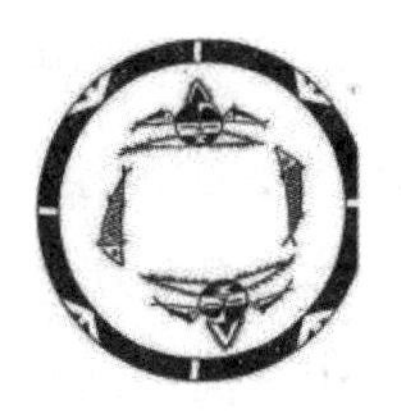

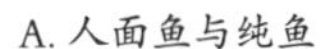

A. 人面鱼与纯鱼　B. 人面鱼与网纹　C. 四鹿　D. 比目鱼与蟾蜍

图2-9　仰韶彩陶体现四季循环的图案

早期文明后，灵皆可固定在实体之物上，《左传》（宣公三年——讲，夏王朝建立之时，把各方的灵显之物都铸在青铜鼎上，使人们可以由此认知神（好的神）奸（坏的神）。在这样一种思维和观念中，虚体之灵演进为实体之魌（神），魌由外形的实体之鬼与内在之虚体申（神）结成一个实体，等同于先秦文献常作为双音词出现的“鬼神”。虚体的灵和神虽然演进成了实体的魌，但这实体本身又是虚实合一的。而且这合一是实体之魌的内在之申（S）与有规律的宇宙整体之北极天帝暗中相连。北极天帝是北极-极星-北斗一体。北极乃天文上的空间，为虚。极星为与北极最近的星，为实，北斗既指向北极（从而视为与之一体）又引起四季的变化（从而视为天地运行的引领），由七星组成，为实。北极天帝是虚实一体的结构，但北极之虚更为根本。也许天帝的以虚为主的性质，影响了中国早期文明神系的性质。这进入到第二方面。

第二方面，就是原始的灵、神、鬼一体之魌（鬼神）进一步形成天神、地祇、人鬼、物彪的体系。天神一方面体现为日月星的实体形象，日初为金乌、月初为蟾蜍，后来可兽形可人形，各类星也有各形，但重要的是这些实体在于由北极-极星-北斗一体的天帝发出的气而运行，《春秋・文耀钩》说：“中宫大帝，其精北极星，含元出气，流精生一也。”徐整《长历》讲：“北斗当昆仑，气注天下。”日月星皆是在宇宙的整体之气中运行的，其作为天神是虚实合一体。地上之神包括人的祖先神和各种山河动植。祖宗曾有固定形象，死后为鬼亦有固定形象，整个早期文明的演进方式，是动物向人演进，鬼以人为大，最后鬼成为人死成神的专称。祖先神即祖鬼。各类山河动植之神，多种多样，也有具体形象，称为物彪。鬼指外在之形，彡指形之多样。地的总称为祇，一个抽象的总体。中国思想从原始社会的立杆测影开始，就重视天地人之间的功能性动态。正是对动态的强调，天神和地祇作为总体都不能固定在某一具体的物形上，而应为虚体。但祖宗是实体的。天地运转的规律在祖宗那里积累总结，祖宗神性最为重要。从而中国的建筑，天坛地坛都是空形高台，以坛上之虚对应天地

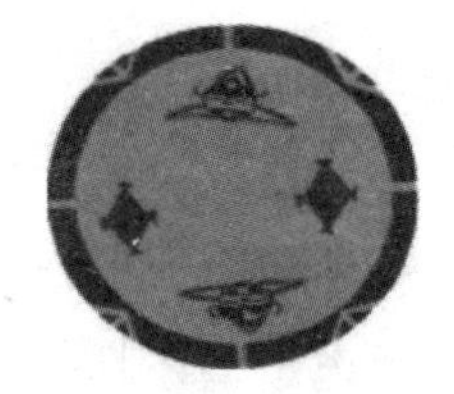

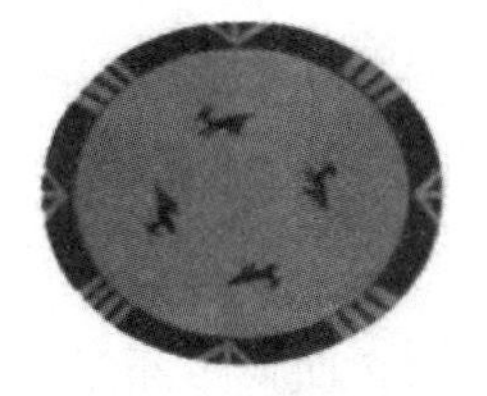

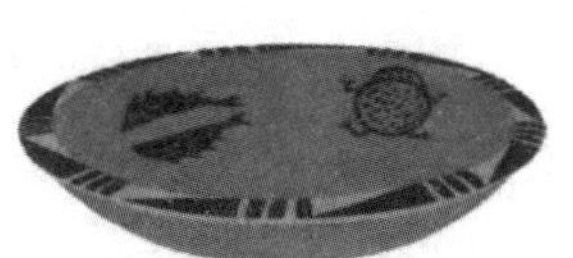

之虚，为了突出虚，用抽象的牌位代表天神和地祇。祖宗是实体的。祖庙成为庄严的实体。祖鬼与天神地祇的虚体相比，为实体，在祖庙成为祭祀体系的核心时，鬼成人死为鬼的专词，另一方面，祖宗的力量在于对天地规律的把握，天坛地坛都是虚体的牌位。祖宗崇拜要与天地一致，使得祖庙祭祀最后也定型在牌位上。山神河神动物神植物神都是有形象的，为实体性的物魅。在人成为万物的灵长后，动物植物要提升到神，都应有人形，正如后世的各类志怪小说里，各种精怪的目的都是修炼成人形。因此，中国的早期文明中，天神、地祇、人鬼、物魅都是虚实合一之神，但天神地祇可以形显但以虚为主，人鬼物魅与天地之气相连而内蕴着虚，但以实为主。对天神、地祇、人鬼、物魅的不同定位，使得中国早期文明的建筑如天坛、地坛、祖庙、山川神庙、各类小神庙，有不同形制，与之相应，祭坛上的牌位、器物，器物上的图案，器物中的饮食，仪式中与祭祀对象相应的服装，服装上的图案，与之配套，形成自成一格的审美体系。早期文明夏商周的庙坛体系是以宗庙为中心，《吕氏春秋》讲“于天下之中而立国，于国之中而立宫，于宫之中而立庙”，反映的就是早期文明的京城：京城中有宫，宫之中是祖庙。天坛地坛日坛月坛按时代观念围绕祖庙，庙坛之祭，王臣冕服上的图饰和行礼时器物上的图案，以京城的祖庙为中心，通过仪式举行，在天气地气人气的天地互动中，把天神、地祇、人鬼、物魅，组合成为一个整体。这是一个虚实合一的整体，结构是实体的、固定的，运行是虚体的、灵动的。所有实体，无论是天上的日月星，还是地上的庙宫城山河动植都在宇宙之气的流动中形成了虚实合一之体。

（三）早期文明的印度类型：神的空灵定型

印度的早期文明，从哈拉帕文化考古出土的雕塑与印章图案还难将仪式之巫与天地之神作严格的体认。但从一些作瑜伽状的巫或神的印章像中，可以看到巫或神所具有的空性，这正与从欧亚草原来的雅利安文化与之融合而出现的早期文明的神的性质相契合。特别是图2-10B中的巫或神为群兽围绕，体现出空性。

在梵语的吠陀四诗中，已经完成了从虚体之灵到实体之神的演进。吠陀文献，以及后来梵书、森林书、奥义书、史诗中所保留的与这一时期思想相关的文献，透出了雅利安思想与哈拉帕思想的融合。从神的特点，包括了两个神系，一个哈拉帕文化内容稍多，另一个雅利安文化更浓。前者体现为原人（Purusa）、生主（Prajapati）、

A–B–C. 哈拉帕印度中的瑜伽像

D. 火神阿耆尼像

图2–10 印度早期文明各像

祷主（Brhaspati）为宇宙主神的体系。后者体现为达尤斯（Dyaus）、伐楼那（Varuna）、因陀罗（Indra）为主神的体系。前一体系中，原人和生主是从宇宙整体而来的宇宙之源，原人即宇宙的一切都从原人的身体产生出来。生主即一切生物皆由之而生，强调的是宇宙的起源与统一。祷主则强调仪式，世界的整体性是在仪式的图案中体现和祷词中讲述出来的，族群的巫王在口念祷词时作为祷者与神互动而获得神性，所有仪式均有一祷者，是谁决定祷者成为仪式之主的祷者呢？是宇宙之中有一祷主。先有祷主，然后有祷者，然后从祷者的祷词中出现宇宙整体。祷主成为内在于或外在于祷者的空性。祷者退出仪式即成为凡世的族群首领，面对的只是周围的现象世界。在原人、生主、祷主体系中，祷主突出的是本体、仪式、世界的关系逻辑。与仪式相关联的事物被祷词赋予意义，这一意义与祷词后面的世界整体相关联。原人和生主强调的是主神与世界的演进结构。世界来源于主神，神与世界呈现为时间的展开。这里虽有世界结构为一结果，但重要的是时间在万物生成中的意义。在雅利安内容更多的神系中，宇宙主神有一种历史性代兴，最初的宇宙主神是天父达尤斯和地母婆利蒂毗（Prithivi），接着，达尤斯的世界主神地位由伐楼那替代。伐楼那初为水神，后升为主神，再后又退回到水神，世界主神的地位被达尤斯和婆利蒂毗所生的因陀罗代替。因陀罗的父是天界主神，母是地界主神，自己是空界主神，他出生后，不但分开了天和地，形成空界，而且将空界不断扩张，最后成为世界主神。天父达尤斯在名称上与雅利安人的其他分支都有关联，如希腊的宙斯、罗马的朱庇特、伊利里亚的达帕等，从达尤斯到伐楼那，印度的因素就显示出来了。伐楼那有两大法宝，一是决定世界的法则之索，名曰Rta（梨它）；二是生灭世界的变幻之术，名曰māyā（摩耶）。伐楼那用印度型的法则之索捆定了达尤斯，用摩耶之法创幻出世界万物的生与死。因陀罗从母亲的肋下生出，这是印度神圣出身的典型方式，佛陀也是从母亲肋下生出。因陀罗不仅分离了天地，在一则说法里，他还把自己的天父从天上摔到地上至死，应是隐喻着旧观念之死亡和新观念之产生，因陀罗是空界之主，由空而主宰世界，世界为空性所充满。因陀罗与伐楼那一样，运用着摩耶之术。在《梨俱吠陀》关于伐楼那和因陀罗的颂诗中，都有对摩耶的描述：

彼以摩耶，揭示宇宙，

既摄黑夜，又施黎明。

……

彼之神足，闪烁异光。

驱散摩耶，直上苍穹。

其余怨敌，愿皆消亡。

——《伐楼那赞》[①]

云生因陀罗，金刚神棒主。

天然地俱有，无比勇猛威。

妙施摩耶法，杀彼变幻鹿。

欢呼汝显示，至上之神威。

——《因陀罗赞》[②]

《伐楼那赞》从宇宙的整体讲，宇宙中的万物，其生是由伐楼那用幻术所幻出，其亡是由伐楼那用幻术所幻归。《因陀罗赞》讲鹿的死亡是因因陀罗使用了摩耶幻术。在从伐楼那到因陀罗成为印度主神时期，一个印度型的世界形成了，世界及万物皆由主神幻化而生，从而世界及万物皆为幻象。一个事物之生，由神的幻术幻出，幻出之后又生存在不可逆的时间之中，时间由比秒还短的刹那构成，这一刹那逝去，此刹那中的事物也永远逝去，事物已存在于新的刹那中，从事物只能存在于每一刹那中，而每一刹那都转瞬即逝来讲，事物的存在是幻相。作为主宰之神与由神幻出并以幻相方式存在，构成了印度的结构。印度早期文明思想再进一步演进，因陀罗的主神

① 巫白慧：《印度哲学：吠陀经探义和奥义书解析》，北京：东方出版社，2000，第39–40页。

② 巫白慧译解：《〈梨俱吠陀〉神曲选》，北京：商务印书馆，2013，第116页。

地位由大梵天取代。世界的结构不变。进入轴心时代，大梵天的后面还有一个抽象的梵。如果把印度思想从因陀罗到大梵天到梵的演进作为一个整体，那么，印度的思想由因陀罗的空界变成了抽象性的空性之梵。空性之梵是世界的本质，由之而有包括世界主神在内的世界万物。从轴心时代回到早期文明，无论从原人、生主、祷主，还是从达尤斯、伐楼那、因陀罗的演进，最后都归结到大梵天上，形成了一个由时间的不可逆而来的主神与世界的空幻结构。印度的族群在这样一个以时间为主导的神与幻的结构里，没有固定的神庙，也没有固定的祭坛，只有固定的和惯常的祭礼，应祭和需祭时，临时设坛设场进行祭祀，祭完毁坛毁场。这一传统应与雅利安人在漫长的时间中持续地从欧亚草原向印度河、恒河的迁移有关，在《梨俱吠陀》中呈现的特色，是马车和青铜的不断移动。虽然其中有与晚期哈拉帕文化的城市因子互动，但自身却没有过城市。德国印度学家威廉·拉乌发现，梵文词grama最初指游牧族群，在《梨俱吠陀》中主要指马车队以及马车在军事上的使用，用于军团，在《梵书》中才用来指村庄。由吠陀经典呈现的印度的早期文明，是在雅利安族群的长期移动中，以及与本土文化的互动中，最初在印度定居下来的过程中形成的。一个没有固定祭坛祭场的空幻世界结构，在印度型的神话中体现得最为清楚。且以太阳神阿耆尼（Agni）为例，太阳的核心是火，因此阿耆尼是火神，所有火都与他相关，天上的火，太阳、雷电、霞光，是阿耆尼的威力；地上的火，房中的灶火，山林的野火，无火的烟也是火的形态，皆有阿耆尼的功用；水中之火，以温度的方式出现，山中的温泉，河水变暖，海水升温，是阿耆尼的作用；祭祀中的祭火，使最神圣的活动得以进行，冥界的鬼火，使地狱的活动得以展开，都要由阿耆尼来主宰和掌控。在神话中，阿耆尼没有具体的面貌，又有一切面貌，一会儿无头，一会儿三头，他身上的一切：头发、面孔、眼睛、嘴巴、牙齿、舌头、胡须、体、背、手、指、足，衣服、形状、颜色……都是火的变幻（图2-10D）。阿耆尼与一切具体的火的关系，正是按照本质之空与现象之幻这一基本思想构成的。在吠陀时代的早期文明中，印度人并无神庙，但却有不断出现的祭坛，祭坛形制、祭主装饰、祭祀程序有固定组合，但祭坛本身却不固定，因需而建，祭完而毁，突出的观念是祭祀的本质为空而具体每一祭祀为幻，从而围绕祭祀而来的美的组合，同样是一种空幻结构。

这样在早期文明的三种主要文化中，形成了三种审美的类型。如下表所示：

早期文明审美中心的三种类型						
地区	地中海的实体审美中心		中国的虚实合一审美中心		印度的虚体审美中心	
神庙	实体性神庙		虚体性坛台		虚体性祭坛（空幻）	
			实体性祖庙			
神	实体之神		虚体天地与实体祖宗		具有空性之神	
王	埃及 王神一体	两河与希腊 神王有别	王 与天地山川神	王 与祖先神	祭司 与神互动	祭司种姓 高于国王种姓

与三种文化在庙坛上的不同类型相对应，如上表所示，神的性质有所不同，地中海的神是实体之神，中国的神，天神地祇与祖鬼物鬽有所区别，天神地祇以虚为主，人鬼物鬽以实为主，四者形成虚实结构。印度之神，形实而质虚，虽有形体，但从现象上看为幻，从本质上看为空。由神灵性质不同，产生了国王与神灵的关系差异。地中海文化中，埃及的法老是国王与神一体，两河的国王与神不同。中国夏商周的王，与祖先神的关系不同于与天地的关系。印度的祭司种姓专门与神互动，地位高于国王。三大文化中不同要项在整体中的位置和地位不同，产生出了审美观念上的差异。这一差异的性质，在三大文化进入轴心时代之后更加明显。

轴心时代之美

当轴心时代的太阳升起，新型的理性之光让早期文明开始了新的成长。地中海出现实体-区分型的理性思想，中国以虚实-关联型思想进行了理性升级。印度形成了是-变-幻-空型思想。美的形态随理性类型不同而各自生长开放。三大文化之美，在古希腊典型地体现在建筑、雕塑、戏剧上，在中国典型地体现在帝王冕服、京城建筑、以诗为核心的文学以及士人庭院中，在印度典型地体现在三大主神的形象和印度教、佛教、耆那教的神庙中。

（一）轴心时代的希腊文化之美

轴心时代的阳光照耀到希腊大地，最重要的成果，是本在埃及、两河、克里特、迈锡尼文化互动中成长的以雕塑和神话体现出来的神灵，得到了理性化的定义：神成为与人同性同形之神。这样，神的形象也就成为人的形象，阿波罗、阿芙洛蒂特是神，但在外在形体和美学意蕴上，与持矛和掷铁饼的人，并无不同：

A. 掷铁饼者

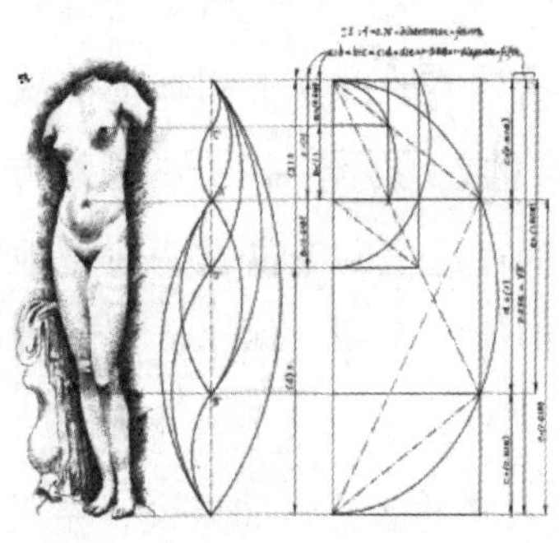

B. 阿芙洛蒂特身体的美的比例

C. 健康女神头像的美的比例

图2-11 希腊雕塑之美

资料来源：李俊霞《建筑的比例和尺度》，东南大学硕士论文，2004。

这样，人之美即神之美，人神在美上互通。神性在美学上演进为美的比例，神的雕塑和人的雕塑只要按美的比例进行创造，就成为美的。美的形体由内蕴着美的比例来显示，人体从头到脚的每一部分都有美的比例：头部为人体的八分之一，胸部是四分之一，臂长是四分之一，脚长是六分之一。每一部分又有自身的比例，如手掌从关节到中指端部为人体十分之一。总之，人体的每一细部都具有美的比例在其中，并共汇成整体的比例体系。裸体成为希腊雕塑的主色，除了政治上民主制形成的人人平等，文化观念认为美的灵魂只能寓于美的形体之中，从美学上讲就是宇宙中美之为美在于美的比例。只有裸体才能把美的比例的各个细节体现出来，让人们从中感受到美的体系的丰富完美。希腊文化在神的扩展和人向神的提升中，使公共事务成为人的事务。希腊的公共建筑也由神庙扩展为各类建筑：市政厅、中心广场、剧场、体育竞技场，这各类建筑都以美的比例作为美学标准。神庙也完全按理性化的美的比例来建造，帕特农神庙与希腊人体雕塑一样，成为美的比例的典型范例。毕达哥拉斯（Pythagoras，约前580—约前500）谈音乐，用的是比例，琴弦长度相同（1∶1），产生同音效果；长度为1∶2，是八度音程；2∶3时为五度音程；3∶4时成四度音程。在调性上，C调音符的6/5是A调，4/3为G调，3/2乃F调。亚里士多德谈戏剧，还是以比例为主，讲一个好的戏剧一定要有头身尾的结构。天文上日月星辰的位置安排和运行也是按照音乐般的美的比例。比例一词来自λόγος（logos，逻各斯）。海德格尔在对逻各斯的词源考据中，讲逻各斯最初的特性时说：逻各斯的“功能在于把某种东西展示出来让人看……使这种东西作为它所不是的东西呈现出来”[①]。这正是原始之灵的特征。逻各斯这一最初的宇宙之灵，经过希腊思想的系列演进，在轴心时代，一方面体现为哲学上的逻辑，另一方面体现为美学上的比例。美的事物就是内蕴着美的比例（逻各斯）的事物。比例作为普遍的宇宙之美，从具体的形象上明晰地体现出来，可以进行明晰的体认，契合了西方人认识世界和欣赏世界的实体-区分的思维方式。在所有美的比例中，裸体的人体雕塑是美的极致。比例在这里的丰富性，典型地体现出宇宙中美的规律，美的人体在比例上同时就是美的神体，人神一体给人以最大的自信。人体雕塑之美成为希腊之美最典型的代表。

实体-区分思维必然把世界进行已知和未知的区分，如果说，希腊的雕塑、建筑、音乐很好地体现了如何从已知去把握未知的信心，那么，悲剧则透出了未知世界的实质。命运不断地从未知世界渗透进已知世界，造成一个个人间悲剧。未知的存在在希伯来文化中形成宇宙整体的上帝，罗马帝国在犹太教上帝的基础上结合自身的特点形成了基督教，达到了对未知世界的审美把握，这就是被钉在十字架上的基督形象。基督是上帝的肉身，他以自己受难，让罗马人重新理解已知世界与未知世界的关系，并围绕基督的受难像建立起了新型建筑：教堂。古代多神体系的神庙，转成了基督教的教堂，希腊人建立在已知世界的科学信心之上的比例之美仍然存在，但转化为一种新型的比例体系。其基本思想是，上帝把已知世界和未知世界统一起来。但人仍在已知世界中面对未知世界，以基督受难体现出来，基督是上帝的肉身，最后的升天是其必然。人只有像基督那样，勇敢面对苦难才能最后升天得救。基督肉身所在的教堂矗立大地，把已知世界的凡俗和世界整体神圣部分关联起来，人通过不断地进入教堂，取得世界整体的信心，在走出教堂后，有了面对未知世界的勇气，并把凡俗的已知世界进行圣化。教堂作为宇宙整体的神圣部分对以前的比例之美进行新的调整。基督教的教堂从古罗马的公共建筑巴西利卡开始进入宗教的形式起点，其后演化出多种教堂形

---

① 海德格尔：《存在与时间》，陈嘉映译，北京：三联书店，1987，第41–42页。

态，中世纪的人拿出自己几乎所有的金钱、珍宝、心情，建筑起了一座座教堂，让世界之美集中于此，使教堂之美与教堂之外的平凡世界有鲜明区分。在各类教堂中，哥特式教堂最能体现基督教的宗教和审美理想。教堂外部，平面为十字形状，有与世俗中的受难观念相关的比例结构，立面以有韵律的比例和节奏，形成向上升腾的动势，以种种比例体现对世界整体中神圣部分的天堂的向往。大门由圆方三角的形式和人形浮塑，体现宇宙的基本结构和万物的物类结构，象征宇宙的整体。教堂的内部，有柱式和拱顶的立面，显示以希腊形式美为基础和以中世纪形式美为顶峰的结合。墙面有雕塑、壁画、象征符号，构成世界与历史的整体，特别有着镶嵌画的彩窗让光线投射进来，一种天堂的景象由之而生。地面按礼拜仪式的需要形成功能性结构，教士和信众一道形成宗教性的比例结构。如果说，在古希腊，神庙和雕塑体现了以已知世界为基础的美，悲剧彰显了以未知世界为基础的美，二者处于一种分离状态，那么，中世纪的教堂以建筑、雕塑、绘画的一体，彰显着以已知世界与整体世界的神圣部分的统一，并以此去面对未知世界。两个不同时期的美的比例，交汇成了西方轴心时代的美的模式。

（二）轴心时代的中国之美

中国文化从早期文明到轴心时代的演进，首先出现的不是像希腊那样与人同形同性的神，而是与虚灵化的天地既保持名义上的关系且居宇宙之中在名义上统领天下的帝王。帝王既奉天承运，象天法地，集天地法则于一身，又是天下之主，与臣民四夷有等级关系。要让天下之人都感受到这两种关系，两种审美形式最为重要，一是建筑，二是服饰。中国的建筑，在《周礼》中得到总结，以帝王的宫殿为中心，由宫城、皇城、京城形成一个层套结构，宫城为中，东边祖庙（彰祖先神），西边社稷坛（显示拥有天下），城郊天地日月坛（呈显宇宙规律）。以京城为标准，州城、县城按级别在建筑尺度上依次递减。京城以天下最大尺度的建筑群，显出帝王之威。在宫殿中，帝王以朝廷冕服，显示其为帝王。帝王如果像希腊人那样以裸体出现，其自然身体，有可能不比其他人强壮，甚至可能差些，人们怎么从感性上对帝王产生尊敬呢？帝王一定要用一套服饰，向人展示自己之为帝王。冕服是宽大的，可以遮盖人的自然身形，而彰显人的文化定位。帝王头冠上的十二冕琉，不仅显得头部比一般人大，而且具有了权力的神威。在帝王的衣服上，有专门的革带舄履，更重要的是衣裳上绣有十二章纹的图案：日、月、星辰、山、龙、华虫、藻、火、粉米、宗彝、黼、黻，象征对天地山川万物的拥有。各等级的服饰，以帝王服饰为标准，依级递降，构成整严的社会等级秩序。人们之间的社会互动，不按自然形体，而依服装等级，相互见面，便知该我给你下跪，还是你给我作揖。这就是华夏衣冠在政治秩序和审美感性上的美学意义。

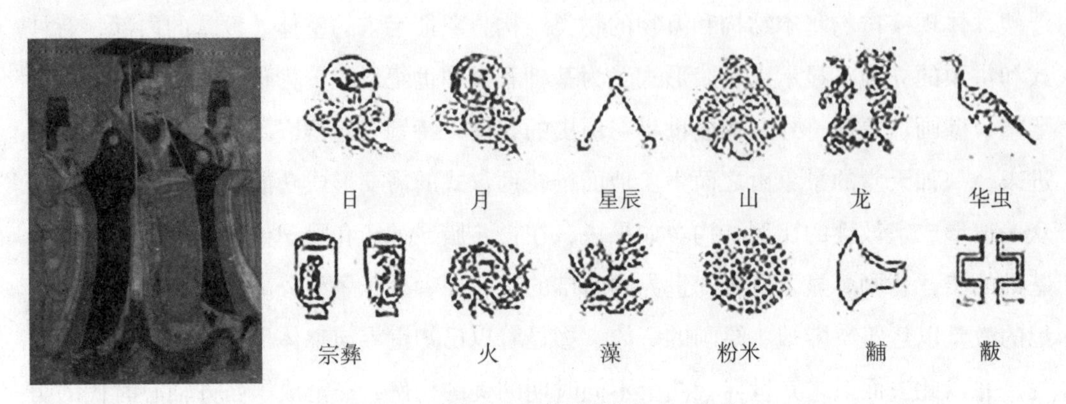

图2-12 古代帝王及其冕服上的十二章纹

中国的王朝是以帝王为中心的，朝廷的具体运行又依靠士这一阶层，士体现了中国社会的流动性，他们在家为绅，入朝为官，在家齐家，在仕治国，宦游察世情，还家悟天道。这样的特殊地位，产生了士人的美学体系。士人美学从魏晋的士人雅集和私家园林中产生，在中唐的中隐园林的闲适情趣中成型，在两宋的都市庭院中完成。这是一个集诗、词、文、书、画、琴、棋、茶、香、文玩、笔、纸、砚、器物等为一体的优雅而丰富的体系。以士人庭院为中心，一方面以诗、词、赋、文，关联着朝廷美学，另一方面以书、画、琴、棋、茶、香、文玩，作古今往还的自赏与他赏，再一方面，以各类的器物、植物、伎艺，通向并影响着农工商的大众趣味。士人阶层从美学的角度看，可称文人阶层，文，在先秦以后，其核心是语言之美。士人之美，即以文为核心，伸向书、画、琴、棋，扩向茶、香、花、木、器、物，渗透四方上下，日月星，天之文，山河动植，地之文，文既是天地人之美，又是面对天地人之美，用以文为核心的文艺进行反思和书写，文心与天地通，文以气为主，中国文人悟宇宙的气化流行，而进行审美欣赏，写出锦绣文章，以及与文同构的各类艺术和美物，形成具有中国特色的审美体系。

宋代以后，经济繁荣，市民兴起，游民涌现，瓦子沟栏，伎艺繁盛，小说戏曲，尤为醒目，一种新型的大众审美潮流，波兴涛涌，经宋元明清四朝，蔚为大观。从而中国的轴心时代后期，形成了朝廷美学、士人美学、大众美学的三大巨流。三流互动，各自争胜，交相辉映，形成了中国之美的特色。三者皆以文为核心，文中又以诗为核心，诗又以律诗为核心。在这一意义上，律诗应能代表和象征中国轴心时代之美。且以王维《汉江临泛》为例：

楚塞三湘接，荆门九派通。【一定点而通向四面八方，感天下之整一】

江流天地外，山色有无中。【由近而远，天上地下，有无显隐，得宇宙之混茫】

郡邑浮前浦，波澜动远空。【近远互连，群邑浮否？远空动否？由现象问实相】

襄阳好风日，留醉与山翁。【世界美丽如斯，谁醒谁醉，世界还是美丽如斯】

作为佛性诗人的王维写此诗，充分展现一种胸怀宇宙的中国人的审美方式，这一方式，不仅是士人美学的趣味，其核心的思想的方式，也通于朝廷美学和大众美学，从中可以体悟出中国轴心时代美学的要点。总之，中国轴心时代的三大美的类型，朝廷之美，士人之美，大众之美，都是中国之道的体现，是道的运行的三种美的形态。

（三）轴心时代的印度之美

轴心时代的印度，作为国王武士阶层的刹帝利低于作为僧侣阶层的婆罗门，印度历史上并无一位威运长久的国王，公元前的阿育王和公元后的戒日王在印度都时间极短，从而各宗教的主神，印度教的三主神，梵天、毗湿奴、湿婆，佛教的佛陀，耆那教的耆那，成为精神和思想中心。印度思想的核心是梵-我-空，各教的主神是内蕴着本体空性的主神。印度之美也由这内蕴着空性的主神体现出来。三教主神的故事，以及三教神系把吠陀神系各取所需地组织进自身的体系中，比如大梵天在佛教中成为佛陀的护法，佛陀在印度教中成为毗湿奴的化身。因此，印度之美主要从各教主神的美中体现出来。与希腊之神的同性同形不同，也与中国之神的天地虚体与祖宗实体的区别与配合不同，印度之神最普遍的形象，也是最能显出其特色的，是两点，一是异于常人的多头多手；二是一神多身的化身体系。这两点，加上具有轮回象征的法轮和形式美象征的神庙，从具象和抽象两个方面，把印度型的是-变-幻-空的世界体现了出来。这里且举两个典型来看轴心时代的印度之美，一是印度教主神的湿婆之舞的具象雕塑，二是佛教以形式美方式彰显佛教精神的桑吉大塔。

湿婆之舞把是-变-幻-空的世界作了典型的美学体现，主要在四个方面：一是舞之圆相。图2-13A的湿婆之舞，演化出朵朵火焰形成圆。圆为时间，圆形边上整齐的火焰，既是世界时间有节奏地行进，又在是-变-幻-空中运行，强调着每生每灭之灭。在印度的三主神中，梵天为创造之生，毗湿奴为保持之住，湿婆为死亡之灭。湿婆之舞的雕塑，四手中的两手，右边一手拿着一面计时沙漏形的手鼓，手鼓象征宇宙的创造，在传说中宇宙万物最先创造出的是声音，湿婆的手鼓则是声音之源。同时，鼓声停止的时候，就是宇宙的末日，但这一终结是为了追求更好的轮回重生，从而暗喻着新的世界的创造。手鼓又显示着宇宙舞蹈中的音乐，点点的鼓声，应和着燃烧的火焰，与火焰一道显示宇宙运行的节奏，湿婆的另一只左手臂上，就托着一团花朵状的燃烧的火焰。火焰又是毁灭，左右两手形成的动态平衡中的右手之鼓与左手之焰，正好象征了宇宙的开端与结束，创造与毁灭。音乐是时间，沙漏也表示时间，火焰的燃烧也在时间之中，又象征着宇宙在时间的节奏里有规律地保持和运行。这样，作为宇宙运行的火焰之圆，为湿婆之舞所产生，乃湿婆精神之象征。二是舞之交相。湿婆以手足而舞，湿婆四手，两手为左右展开，右鼓左火，显时间行进和万物生灭之节律，两手为上下，上作无畏印，直面世界之苦，下作庇护印，彰显吉祥之惠。四手律动，上下左右，有开有合，展现了阴阳能量多重交合，不仅于四手，而且关联双足，正好是正倒两三角的相交（图2-13A），内蕴了湿婆之舞与印度形式美图式在精神上的内在关联。印度美学的基本图形，室利圣符图（图2-13B），由宇宙的三种基形方、圆、三角构成。三大基形组合后的最大的特点，方形以特殊形式突出八方空间在时间中运行。三圆之中有外圈莲瓣（16朵）和内圈火焰（8形），强调在时间运行中的生灭思想。内圆之中三个由小到大又三个由大到小的象征阳性能量的正三角与三个由小到大又三个由大到小的象征阴性能量的倒三角相互交叠，彰显了在时间行进中的更为复杂精致的交合形态。正如中国太极图黑中有白和白中有黑的抱合圆转形成中国形式美的最大特点。这阴阳能量相交，及其所体现出来的运动，突出了印度形式美的最大特色。三是舞之离相。湿婆双足，一足踏在名为痴顽愚蠢的侏儒（Apasmara）上，象征生命历程从一方面讲与无明相连，陷幻相之中；另一足离开侏儒而高举，强调生命历程又是不断摆脱无明与幻相，趋向自在。湿婆的名号之一是大自在天。湿婆舞动的双足，彰显着生命历程就是不断地入幻相之世又不断地离幻相之世的智慧之舞。在这一意境中，双足之舞与四手之舞相互注解，合而为一，形成内蕴深厚的离相。四是舞的和相。头为天，湿婆头上的条条发椎在舞中两边展开为扇形，象征天之四方、八方、十六方，乃印度美学基本图形中方形的变换。扇形发椎中有骷髅，象征地上的生命与死亡；有新月，隐喻天上的生命与重生；有巨蛇，象征永恒而强大的生殖能力和贯穿天地的力量；有恒河女神，如美人鱼，正在向下滑动，让人感受到恒河之水天上来。在传说中，恒河最初是天上的银河，应了仙人跋吉罗陀之请，从天降落以净化人间的灵魂，银河之水自天而降的时候，大地无力承受，湿婆为了拯救大地，用头接住了河水，让河水沿着他的头发，分成七条支流，慢慢流向人间。而当恒河女神在湿婆的宇宙之舞中出现的时候，又让人体会到圣河的波澜与宇宙之舞之间的互动与关联。河水流运的柔性，与湿婆脚下的莲花相呼应，为生之象征。在新德里国立博物馆的青铜舞王中，莲花座两旁有恒河女神的坐骑摩卡罗（Makara），圆形上之朵朵火由它的口中吐出。莲为幻相世界之生，火为幻相世界之灭，宇宙运行的生生灭灭，由之彰显。水为柔，火为刚，宇宙万相刚柔相济，由之呈出。湿婆舞相中的头足呼应，融入整个舞蹈的其他种种因素之中，突出了舞蹈整体中的和相。可以说，湿婆的舞王之相成为印度美学基本图形所内蕴的印度思想的具体展开和典型体现。湿婆不但有舞王之相，还有很多形象，如以一个身体一半为男相一半为女相，以更明显的方式彰显阴阳和合，又如以男性生殖器的器形（灵佳）与女性生殖器的器形（优尼）交合在一起的具有抽象形式美的象征图像。还有湿婆与其三位妻子雪山女神帕尔瓦蒂（Parvati）、战神杜尔伽（Durga）和黑女神迦梨（Kali）构成了多层内容的神系，以及湿婆、帕尔瓦蒂与两个儿子，大儿子象头神和小儿子六面神，一道构成了湿婆家庭系列图像。

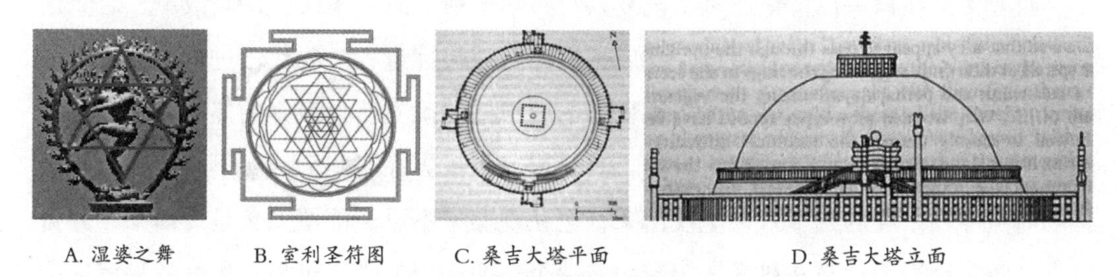

A. 湿婆之舞　B. 室利圣符图　C. 桑吉大塔平面　D. 桑吉大塔立面

图2-13　轴心时代的印度之美

资料来源：图C-D. Benjamin Rowland. *The Art and Architecture of India*. Landon：Penguin Books，1953.

与湿婆用多种多样的具象，彰显了印度之美的特点相比，佛教的寺庙，特别是早期以佛塔为主的建筑，更以抽象的形式，体现了印度之美的典范。公元前3世纪的桑吉大塔（图2-13C-D）最为著名，这是一个以抽象形式为主的形体。圆形基台意指大地；半球形的覆钵表征现象直观上的天，方形的平台象征本质上的天；竖立的柱竿暗示世界无形的轴线，天地万物围绕着中心轴被组织了起来；华盖是各种天界和统治着上天的诸神的象征。同时在佛教理论中，佛处在宇宙中心的须弥山上，佛塔整体造型，又是一个神圣的宇宙之山的象征。这一象征体系在南亚的佛塔演进中，得到了体系性呈现。对桑吉大塔的观照，一定要经历从抽象形式的宇宙象征，到宇宙中心圣山象征的“变”，方有佛陀作为宇宙之主的第一次审美提升。然后，平台内的佛骨是死，佛不是一般人那样进入轮回之“死”，而是超越轮回的“涅槃”，是与轮回之死相对立的永生。因此，桑吉大塔营造的是一种印度人特有的死与生的智慧。当佛塔的观赏从圣山象征变到生死象征，就进行到了佛教三法印中最后一种法印的体悟。三法印，第一是诸行无常，第二是诸法无我，第三是涅槃清静，第三法印也是宇宙本体的“空”的境界。桑吉大塔以塔体的几何结构，内蕴了三重境界，体现的就是“是-变-幻-空”所内蕴的现象之相与根本之理的合一。

对于轴心时代的印度，理解了湿婆之舞的具象之丰富内容和桑吉大塔的抽象之三重境界，对于印度的一切艺术现象和审美现象，就有了体悟其内容和境界的基础。

四

现代性时代之美

西方文化在14—18世纪通过文艺复兴、科学革命、海外殖民、宗教改革、启蒙运动、工业革命等一系列复合运行，开启了世界的现代性进程。现代性进程在美学上的体现，首先是在绘画上的突破，依靠科学的透视法，确立一个最好的焦点，在二维平面上展现一个与现实一样的三维世界，并让这三维世界在时间上停顿下来，把这一最佳的时点停顿中光的细腻效果呈现出来，把在现实中不可能停留的美呈现出来，并可以不断重复地看，这与在科学实验室中看一个东西在现实中不可显示出来的秘密完全一样。通过这一新型绘画，实体-区分思维得到了美学上的最佳体现。在现代性的美的变革中，绘画，正如达·芬奇讲的那样，成为艺术体系的最高门类和整个艺术的理论原点。以绘画为核心把雕塑和建筑放在一起，三门艺术一变在中世纪的低下地位，成为与心灵和创造紧密关联在一起的“心创艺术”（Arti del Disegno），再进一步，心创艺术扩大到音乐、戏剧、文学，形成了影响以后整个世界的“美的艺术”（Beaux art）。艺术自此以后，是专门为美而产生出来的。与社会事物和自然事物中美只是其属性之一不同，艺术是完全的纯粹的艺术。美术馆、音乐厅、剧院、文学的阅读空间，共同构成了现代社会的美的专门标识。从柏拉图开始追求的与其他东西相区别开来的专门的美，使人一看即知的美，文艺复兴后方得到纯粹的体现。由绘画开始的这一现代之美，在波特切利的《维纳斯的诞生》中维纳斯在海风中到来的那一刻，在米开朗琪罗的绘画《创世纪》中上帝的手指接触到亚当的手指的那一刹，会得到强烈的震撼感受；在拉斐尔的《圣母像》彰显出来的温庄深厚的母爱中，在达·芬奇《蒙娜丽莎》那可感而又神秘的微笑中，会得到深邃的久远的感悟。这种新型的现代之美，与以前之美的不同，只要把达·芬奇《最后的晚餐》（图2–14A）与中国阎立本的《晋武帝》（图2–14B）和印度细密画比贾普尔画派的《苏丹与侍臣》（图2–14C）比较一下，很是明显。在突出主要人物上，中国和印度都直接把主要人物画得比其他人物大，而《最后的晚餐》是不能这样的，人物的比例必须按照现实人物群体的真实尺度来画。在人物与背景的关系上，《晋武帝》中没有背景，《苏丹与侍臣》只有贴近之物，背景也是与无背景相同的褐色的高平地面，《最后的晚餐》则必须把整个室内按正确的焦点透视方式画出。在时间上，中国用的是让时间暂停的亮相方式，印度显出了停顿（人物）和不停顿（上中下的禽鸟）的统一，西方要突显生活中本有的一瞬间的生动性。

A. 达·芬奇《最后的晚餐》

B. 阎立本《晋武帝》

C. 比贾普尔画派《苏丹与侍臣》

图2–14　中西印绘画比较

为了理解印度画中的时间表现，可以参照康拉格画派的细密画《牧童歌》中那幅《克里希纳追求拉达》（图2–15）。作者把作为神的化身的克里希纳和人间美女拉达的神人之恋的四个关键时点，即二人邂逅、最初婉拒、席地相拥、甜蜜交合，放进一幅画中。一时点两人四个时点八人共画在一幅画中，用大幅度的蛇形线布局展现时间过程。

图2-15　康拉格画派的《克里希纳追求拉达》

用这印度画中内蕴的时间观念去看《苏丹与侍臣》画中的时间表现，会有不同于中国和西方的另一理解。总之，文艺复兴的绘画以及这一画风在威尼斯和尼德兰的展开，进而在全欧洲的展开，形成了现代之美的主潮。焦点透视给西方绘画带来的新型的现代之美的基本原则，不仅在雕塑和建筑中，同样也在音乐、戏剧、文学中绽放。且以音乐为例，音乐在与产生焦点透视相同的现代思想的影响下，产生了交响乐。交响乐创造了最庞大的管弦乐队，包括木管组（长笛、短笛、双簧管、单簧管、大管、英国管、低音黑管、低音大管等），铜管组（圆号、小号、长号、大号、短号、低音长号等），打击乐组（定音鼓、排钟、铝板钟琴、钢片琴、木琴、小鼓、大鼓、三角铁、响板钹、铃鼓、锣、钢琴、竖琴等），弦乐组（小提琴、中提琴、大提琴、低音提琴）。其人员配置一般都在一百人以上，多的达几百人。现代社会在西方的兴起，其标志是工业化，在交响乐的组织中，让人感到了一种工业化一般的专职分工、协同运作、科学管理、宏伟表现。交响曲作为大型的器乐套曲在形式上具有史诗般的宏伟，社会般的多样，心灵般的丰富，哲学般的深沉，现代性的昂扬与激情。近代哲学，特别是在德国，表现为一个个明晰辩证的思想体系。交响曲的四大乐章结构，快板、慢板、快板或稍快、终曲，同样的明晰、辩证、丰富、昂扬、宏伟。作为近代思想代表的黑格尔哲学，其结构是正、反、合，其核心是矛盾对立统一。交响曲的第一乐章是三大部分，呈示部、展开部、再现部。呈示部一开始就是主部主题，然后是副部主题，这两个不在同一调性上的主题形成对比，构成以后音乐发展的基础。展开部，通过转调、模进、分裂等多种手段展开呈示部的各主题，再现部是呈示部的重现。这不就是黑格尔哲学所想要反映和表现出的那种时代和文化精神吗？交响乐的配器、对位、和声完全可以使人感到油画的效果。这里特别需要从和声讲，和声使人把乐音看作人声特点的独立单元，而且是相互依存并按照一定空间关系排列的多音组合，和声要求音符的编排既顾及时间顺序，又要考虑空间的相对距离。在这一意义上，可以说，和声本就是一个空间概念，它根据空间活动采取相应的空间形式。在交响乐中，以和声为主的整体音响给人带来的就是一种类似于大型油画的三维立体感和由这种立体感带来的细致的明暗变化，我们可以感到绘画上的美的比例，多种乐器的配合，其旋律、节奏、节拍、速度、力度、音区、音色等的交织、变化、组合，我们可以感到绘画中丰富细腻的色彩景象。这同样使我们想起前面画的西方模式图。音乐、绘画如此，其他艺术亦然。随着现代性进程扩展到全球，这样一种现代之美，成为世界的普遍美学原则。

当完全体现实体-区分型思想的美成为世界美学的主流并影响全世界的时候，前前后后进入世界现代性的各个文化，其美学演进有所差异。与中国的现代性关联中，要把俄罗斯和日本放进视线内，俄罗斯尤为重要。在世界现代性进程中，最先与西方互动的是俄罗斯，从俄罗斯到苏联，苏俄学习西方，赶超西方，斗争西方，在20世纪的近一个世纪中，曾为一世之雄。但正因为很早就学步西方，在西方进行科学和哲学升级时又与西方争霸，从而苏俄之美是在西方近代之美的基础上与本土需要相结合而发展，这使得苏俄之美，成为实体-关联型之美。苏俄在世界上建立与西方不同的霸权地位，又深深地影响了中国的现代美学进程。中国在20世纪的大半时间里，一方面由于自身的传统美学内容，另一方面主要受西方近代和苏联的影响，形成的是与苏联在本质上相同在现象上有异的实体-关联型美学。与中国相比，印度的现代性进程主要是在英国殖民的影响下形成。印度一方面受自身传统的影响，另一方面在西方进行科学和哲学升级时就紧跟西方美学，因此，形成了实体-是变美学。简而言之，中国和印度的现代美学转变成了实体美学，这是世界一体中的大趋势，中国是实体上加上关联，印度是实体上加上是变，这与各自的传统有关。下面分别论之。

中国在19世纪中叶进入世界现代性进程，20世纪上半叶在美学上与西方、苏联、日本进行多方互动，产生了多种多样的美。以绘画为例，有以吴昌硕、黄宾虹、齐白石、潘天寿、傅抱石为代表的坚持传统中国画的画风，有以李铁夫、颜文樑、董希文、靳尚谊、杨飞云为代表的西方油画的画风，有以高剑父、林风眠、徐悲鸿、刘海粟、吴冠中为代表的融合中西而产生的多种多样的新画风，以及其他多种绘画新变。

但不从现象上美的多样，而从最高的共同性上讲，现代的中国之美，是实体-关联型美学。一方面，尽管按传统中国画去画，必然要产生空间之虚，但现代中国人不把这虚看成古代的宇宙气之流动之虚，而将之看成现代的科学性的实体中的空白。另一方面，尽管按西方油画去画，必然由焦点透视而产生区分的效果，但现代中国人把这一区分仅看成作画技术，而非绘画本质，油画本身是按画与社会与历史与政治有着内在本质关联去看的。绘画是这样，其他艺术门类也是这样。因此，现代中国一旦完成了从古代世界观到现代世界观的转变，现代中国之美就在中国与世界的互动中，成为实体-关联之美。现代中国绘画是要表现一个相互关联着的实体世界。

印度在殖民时代于19世纪中叶的马德拉斯、加尔各答、孟买等开办了西化型的艺术学校，学习和移植西方写实绘画，形成了以瓦尔马（Raja Ravi Varma，1848—1906）为代表的西画潮流。[①]此画风影响深远，但20世纪初西方现代绘画兴起，这一新画风与印度传统美学有内在的契合，转成了对印度阿旃陀画风和细密画风的复兴，三者结合产生了以泰戈尔（Rabindranath Tagore，1861—1941）和罗伊（Jamini Roy，1887—1972）为代表的印度现代画风。[②]最能代表印度把传统画风、西方古典画风、西方现代画风融为一体，并在这三个方面都有很好的表现和展开的是谢尔吉尔（Amrita Sher-Gil，1913—1941）。[③]西方现代画风在西方风起云涌，在印度更是回应热烈。然而，如果说，在瓦尔马型画风的持久不衰中，呈现的是西方实体世界在印度的胜利，那么，在泰戈尔、罗伊、谢尔吉尔的画风中，有着印度的是变一体的传统内容，但幻与空的

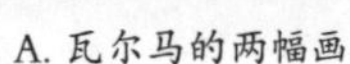

A. 瓦尔马的两幅画　　B. 泰戈尔的画　　C. 罗伊的画　　D. 谢尔吉尔的两幅画

图2-16　印度现代型绘画

---

① 华佳编译：《印度画家维加·瓦尔马》，《世界文化》1994年第1期。

② 王镛：《诗人泰戈尔：印度现代画的先驱》，《名作欣赏》1992年第5期。

③ 郭牧：《耀眼的明星：永恒的艺术：印度女画家阿姆里塔·谢尔吉尔作品赏析》，《名作欣赏》2016年第16期。

本质，已经有了现代的转换，进入了实体-是变的新的组合之中。进一步讲，瓦尔马型的画风也是内蕴着是变之味，泰戈尔型的画风内嵌着实体的意涵。整个印度的画风在印度与西方的互动中，形成了一种具有现代性的实体-是变之美。画如此，其他艺术门类亦然，这不但从与时俱进的印度现代文学中表现出来，也从一直风靡不衰的宝莱坞电影中彰显出来。

简而言之，从文艺复兴产生的世界的现代之美，就西方来讲，是古希腊以来的实体-区分型之美的完全落实和最高风光，在中国扩展和转变成实体-关联型的现代之美，在印度扩展和转变成实体-是变型的现代之美。

全球化时代之美

如果说，现代性时代是世界一体化的开始，从物质上讲，机器把分散的世界史变成了统一的世界史，那么，全球化时代则是世界一体化的完成，从物质上讲，电器把统一的世界提升到一个新的高度。电器的演进从美学上看是一个不断离开古典美学标准又不断扩大古典美学标准，而且不断变化和升级古典美学标准的进程。西方由现代性以来的演进可以分为三个阶段，从文艺复兴到19世纪末20世纪初，世界被西方列强瓜分完毕，是现代性中的近代（the early modern）。19世纪末到20世纪初，由电器的出现和科学、哲学的升级，印象派的产生和后印象派的转变而开启了形形色色的现代艺术，到20世纪50—60年代，在电器上产生了电视及其在全球的普及，是现代性中的现代（the modern）。从电视的产生到20世纪90年代电脑的普及和21世纪初手机的普及，是现代性中的后现代（the post modern），后现代时代就是以电视、电脑、手机为标志，信息流动加速后的资本流动、科技思想流动、人员流动和旅游流动的全球化时代。后现代与全球化的一体，既表明了全球化与现代性之间的连续，又彰显了全球化乃一世界历史的新质。从现代性向全球化的升级由电器发展到一定阶段而完成，而且由新型的电器即电视、电脑、手机来表征，因此，全球化时代的美，是一种由电器引领的美，是一种电型之美。从美学上看电型之美的演进，就是摄影和电话是新型之美的第一次启动，电影和广播是新型之美达到一个质点而形成的雏形，到电视以及相关联的录像的出现，是电型之美的本质性的提升，宣告了全球化之美的正式到来，由电视演进到电脑和手机，是全球化之美的完成。电型之美既是新型之美的产生，又对以往的全部之美进行了新型的统合，各种各样的美，都可以而且渴望在电型之美中出现，从而使电型之美成为艺术门类之美的核心。

电型之美在摄影和电话中产生，电话把通话的两人从有距离的空间变为无距离的共在，同时以一种设计工艺器物成为室内的时尚装饰，预示了工业设计向美学的演进。摄影使以前要用较长时间方能完成的一幅油画，现在一按快门再加上冲洗就完成了。在一定的意义上，摄影的产生促使了西方绘画从写实油画向印象派的转变。绘画只能固定在一个地点，摄影却可以灵活地到处移动。电影的产生让油画般的静态摄影活动起来，把绘画的可视、文学的叙事与人声及音乐的音响合为一种新型的综合艺术。电影不但是艺术，还是一种文化工业，首先要求赢利。电影之前的美的艺术的超功利原则遭到电影的挑战，全面些说，电影挑战、扩展、改变着以前的美学原则。电影还改变了人们关于真实的原则，电影在制作中将不同时空拍摄的东西，剪辑成一个同时性的场景。电影把绘画和摄影的空间静态，扩展为连续性时间动态，但又让观众在电影院的固定空间里静静地观看，保持住了西方思想中的实体-区分型观念。与电影的固定性不同，广播却具有在顷刻之间传遍全球的功能，广播不仅是播放作为艺术的音乐、文学、广播剧，而且可播放社会的一切方面，新闻、政治、科技、文化、体育、生活，都被汇集一体，人们由此自然由广播的这一综合性，想到艺术与社会各方面的统一性，以前的美学原则被重新思考。电视的产生，在综合性和时空性上与广播相同，但电视以视觉为主，带来如临其境的感受，远距离的同在性，在电视中得到了质的提升。特别是重大事件的现场直播，使人具有全球一体的崭新感受。在艺术上，电视剧作为电影的扩展，有两个方面的特点，一是电影的观看是空间固定和观态规定的，而电视剧观看具有自由性，可边做事边看，可离开一小会儿再看，还可以回放再看。二是电影观看是被动的，进入影院就只有看，电视却可以看时自主换台，观众是遥控板的掌握者。观者的主动性的提升使观者与作品的关系发生了本质性的变动，而这一变化是电视的本性带来的。电脑、互联网和手机的出现，把电视的新功能作了更高层级的提升，体现在四个方面：一是在全球一体化的全面性和即时性上；二是在全球一体化的即时共在性上；三是把电视中观众的主动性提升到观众的互动性和参与性上；四是新的综合性。从广度上讲，世界的一切都可以进入电脑和手机之中，从艺术上讲，一切艺术门类，包括文字性的文学和表演性的综艺，都可以进入电脑和手机之中，并由之呈现出来。这样以电视、电脑、手机为代表的电型文化，由于综合了各类艺术，而且包括各种现实中的审美活动，艺术型会展如艺术展、电影节、戏剧节、音乐节；生活型会展如服装、香水、书籍、饮食等的博览会，大商场分区分片的柜台展和橱窗展，步行街的建筑展……从而让人们从电型艺术的角度去思考艺术之美的统一性；由于艺术与世界的一切都可以在电脑和手机中呈现，从而让人们从电型艺术的角度去思考艺术之美与世界各领域的关系；由于电脑和手机是全球无距离的，从而让人们从全球一体的角度去思考艺术和美学的性质。从电脑和手机去看艺术之美，电器本身的性质，虽然来自西方古典的实体-区分型思维，但却远离了实体-区分型思维，而是与西方科学和哲学升级后的新思想相一致。电型艺术，本就是在与科学和哲学的关联和互动中产生和发展的。因此，从西方科学和哲学的升级，可以更深地体会由电型艺术所带来和带动的全球化时代之美。

从科学和哲学的升级来讲，以牛顿为代表的近代物理学建立在四大要项之上，时空、空间、物质、能量。近代科学把这四项用机器的方式组合起来，由机器引发社会的全面变动，开始了现代性的扩张和世界一体化的运行。以爱因斯坦为代表的现代物理学，用光把牛顿的四项统一了起来，把时间和空间统一成为时空合一体，把物质和能量统一成为质能等效体。这一物理学的升级，改变了西方的实体区分型世界。从古希腊到近代科学，都认为原子是不可再分的实体。现代科学的升级发现，原子之下，还有粒子。重要的是，粒子从根本上改变了原子的性质，以及以原子为基础的整个科学和世界的性质。从中西印思想的比较上看，主要体现为两点，第一，粒子是质能一体的存在。质量和能量的等价和互转，粒子可以不以实体的物质形态存在，而以虚体的能量形式存在。在粒子那里，实体即虚体，粒子是虚实合一之体，而且主要以能量的虚体形态存在，这与中国文化之物由虚实两部分组成而虚更为根本的观念相契合。第二，粒子是静态的空间性和动态的时间性的合一。粒子作为实的物质形态有空间性，作为虚的能量形态是时间性的，在两种形态中，能量更为根本，正是虚体的能量之动，也即时间之流动决定了粒子的存在，这与印度思想的动的时间决定实的物体的性质的观念相一致。按照相对论，物质就是能量等于空间就是时间，物质（空间）即能量（时间）。因此，时空非分离之体，乃合一之体。物质、能量、时间、空间的合一，用现代物理学的术语来讲，就是field（场），西方古典哲学作为统一性的实体之有（being）在现代物理学变为了虚的功能性的场（field），物质-能量-时间-空间合一的量子场论，不仅是西方思想新形态的基础，而且既通于中国的虚实关联思想，又契于印度的是-变-幻-空思想。

粒子的质能时空一体是从微观上讲，从宏观上看，宇宙从150亿年前爆炸开始膨胀，按时间演进，从结构上讲，是一种虚实结构，各星球为实，黑洞为已知之虚，暗物质和暗能量为未知之虚。先讲黑洞。一颗恒星在走向衰老的过程中，其热核反应已经耗尽了中心的燃料（氢），由中心产生的能量已经不多，再也没有足够的力量来承担外壳巨大的重量。在外壳的重压之下，核心开始坍缩，直至形成体积无限小、密度无限大的星体，其质量极大而体积极小，使得光都无法从中逃逸。从而对于外界的观察者来说，是完全看不见的，只有从其引力中才能辨出它们的存在。对于观察者来说，这些天体黑洞确实存在而又完全看不见，虽实而虚，正如微观世界里测不准的量子区。再讲暗物质和暗能量。瑞士科学家扎维奇（Fritz Zwicky）20世纪30年代初发现了星系团中星系的随机运动速度相当快。根据位力定理，随机运动的动能应等于势能的一半，这说明星系团的引力势能相当强，但是根据观测到的其中星系的亮度推测星系团的质量，引力势能似乎不应该这么高，这说明星系团中存在着大量未被观测到的物质。60多年之后，科学家把这种看不见、难解释且不同于人们所熟知的普通物质形态的物质，称为“暗物质”。20世纪90年代末，科学家发现，超新星的变化显示，宇宙膨胀速度非但没有在自身重力下变慢反而变得更快，很明显，这里存在一种人类还不了解、还未认识到的继目前物质的固态、液态、气态、场态之后另一种物质状态的物质控制，这就是上面讲的暗物质，正是在这种暗物质的推动下，宇宙的膨胀变快了，这种暗物质发出的能量，由于不可见而被称为暗能量。现代天文学通过引力透镜、宇宙中大尺度结构形成、微波背景辐射等研究表明：我们目前所认知的部分大概只占宇宙的4%，暗物质占了宇宙的23%，还有73%是一种导致宇宙加速膨胀的暗能量。这样在物理世界中，一是可以定位的由原子、脱氧核糖核酸、细菌、昆虫、植物、人类、树、流星、小行星、恒星、星系等构成的物体区，二是宏观世界的黑洞区和微观世界的量子区以及由暗物质和暗能量形成的广大区域，但这实与虚两个部分又是一个整体，按照质能时空一体的原则，以空间方式去看中国思想特别强调的虚实相生与以时间方式去看印度思想特别强调的色空不二，都与之有所契合。

把现代科学思想与中国、印度思想的契合转到美学上来，当西方的科学和哲学思想开始升级之时，西方艺术开始了从古典向现代的转型，这一艺术的转型与科学和哲学的转型既暗相关联又明显互动。这一艺术转型影响到世界各文化的艺术转型，在印度，前面讲了，从泰戈尔和罗伊就开始出现，随着西方艺术从现代到后现代的升级，印度艺术更是紧紧跟上。以绘画为例，在西方出现的各类现代和后现代艺术，在印度都可以发现似曾相识的对应作品，纳亚南（Akkitham Narayanan，1939— ）的《A Print from Saundarya Lahiri》（1974）（图2-17A），虽然图形上有印度特色，但与西方的抽象画异曲同工。辛格（Arpita Singh，1937— ）的《儿童、新娘与天鹅》（1985）（图2-17B）有些像米罗的作品，巴哈特莎雅（Chandrima Bhattacharyya，1963— ）《三层》（1990）（图2-17C）有埃舍尔画的影子，卡欧（Arpana Caur，1954— ）的《两者之间》（1997）（图2-17D）虽在形象上有印度特色，但在画法上是西方现代派的。达什古普塔（Jahar Dasgupta，1942— ）的《鸭鸭夫人》（2002）（图2-17E）与卢梭的原始画有所暗通。中国的现代画虽然出现于民国时代，如从吴大羽、庞熏琹、方干民等的画中彰显出来，从林风眠、常玉、潘玉良的画中表现出来，但主要是在20世纪80年代以后，从王克平、黄锐、马德生等开始，到张晓刚、王广义、毛旭辉、谷文达、叶永青、张培力、耿建翌等，形成大潮，自此以后，从20世纪90年代到21世纪，皆为中国画坛的大潮之一。中国的现代派绘画与印度的现代派绘画一样，与西方的同类画都有基本的相似。这一面貌上的基本相似，与西方的科学哲学升级之后，与中国的虚实-关联型思想和印度的是-变-幻-空型思想的相似，在深层结构上，有一种异质同构。在表层现象，中国现代派画和印度现代派画与西方现代派以来的绘画一样，都含有对现存社会和大众文化的批判内容，同时又内蕴着对艺术真理本身的先锋追求。而这三方面的内容，本身又镶嵌在全球化时代的多元多面互动以及现在过去未来的往来穿越的整体之中，特别复杂、极为丰富，却又以浅浅深深、平平奥奥的多样面相呈现出来。

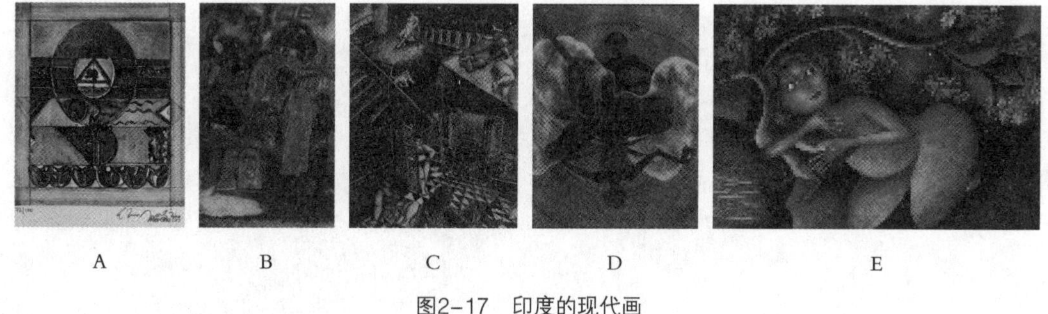

A B C D E

图2-17 印度的现代画

环望而今的全球的美和艺术，如此丰富又如此迷茫，一方面人类取得了巨大的成就，另一方面，人类目前所认知的宇宙，大概只占宇宙的4%，未知的暗物质占宇宙的23%，暗能量占73%，人类的所知又如此之少。人处在一种巨大的已知和巨大的未知的巨大的张力之中，与宇宙整体相连的人类之美会怎样演进？

面对如此的难题，不知人们是否会想到，当西方哲学诞生之际，苏格拉底在一片迷茫中说了一句最有信心的话：我唯一所知的，是我一无所知。不知人们是否会想到，当中国古代社会在唐宋面临巨大转型之时，两位诗人在巨大的困惑中发出了欲知天道的感叹。宋人张元幹说："天意从来高难问"（《贺新郎·送胡邦衡待制赴新州》），唐人李贺说"天若有情天亦老"（《金铜仙人辞汉歌》）。不知人们是否会想到，当泰戈尔面对印度思想在西方思想的冲击下进行现代转型之时，吟唱的诗句：

> 我的语言无关紧要，然而，
> 当我的作品因深刻意蕴而沉淀下来时，
> 它们却能够踏着岁月的浮波
> 舞蹈翱翔。
>
> ——《流萤集》6

> 长着轻薄纱翼的心之虫蛾，
> 在落日流金的翠碧中
> 曼舞着惆怅。
>
> ——《流萤集》7[①]

① 泰戈尔：《流萤集》，吴岩译，上海：上海译文出版社，1983，第3–4页。

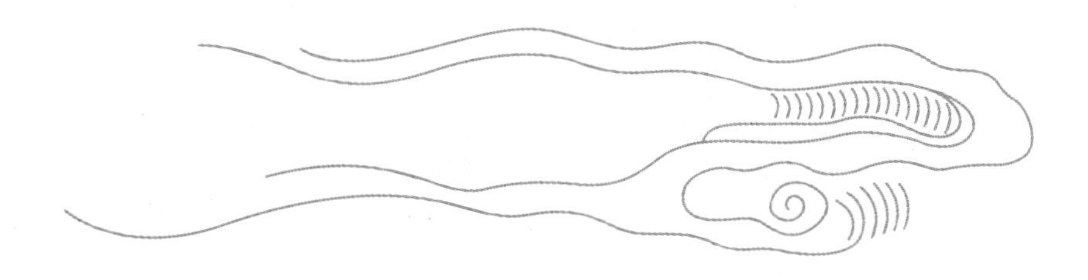

第三讲

美由何得

一

美由何得：要点与起点

美由何得，讲的是在多层多面多样丰富的世界中，人是如何获得美的。这如何，就是确实地讲，作为世界中一层一面一样的美，是怎样开始的，怎样进行的，最后达到什么样的结果，以及审美的出现和运行对人生在世的意义。

自从人在历史进化中有了美感，外在世界就呈现为美，从理论上讲，人都可以不断地去感受美，人们在现实中也确实在这样地感受美，《诗经·野有蔓草》“有美一人，婉如清扬”，屈原《山鬼》“若有人兮山之阿，被薜荔兮带女萝。既含睇兮又宜笑，子慕予兮善窈窕”，都是在现实中一下子就感受到了人之美。迦梨陀娑《春季》诗说“树上开鲜花，水面呈青莲……春天一切更加美”[①]，是在直觉中一下子就感受到了自然之美。在维吉尔《牧歌》中，塞尔西说“园里青松最美，林中黄槐最美，清水边最美乃白杨，高山上最美为苍柏”[②]，就是主动用了审美之眼去看世界而得出的感受。把上述中国、西方、印度的例子运用到各远古文化的岩画、彩陶、玉器、青金石之中，可以感受到人类的美感，犹如一条彩带，从悠远的远古飘向今天，在天南地北美丽地飘动着……然而，要把人对美的感受作一具有普遍性的理论把握和有规律的讲述，却甚为困难。人类自从有语言起，就开始讲审美的故事。自从有文字起，就有论审美的字词，自轴心时代以来，以言说美和以文论美，开始采用理性的思维，但两千年来，坊间说美，其样多殊，学术领域，各有所讲。何以如此，乃在所谈论的对象，美，本有着从理论去讲清时的艰难和困惑，梳理一下，其难首先在于如下两点：

第一，美存在于一切事物中，但在任一事物中，美都不是它的全部，事物总是多种属性的统一，作为事物多种属性之一美，能否呈现出来，在怎样的时点怎样的地点以怎样的概率呈现出来，每一具体呈现的过程是怎样的，是美学应当讲清楚而又不易讲清楚的问题。

---

① 迦梨陀娑：《六季杂咏》，黄宝生译，上海：中西书局，2017，第36页。

② 维吉尔：《牧歌》，杨宪益译，上海：上海人民出版社，2015，第71页。

第二，美感存在于一切人的感知之中，但在任一人中，美感都不是他的全部，人的感知是多种性质的统一，有（与事物之美相关的）美感，有（与事物之真相关的）知识之感，有（从事物之善恶而来的）道德之感，有（从事物的利弊而来的）功利之感，有（从事物给人感官快适而来的）生理快感。作为人的多种感知之一的美感，能否在主体中出现，在怎样的时点和地点以什么概率出现，具体出现和运行的过程，是美学应当讲清楚而又不易讲清楚的问题。

以上的美与美感的区分，具体在不同的文化中又是不同的。

在西方文化看来，现实中的事物是多属性的合一，现实中的美感是多感知的合一，要将美从中分离出来进行认识，是可行的，尽管较为复杂，但可以从中提炼一套审美心理技术，进行这样的区分。最好的方式，是专门创造一个以美为本质属性的审美物品，使美完全从其他众物中区分出来，这一专门的审美物品从文艺复兴到18世纪得到完成，这就是以建筑、雕塑、绘画、音乐、舞蹈、文学、戏剧为主体的美的艺术。面对美的艺术，人的美感也就从其他感知中独立出来，这样，人在面对艺术作品时，一方面知道艺术作品是审美对象，当决定要走进美术馆、音乐厅、文学阅览室、剧院之时，自会把美感从众感中突显出来，准备进入到审美的进程之中。另一方面，文化以社会分工方式，专门创造出艺术作品，建立起一个专门的审美世界，以在人的众感中专门引出美感。正是在这一西方的审美方式中，西方形成了两个专门的词汇，一是区别于其他之感（sense）的美感（aesthetics），二是专门引出审美经验的美的艺术（fine art）。这样，美由何得，在西方文化中，就有了一个明晰的路标。走向艺术作品，就获得美，享受美感。但这同时意味着，西方文化在美上有三个特点，第一，艺术之美是专门的、本质的、纯粹的美，现实之美是非专门的、非本质的、混杂的美。美应从艺术作品中得到。第二，从美学角度讲，艺术之美高于现实之美。第三，看现实之美，也应用看艺术之美的方式，方可以把现实中非本质之美提升到本质之美，正如自文艺复兴以来，西方人就以欣赏绘画的方式，去欣赏自然美，形成了picturesque（如画）的理论。文艺复兴时期，绘画成为美的艺术的基础，绘画方式内蕴着艺术的根本方式，其原则可以运用到一切艺术，因此，“如画”地欣赏自然，即面对自然风景，用双手形成一个绘画般的取景框，由此看景，景色之美被突显了出来。进而欣赏社会生活，同样可用“如画”的方式，使社会生活作审美的呈现。这样，在西方，美由何得，变成了一个基本而明晰的方式，走向艺术，即可得美。

然而，中国和印度都不把生活与艺术截然区分开来，也不认为生活美低于和浅于艺术美，而是视生活美与艺术美在本质上等同，在现象上各有其美。这一等同观念，意味着艺术与生活一样，不是专为美而存在，而具有与生活一样的众多属性。中国和印度有这样不同于西方的理论，在于西方是从实体–区分的思维方式去看世界，从而把艺术作为美，专门从众物中区别突显出来，而中国是从虚实–关联的思维方式，从时空合一的世界整体性去看，印度是从是–变–幻–空的思维方式，从时间一维的世界整体性去看，而不能把艺术作为美而专门区分，强调艺术除了美之外，还有其他属性，如中国《诗大序》讲，诗要“经夫妇、成孝敬、厚人伦、美教化、移风俗”。如印度《舞论》讲的，“在剧场，必须按照戏剧规则进行祭供，必须伴有咒语、药草和祷告，祭供酥油和各种软硬食物……如果谁不祭供舞台就举行演出，那么他的智力会失效，会再生为牲畜……如果按照规定，遵循经典，进行祭供，他就会获得光辉的财富，升入天国”①。当中国和印度把艺术作品的内容也看成与生活内容一样，是多种属性的统一体，而前面讲的问题在中国和印度又重新突显出来：美怎样在生活（同样在艺术）的众多属性中单独地突显出来，美感怎样在主体面对的日常生活（同样在艺术）中的众多感知中突显出来。这时，西方的审美心理学讲述的如何在日常生活中把美和美感突显出来的一整套方式，即在生活中作为具有众多性质的感知主体面对一个内蕴性质众多的事物时，通过一种审美心理技术，把主体的美感与其他感区别开来，同时把客观的审美属性与其他属性区别开来，而只将客观的美和主体的美感突显出来。这一套审美心理技术，中国和印度也是一直存在并各有绝不低于西方审美心理学的理论高度，鉴于中国和印度都把艺术作品看成与西方人的生活中的事物一样，是具有多种属性的统一体，这样，通过西方、中国、印度的审美心理理论，可以从具有统一性的世界美学的角度，讲清具有普遍性的美由何而得的问题。因西方的审美心理学是从实体–区分思维讲的，更有逻辑上的明晰，从而对“美由何得”的讲述，以西方审美心理学为基本框架，结合中国和印度的相关理论进行。

① 《梵语诗学论著汇编》（上册），黄宝生译，北京：昆仑出版社，2008，第43页。

二

入美之门：心理距离的三种理论

在现实生活中，人是具有多样属性的主体，物是具有多样属性的客体，主体如何只呈现美感，客体如何只呈出美，西方美学家布洛（Edward Bullough，1880—1934）提出了心理距离说。他举了一例讲心理距离：船在海上航行，适逢雾起，船上的人担心出事，安与危的功利计较充满心灵，看雾观船，运用自己的智慧去判断，是否危险，心里不断翻滚着与之相关的知识，有的还会考虑如有危险弃船逃命是否丢脸，道德焦虑涌上心头。这时，根本不会去想，眼前之景是否美丽。布洛说，这是因为船上人与（会不会有危险的）功利心等各类非审美的东西距离太近，因此美与美感皆不会出现。与之相反，岸上的人离船很远，不存在安全问题，他们看见船在雾中，时隐时现，雾在海上，围绕着船，悠然飘浮，忽厚忽薄，或显或隐，直觉而又由衷地感叹：真美。布洛说，这是因为岸上人与现实中的功利，以及其他与美无关的知识、道德，等等，拉开了距离，美就产生了。从这一自然现象，布洛总结出了一条审美心理的定律：在现实生活中，只要人对现实功利，以及其他非美的因素，拉开距离，现实中本有的美就会摆脱其他非美因素而呈现出来，主体中本就内蕴的美感，也会摆脱其他非美之感而呈现出来。因此，在现实生活中，心理距离是进入美、获得美的关键条件。只要在各种因素混杂一体的现实中，采取心理距离，就可以进入美、获得美。布洛的理论，一言蔽之：距离产生美。

心理距离使客观本有的美和主体本有的美感产生出来，是具有普遍性的理论，不同文化皆有不同的语汇对之进行论说。印度《维摩诘经》讲，人只要看物而不累于物，即面对事物，看了而不被所看之物的现实关联所把执，即“不执”，不被事物在现实中的各种关联（特别是功利关联）所把持，而是带着主体本质与宇宙本质即随时间流动而流动的“不住”的空心，事物在时间之流中的本有之味，就会被体悟到。这种不执于物的各种现实关联的空心，不住于时流中一点的空心，就类似于西方的心理距离。不执不住的心理距离之空心，使事物本有的空灵之美呈现出来。中国李渔在《闲情偶寄·居室部·窗栏第二》中讲“若能实具一段闲情，一双慧眼，则过目之物，皆在图画，入耳之声，无非诗料”[①]。这里，摆脱现实功利的闲情，与世俗看物不同的慧眼，就是讲的心理距离，有了闲情慧眼，现实之物就呈现出与图画和诗歌一样的审美性质。

虽然中西印美学都有心理距离的共识，但由于文化的不同，各自的心理距离论在内容上又是有差别的。中国、西方、印度在美学上就呈现了三种不同的心理距离理论。

西方的心理距离理论，在实体–区分型的认知中，要求面对具有多重属性的现实事物时，把事物的审美属性与功利、认识、道德等其他属性完全区隔，进入只有美在其中呈现和运行的单一审美之心中。

中国的心理距离理论，在虚实–关联型的认知中，要把美与功利、知识、道德等非美属性加以区别，但并不是将之完全区隔，而让这些非美属性还是存在着，只是以隐的方式存在，与美在突出之后以显的方式存在，构成一种虚实结构关系。《荀子·解蔽》说："心未尝不藏也，然而有所谓虚，心未尝不两也，然而有所谓一，心未尝不动也，然而有所谓静。"[②]这话具有普遍意义，可用于每一领域，当用在审美上时，第一句强调虚，心的内容有很多，有美感与其他非美之感，但心可以把各种非美之感暂时虚化，放在虚实结构中的虚的位置，不显出来。第二句彰显实，心的内容有两种以上的多，包括美感与功利感等其他非美之感，但可以只把美感这一种突显出来，成为虚实结构中的实，进入感知活动。前两句皆从空间的虚实结构讲，第三句则从时间的动静结构讲，心在进行中可以使美感和各种非美感来回往还地活跃运行，但也可以只停留在美感这一点上，进行审美的静观与专注，使美感得到专门的突显。

印度的心理距离理论，在是–变–幻–空的认知中，不但强调主体之感和客体之性的互动，因聚焦于审美，呈现出美感与非美感的区分和美与非美的区分，也强调主体之美感和客体之美在互动中的合二为一。还强调，这合二为一在时间流动中的是–变一体。具体地讲，当主体之人与客体之物在现实中进行审美的聚焦时，主体的眼耳鼻舌身意与客体的色声嗅味触法相互动，而形成了审美之viṣaya（境）。审美之境不是纯主观的，而是包含客体于其中，也不是纯客观的，客体是在主体中呈现出来的。在审美之境中，美是在美感中呈现的，美感是由美的进入而形成的，在境中不能区分美与美感，美就是美感。反之亦然。印度心理距离理论的一个更大的特点是，审美之境是

---

① 李渔：《闲情偶寄》，上海：上海古籍出版社，2000，第199–201页。

② 王先谦：《荀子集解》，北京：中华书局，1988，第395页。

在时间流动中呈现的，这样，不但因不同的人在面对物时，其眼耳鼻舌身意的不同而有所不同，不同的物在向主体呈现时，其色声嗅味触法有所不同，从而主客互动而形成的审美之境有所不同，就是同一个人，同一个物，在不同的时点中，主客互动而形成的审美之境也有所不同，印度由心理距离形成的审美之境，乃bhū（在时间流动中的是-变一体）之viṣaya（境）。

总而言之，人与物在心理距离中形成了美与美感合一的审美之境。人与物用日常心理进行主客互动形成的（往往带着功利或知识或道德之心的）日常之境不同。但西方的心理距离理论是把美与非美完全隔离开来，进入审美的纯景；中国则将美与非美放进虚实结构中，根据审美进程的需要进行新的主从显隐关联和转换；印度则强调，无论在进行心理距离时的主客互动，还是进入审美之境之后，美的呈现和运行，都是在时间中进行的，西方的完全区隔和中国的虚实关联，都是在时间流动的各时点上的显现和变化，最重要的是因时间流动而呈现的（时点过去之后为幻，在场时点转瞬即空为幻，未来时点因未来为幻之）幻与（审美之境所以呈现为时间流动中的幻境，用于由宇宙本空决定的具体之境的）空。

中西印关于心理距离的具体内容有所不同，但又可相互补充。当西方思想在与中印思想进一步地互动之后，现象学在世界思想的互动中再论与心理距离相似的问题时，就把中印的思想包括在其中，心理距离在现象学那里，成为“加括号”（einklammern）的悬搁（epoche），即当拥有多种感知的人，面对具有多种属性的物，进行审美的心理距离时，就是把各种非美的感知和非美的属性用括号括起来，使之不进入审美，从而形成纯粹的审美之境。但既被括起来，说明非美的性质还存在，只是被括起来悬置了而已，这正类似于中国美学讲的虚实结构。在现象学，通过悬置之后进行审美直观，是在时间中进行的，这就类似于印度之境。在现象学那里，意识不是主体的一种本质性知识形态，而是主体以本质为基础朝向客体的意向性活动（Intentional acting），同样，客体不是一种本质性的知识形态，而是以本质为基础朝向主体的现象呈现（presenting）。这样，现象学的理论可以精练为两句话，一切意向都是指向客体的意向，一切客体都是意向性客体。这里，现象学的本质直观，类似于印度理论中强调的主客合一之境；现象学的意向性活动，类似印度理论中强调的在时间流动中之境。

通过中西印在审美心理距离中的本质相同、内容不同，而在全球思想互动中的相互融通，可以得出，审美的心理距离，包括如下内容：第一，从现实的多种感知和多种属性中，进行审美的加括号悬置，使主体美感和客体之美与其他的非美之感和非美之性加以区别，形成美感与美和非美感与非美的虚实结构，同时只把美感和美突显出来。第二，突显出来的美感和美在主客互动中达到主客合一的审美之境。第三，形成在时间流动中是变合一的审美之境。有了这三点基本内容，就可以对心理距离进行呈范性说明。且以朱光潜举过的经典例子开始：

人面对一棵松时，一方面，松有知识、功利、道德、审美等多种属性，是多种属性的统一；另一方面，人可以多种态度，知识态度、功利态度、道德态度、审美态度等多种方式去感知松树。知识态度即想知道这是什么树，由此去获得关于这棵树的知识，这时人会去请教行家或查询词典，由此而获得关于这棵树的知识，一旦明白，人就有了又添新知的快感，由此有了一种知识求真之乐。功利态度，是要知晓这树有什么用，木可以做家具，籽可转成油，树种也可出售，树可夏日遮阳等，由此而获得关于这种树的功利效用，获此实际，人就有了因其功利而来的快感，由此而生功用求利之乐。也可以采用道德态度，看见松树高大，感受到如人物品德的崇高，想到四季常绿，严冬如常，正如人物操守的贞固，由此而得到一种道德快感。还可以采取审美态度，不需要从知识上明晓这是什么树，也不需要从功利上知道它有什么用，还不需要从道德上进行类比和联想，而只是感此树的形象，亭亭玉立，枝干挺拔，树针郁绿，清香幽幽，给人以美的感受，由此得到一种审美之乐。作为物的松树，是多种性的统一，人用不同的态度去看，得到的结果不同，当人用审美态度去看，树的审美的一面，即树的形象的一面，才呈现出来。要让松树的审美的一面显豁地突显出来，需要对松树的其他属性采用加括号的方式进行悬置，特别是与在日常生活中惯用的功利态度、认识态度、道德态度拉开距离。

前面已经讲了，在采用心理距离进入审美态度，使美在日常生活中产生出来这一总方向上，中国、西方、印度美学有着共性，但在具体内容上，又是不同的。这种不同，一方面可以作三种类型看待，呈现出三种日常生活审美中的运行模式，另一方面三种类型又是可以相互补充而成为一种新型模式。先看各自独立的三种模式的情况。

一是在实体-区分思维下的西方模式，即完全排斥其他非美属性，而只让审美属性展开运行，进行的是一种审美区分型审美，它设定，美是实体的，从而只有用区分方式将非美因素完全排斥，美方能正常运行。

二是在虚实-关联型思维下的中国模式，即不是把美和非美属性完全分开，而将其分放在虚和实两个部分，美为实而非美为虚，二者进行虚实相生的运行。它设定，美本就包含着虚和实两个部分，美更在于虚体而非实体，因此，美与非美的虚实关联，与文化整体的虚实关联内在地结合着，从而显为实的美与隐为虚的非美，有着一种更为复杂的关系。作为具体审美对象的虚实合一与作为宇宙整体的虚实合一有着一种内在关联，只有考虑到这两种关联，心理距离之后的美的运行，方能得到更为深刻的说明。

三为是-变-幻-空型思维下的印度模式。这一模式也不把美与非美完全分开，但这一不完全分开，主要不是空间结构而来的显隐，而是因时间流动而来的色空，这一时点上，美与非美区分开来而突显，进入审美的某一时点，在下一时点，与非美区分开来的美可以继续，因其持续，显出美的时间流动中的是与变的统一，以及（从另一角度看是）幻与空的统一。美在时间流动中也可与非美属性产生空间上和时间上的关联，而显出客体在时间演进中的奇妙、丰富、变幻的一面。在时间的诸行无常中，已经由心理距离而进入美的运行中的客体，也有与中国美学的虚实互动类似的演进，但更强调时间流动带来的在色空转换中的随缘演进。

以上三种心理距离的美学模式，在中西印文化中有各自独特的演进，在世界现代性进程的文化互动中，三种模式又可相互补充。西方的心理距离，使在日常生活中进入美有了一个质的标志，进入之后，对美和非美在审美之境中运行，一方面作中国型的以空间虚实结构为主的分置与互动，另一方面作印度型的以时间流动为主的是-变-幻-空的组合与互动，使得美学上的心理距离理论，更为丰富和完善，并可以说明世界文化中更多的美学现象。三种模式的互补可以作图如下（图3-1）。图中表层的图，主要呈现西方美学心理距离的运行，但在最后的结果上，用了印度的主客合一之审美之境。第二层图，是中国美学的虚实相生，把空间之虚补充了进来。第三层图，把印度的色空互转补充了进来。三层图一道形成了心理距离从日常之境进入审美之境的历程。图中由下向上，首先是多感知统一的主体和多属性统一的客体，在心理距离的加括号中，主体的非美感知和客体的非美属性都被括号悬置起来，只剩下主体的形象感知和客体的形象呈现，形象感知成为美感，形象呈现成为美，主体美感与客体的美在互动中成为主客合一的审美之境。这是实体-区分型的逻辑演进。在第二层图中，用中国的虚实相生重置美感与非美感和美与非美的区别与关联；在第三层图中，用印度的色空互换重置美感与非美感和美与非美的区别与关联，趋向一种新型的心理距离的美学模式。

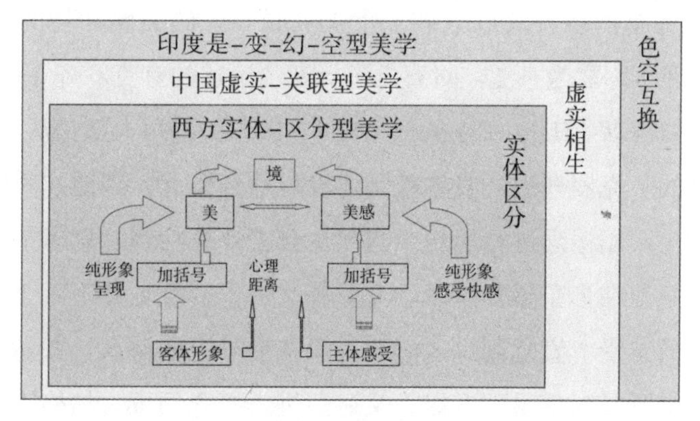

图3-1 心理距离运行图

无论中西印心理距离理论有怎样的不同，但共同点是清楚的，只有通过心理距离把自己从现实生活的功利计较中摆脱出来，成为只让审美之心占据心中之人，现实之美方向人呈现，这种具有审美之心的人，被苏轼称为“闲人”。苏轼《记承天寺夜游》对审美闲人作了说明：

> 元丰六年十月十二日，夜，解衣欲睡，月色入户，欣然起行，念与无乐者，遂至承天寺寻张怀民。怀民亦未寝，相与步于中庭。庭下积水空明，水中藻、荇交横，盖柏竹影也。何夜无月？何处无柏竹？但少闲人如吾两人耳！

在现实中，人们往往为生活奔忙，为功利算计，难以成为审美闲人。而心理距离由是从生活走向审美，成为审美闲人的必要入口。进入之后，审美规律的运转会把人送向审美的新点。这新点，用西方审美心理学的术语来讲，就是直觉。

三 审美之境：形象直觉的三种类型

在现实生活中，人自身本有多种感知，又与身心有多种关联，物自身本有多种属性，又与他物有多种关联，但通过心理距离进入审美之境后，人的多种感知只剩下审美感知突显出来，心身的多种关联只剩下与美感的关联，物的多种属性只剩下审美属性呈现出来，与他物的多种关联只剩下审美关联。人的美感和物的美互动结合在一起，西方审美心理学称之为直觉。对直觉进行专门论述的有克罗齐（Benedetto Croce，1866—1952）和柏格森（Henri Bergson，1859—1927），两人都是从西方的实体-区分型思想来讲直觉的。克罗齐说，直觉就是还没有达到概念，因此在直觉中不对客体进行概念性的认知（不用概念进行思想，当然也会去计算功利、思考道德，以及其他非美的运思），而只留在形象感知阶段。克罗齐又讲了，直觉并不等于感受，感受是日常中的初尝辄止的感受，直觉则进入感知对象在形象上的深入，并达到形象本身的完整性。总之，直觉既是对感受的升级，又避免进入概念领域。柏格森对直觉的安置，在本质上与克罗齐相同，在进入的顺序上与克罗齐相反。在柏格森看来，人在日常生活中始终要进行感受，但在进行感受的同时始终要用概念工具进行思考、判断、行动，直觉则是从概念中逃离出来，当人不用概念对客体进行思考，只用对客体的形象进行感知时，就形成了直觉，概念把物分成各个方面，直觉感受到形象的全面，概念是抽象的，形象是逃离了概念而把物还原到具体，直觉感受到了物的形象的具体性和全面性。直觉无论是如克罗齐讲的那样为还没有达到概念，还是如柏格森讲的那样乃从概念中逃离出来，总之，直觉不是逻辑性的概念，也不是一般性的感受，而是与二者都有区别的，或用突出西方特色的话来讲，是把对象进行了孤立绝缘后的形象性的呈现。可以说，审美之境，就呈现为这种孤立绝缘的直觉形象。中国、西方、印度的诗歌，常会呈出这一美的直觉形象。

> 蓝水远从千涧落，玉山高并两峰寒。
>
> ——杜甫《九日蓝田崔氏庄》[1]

> 尚未有一片叶子凋零，寥廓的田野
> 披着收获的盛装，显得多么华丽
>
> ——华兹华斯《九月》[2]

> 这些河流被莲花花粉染红

---

① 《杜诗详注》，仇兆鳌注，北京：中华书局，2015，第410页。

② 华兹华斯等：《英国湖畔三诗人选集》，顾子欣译，长沙：湖南人民出版社，1986，第111页。

那些鸭嘴断开连接的波浪
岩边簇拥着灰鹅和仙鹤
周围天鹅鸣叫，令人喜悦
——迦梨陀娑《六季杂咏·第三章》[①]

这里，皆无概念进入其间，都有对形象的深深体味，以及由主客互动而带来的或隐或明的审美深情。直觉是对形象的直觉，形象是在直觉中的形象，然而，包括克罗齐和柏格森在内的西方审美心理学都偏于从主体心理来讲直觉，如果从审美的全面性来讲，则应从主客互动和主客一体来讲直觉，从而，如果直觉中的主客体偏向客体一方面，以客显主隐的方式出来，如杜甫的诗句那样，可称为直觉形象。如果突显了主体方面，如华兹华斯（William Wordsworth，1770—1850）和迦梨陀娑（Kālidāsa，约4—5世纪）诗中的最后一句所呈，可称为形象直觉。从理论上来总结，可以列公式如下：

美=直觉形象=形象直觉=美感

上面四个词，表明了在直觉中可以美为主也可以美感为主，可以是以形象为主的直觉形象，也可以是以直觉为主的形象直觉，皆为四者互含的多样呈现。因此，与直觉可以画等号的四个词，如果用一个词来讲，就是印度讲的主客合一"境"，如果具体来讲，就是在直觉的主旋律中，形成一种非常丰富的主客互动和主客合一的美情美景。上面所举的三诗句，皆内蕴着这种丰富，为了更清楚地讲这一丰富，且还是以我在《美学导论》中举过的明代沈周的《听蕉记》为例进行解说。

夫蕉者，叶大而虚，承雨有声。雨之疾徐疏密，响应不忒。然蕉何尝有声也，声假雨也。雨不集，而蕉亦默默静植；蕉不虚，雨亦不能使之为声。蕉、雨故相能也。蕉静也，雨动也，动静戛摩而成声，声与耳又相能而入也。迨若匝匝涌滔，剥剥滂滂，索索淅淅，床床浪浪，如僧讽堂，如渔鸣榔，如珠倾，如马骧。得而象之，又属听者之妙也矣……[②]

① 迦梨陀娑：《六季杂咏》，黄宝生译，上海：中西书局，2017，第21页。
② 《沈周集》，张修龄、韩星婴点校，上海：上海古籍出版社，2013，第210页。

雨打芭蕉，产生一种特殊的音响效果，这特殊的音响效果是在听者（一个已经由现实之人转为审美之人）的耳（直觉）中出现的。听者之妙（直觉），是直接以雨打芭蕉产生的特殊的音响为对象的。没有听者，雨打芭蕉不能成为直觉形象（美）；没有雨打芭蕉，听者也不能得到形象直觉（美感）。因此，把前面的直觉公式带到《听蕉记》，成为如下句式：

（雨打芭蕉）美=直觉形象=形象直觉=美感（听者之耳）

直觉公式不但可以带入以听觉为主的审美，还可以带入视觉、触觉、肤觉等为主的种种审美之中，各种具体审美在带入直觉公式之后，其中的主客互动和主客一体的审美之境，可以得到更好的理解，西方的直觉理论，建立在实体-区分型思维上，强调直觉是在上与概念和下与感受的区分中出现孤立绝缘的景象。西方思维把客体看成实体，美、美感、概念、感受都是实体，因此，只有用区分方式将之孤立，进行绝缘，美的直觉形象和形象直觉的美感方可突显出来。

在中国的虚实-关联型思维中，物不仅是由本质而来的实体，而且是虚实合一之物，物的本质在于虚，虚即宇宙之气形成此物后而在此物的体内之气，美不仅在物之形，更在物之气，物的虚体之气，不仅与他物之气相关联，而且与宇宙之气相关联。因此，中国之美在直觉理论上，一方面与西方直觉理论存在共性，即是用闲情慧眼的审美态度去观物之后而产生出现的直觉形象，另一方面又有与西方直觉不同的一面，这就是直觉形象内在地与时空中的他物乃至整个宇宙有着固定关联。如前文所引杜甫诗“蓝水远从千涧落，玉山高并两峰寒”，两句皆体现了与西方直觉理论的共性与差异。第一句主要显出共性。“蓝水”即蓝田之山水在远观出现的直觉形象。山，近看为绿，远观呈蓝，涧水山中流下，山水一体，心中已有的蓝田之蓝，从隐而显，与山之蔚蓝混为一体，蓝水主要是在蔚蓝山色中落下之水，山、水与人的视觉一体，方呈为直觉形象之“蓝”。由关联而来的蓝田之山已经融入山色蔚蓝之中，关联虽存在，已经不显，第二句则彰显了与西方直觉理论不同的中国之形象直觉特色。寒是秋山给人的感觉，寒，不是一个孤立绝缘的主体美感，而是一个虚实关联性的美感，不仅把山与秋天之气关联起来，还与天地四季运行中的宇宙之气关联起来，正因为秋天，山峰显为秋天之气的寒感之美，而秋气作为天之气在四季的流行而到秋季所带来了秋天的美，正体现在秋日寒感之中。中国之美有三个概念，美、文、玉，玉是最高级，蓝田产生玉，蓝田之山可称为玉山，玉有温润之气，又正与秋山之寒气相契合，“玉山高并两峰寒”，句首为玉，句末为寒，寒之秋气与玉的温润之气合为一体，显出的正是秋之佳美，玉山峰寒，正是与天地四季的关联，其美方彰显出来。而玉山峰寒之感，又是在人的形象直觉中呈现的，是主客合一审美直觉。但这直觉，不是西方型的孤立绝缘，而是中国型的虚实关联。

在印度的是-变-幻-空型思维中，物不是由西方型本质而来的实体，即内蕴substance（本质）之物，而乃由印度型本质而来的实体，即内蕴Śūnyatā（空性）之bhū（是-变一体）之物。因此，物在审美直觉中，不是形成孤立绝缘的直觉形象或形象直觉，而是有多方面关联，前面讲，印度审美之境是人的眼耳鼻舌身意与物的色声嗅味触法相互动而产生的主客合一之境。这一结构已经显示出，主体的眼耳鼻舌身是与意连在一起的，客体的色声嗅味触是与法连在一起的。从主体上讲，眼耳鼻舌身与直觉相连，意（mana）与类同于西方概念层的知性相连；从客体上讲，色声嗅味触与形象相连，法（dharma）类同于西方的法则或规律，与概念相连。因此，印度之境并非不达到概念或逃离概念，而是与概念相关，形象包含概念在内，在包含五官与意的合一和五相与法的合一的主客合一的境中，一道向审美方向转变。让意在五官的合一中和法在五相的合一的主客互动中，一道呈现为审美的形象直觉和直觉形象。犹如泰戈尔《飞鸟集》（200）中的诗：

The burning log bursts in flame and cries
This is my flower
my death
木块点燃火，火焰舞姿多，
多变多美幻，临终有感叹：
生命欲尽时，我乃花盛开。[①]

这首描写木块燃烧的诗，以拟人方式，呈现了印度审美的直觉形象-形象直觉。木块一直燃烧，火焰强弱伸缩不断变化，透出了印度客观之物的本质，一直在时间的流

① 参泰戈尔：《飞鸟集》，吴岩译，北京：中国文联出版社，2015，第212页。（译为：燃烧着的木头，冒出火焰，高声叫喊：这就是我的花儿，我的死亡。）

动中进行是-变的存在方式，木将燃尽是必然规律，但在印度的轮回观念中，燃尽死亡的同时走向轮回后的新生，感受木将燃尽的直觉内蕴着宇宙轮回规律的观念，自然而然对木块燃烧有感同身受的体悟：生命在走向死亡轮回前，那燃烧着的火焰，似花一样美丽盛开。在这一直觉形象-形象直觉中，不仅有主体之意在其中，也有客体之法在其中，使印度的审美直觉上升到了宇宙本体和人性本体的深度。

中西印美学的直觉理论，虽然内容有所不同，但其共性还是明显的，即直觉是主客合一之审美之境。达到直觉之后主客究竟是怎样互动、怎样合一的，具体来讲又甚为多样。西方美学主要用了三种理论来分别予以把握。这就是下一节的内容。

美境深入：主客互动的三种方式

形象直觉和直觉形象，都是讲的审美之境中的主客互动和主客合一。具体地讲，审美中的主客互动和主客合一是怎样的呢？西方美学讲了三种方式：完形心理学的知觉完形论（Gestalt），谷鲁斯（Karl Groos，1861—1946）和浮龙·李（VernonLee，1856—1935）的内摹仿论（Innere Nachahmun），里普斯（Theodor Lipps，1851—1914）的移情论（Einfuhlung）。对这三种理论进行互补性的组合，正好可以细化审美之境中主客互动的基本结构。这三种理论都是以主体为主论述主客互动。在主客互动方面，完形论彰显了主客互动的总原则，内摹仿论突出了主客互动中以客体之物为主的一面，移情论强调了主客互动中以主体之人为主的一面。在主体为主方面，完形论强调视知觉，内摹仿论彰显以筋肉为主的生理，移情论强调的是情感。在以上两方面，三者都正好可以互补，再把这三种西方理论与中国、印度的相关理论进行互补，基本上可接近审美之境中主客互动的实际。

完形心理学的完形，讲的是在审美之中，人对物在心理上进行了一种重新组织，这样，物并不是按客观的原样呈现出来，而是以人用知觉按照完形的原则组织的方式呈现出来。完形作为一种心理原则，主要有三个特征。一是整体性，一个事物的完形不是由事物的各个部分组装起来，而是由一种内在的结构体现出来，正如漫画上的形象与客观上的物象，物的具体部分甚不相同乃至完全不同，但你会感到很像，用中国美学的术语来讲，近似于“离形得似”或“遗貌取神”。从此可以知道，审美所审所感的主要不是细部，而是内蕴在物象中的类似于中国的“似”与“神”的整体性。二是变调性。一个完形，即使它的各个构成成分（大小、方向、位置等）全都变了，依然存在。比如一曲调，无论用小提琴还是小号演奏，用男低音还是女高音演唱，仍然是同一个曲调。原因在于，完形再怎么变，其形的整体（完）未曾变。完形之变，是不变而变，变而不变。完形的第三个也是最重要的一个特征就是，完形不是在物本身的客观之形，而是由主体的知觉活动组织成的经验中的整体之形。或者用完形心理学的专门语汇来讲，完形不是一种纯客观的性质，而是在知觉的组织中呈现出来的一种式样，但又不是纯主观的创造，而是客观的刺激物在主体的知觉活动中的呈现，具体来讲是主客互动在大脑皮层中的生理力产生出来的平衡活动，人在客观对象中经验到的力，实际上是活跃在大脑视觉中心的那些生理力的心理对应物，虽然这些力是发生在大脑皮层的生理现象，但却被体验为被观察到的事物本身的性质。审美中的主客互动，主要是由完形的以上三种性质产生。这样，知觉完形得出来的形，不是客体之形本身，而是与之有所不同的审美之形。知觉完形较好地说明了审美中的主客合一，而且，通过客观之“形”与知觉“完形”的比较，最后落实到作为“合一”结果的“完形”上。知觉完形作为西方美学理论，其重点在用知觉对作为物或景的客体划一个边界，印度梵文的viṣaya（境）和中国的“境”都是“界”之义，但viṣaya（境）有界又不去划固定的界，是由一条虚线划的无形之界，更主要的是这无形之界在时间的流动中不断地移动与变化。中文的境受梵文viṣaya的影响，词义也与之相同，为无形虚界，而且更重在时空一体中的移动与变化。更深地讲，中西印都有知觉完形，但是由不同的思维方式而生，即西方的实体-区分型，中国的虚实-关联型，印度的是-变-幻-空型，引出了不同的知觉完型。从中西印的差异，更可以呈现知觉完形的丰富。在审美中，客观之形之所以变成与之有所不同的审美之形，在于知觉完形的三种方式。

一是分离方式。即把本有客观层次和方位的景象，分离为按知觉需要的各部分，进而转成一种新的统一景象，如索德格朗（Edith S ödergran，1894—1923）的诗《秋天》：

赤裸的树立在我房子周围，
让无边的天空和大气进来，
赤裸的树齐步走向岸边，

在水中映照它们自己。[①]

诗中只有房、树、河，天空进入知觉，形成一种景色完形，这类完形很容易成为一幅有边框的西方油画。虽然诗中也有天空和大气，但也很容易进入画框之中，形成实体–区分型的西方油画。

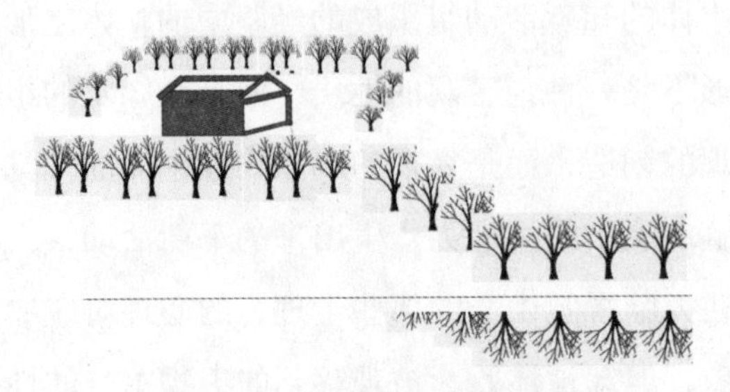

图3–2　《秋天》中的知觉完形

中国吴西逸的曲《蟾宫曲·山间书事》：

系门前柳影兰舟，

烟满吟蓑，

风漾闲钩。

石上云生，

山间树老，

桥外霞收……[②]

对于房、柳、风、水、船、垂钓蓑人、石、云、山、树、桥、晚霞等进行分离和重组，形成的是中国式的卷轴画，可慢慢展开。如果说前面西方诗中有动（“树齐步走”），其动给人的也是静感，这里的中国曲中多静，静中却有动态，而且房子只写了门，柳只写了影，水只写了漾，人只写了蓑和钓，有虚实相生的效果。曲中有界，但界是无形之虚，而且是在时间和空间中无形地移动着。

印度泰戈尔《流萤集》（117）写阳光中的树叶：

---

① 《索德格朗诗选》，北岛译，北京：外国文学出版社，1987，第17页。

② 徐征、张月中、张圣洁、奚梅主编：《全元曲》（第11卷），石家庄：河北教育出版社，1998，第8294页。

我在树叶的兴奋中，
看到空气的无形舞蹈，
在树叶的闪光明灭里，
觉察天空秘密的心跳。①

这里的知觉完形，只突出树叶在阳光中的形体摇动和色彩变幻，但已经感觉不到境的界围，树叶、阳光与整个宇宙连在一起，不但有树叶之色与阳光之空，而且还通过“天空的心跳”突显出宇宙的大空，透出了印度人由是-变-幻-空型思维而产生的知觉完形的分离方式。

二是分类方式。客体本有自身的客观存在与客观关联，不同的主体会按自身的需要对之进行知觉完形的新分类。比如图3-3，可看成由两部分构成的一幅整图，也可看成由偏右的竖线形成各自独立的两幅图。三朵花，因性质相似，虽分别在两边，也会被归为一类，分在两边的三只鸟、七个圆点也会因性质相同而作同样分类。另一方面，两朵花、一只鸟、四圆点，因位置相近，也可被归为一组。

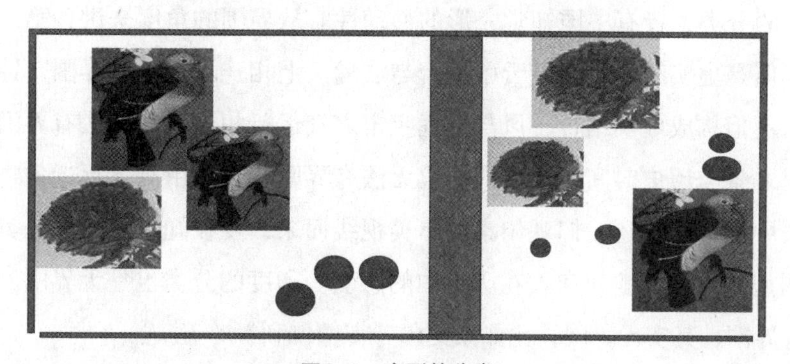

图3-3 完形的分类

在知觉完形的分类中，客体分类应当怎样已不重要，主体将之作了怎样的分类，才是重要的。在完形分类中，正因不以分类客观性为主，方形成了知觉完形的审美性。分类方式与分离方式一样，同样有因中西印的思维方式不同而来的差异。西方的分类重在形成明显的界围，使境中之形与境外之物区分开来，如艾略特（Thomas Eliot，1888—1965）的诗《一个哭泣的年轻姑娘》：

① 泰戈尔：《流萤集》，吴岩译，上海：上海译文出版社，1983，第59页。

站在台阶的最高一级上
倚着一只花园中的瓮
梳理，梳理着你秀发中的阳光
……①

诗中的完形分类体现为：梳秀发的姑娘、花园、台阶最高层、与姑娘秀发融为一体的阳光，构成了一幅界围分明的画面组合。中国的完形分类则重在没有界围，如杨公济七律诗《甘露寺》：

沧江万里对朱栏，白鸟群飞云复还。
云捧楼台出天上，风飘钟磬落人间。
银河倒泻分双月，锦水西来转几山。
今古冥冥谁借问，且持玉爵破愁颜。

此诗中的分类，皆有中国知觉完形的移动性。从界围的角度来讲，第二联中，楼台与云，不但是虚实结合，而且云中楼台与浩瀚天上相连，无法有界围，钟磬声之实与风之虚，不但构成虚实结合，风与悠远宇宙之气运行相连，也无法有界围。第四联中，把当时之景与历史时间相连，同样也无法有界围。诗中由高下远近各物形成的分类，完全按中国远近往还、仰观俯察的审美视线而来，要在知觉完形的分类方式中，突显出中国型的人生天地间和人在历史中的感受。印度的分类也是无界围的，很多时候，仿佛有界围，其实无界围，比如泰戈尔《吉檀伽利》（五）：

今天，夏天带着它的唏嘘和低语来到我的窗口，
蜜蜂正在鲜花盛开的庭院里尽情游唱。
如今正是时候了，
该静悄悄地同你面对面地坐下，
在这寂静的和横溢欲流的闲暇里，

① 托·艾略特：《四个四重奏》，裘小龙译，桂林：漓江出版社，1985，第37页。

吟咏生命的献诗。[①]

这首诗中，初一看来，是有界围的，夏日、窗口、庭院、鲜花、蜜蜂，然而，“夏天带着它的唏嘘和低语”引向了无法界围起来的季节的轮回之“动”，而诗中主人公在小的庭院空间中要面对存在于宇宙大空中的无形的梵，把诗引向了界围之外的无限。总之，西方的完形分类，重在对界围内的诸实体进行新的重组，而中国和印度的分类，在对境内之象进行重组的同时，更强调境内之象与境外之象的关联。

三是完美方式。即通过知觉的重新组织，使对象变成完美的。包括矫正不规则的形和填补本有的空白。矫正式完美，如一个成85度或95度的角，其少于或多于直角的5度就会被忽略不计，被完形地看成一个直角。稍有一点不对称的图形往往被视为对称的图形。即使那些不能在知觉阶段被加以有效纠正的不规则图形，也会被看成一种规则标准的图形的变形。一个倾斜的形状，不是被视为本来就是这个样子，而是被视为从一个想象中十分对称、整齐和直立的规则形状偏离而来。填补性完美，如轮廓线上有中断或缺口的图形，往往自动地被补足，成为一个完整的连续体。比如一段中间有一个缺口的线条，不是被看成本来就是两段前后相随的线条，而是同一线条的暂时中断。从以上完美三类的举例中，显出了西方的完美方式，重在使事物的实体性的形之完美。而中国的事物是由虚实两部分构成的，虚更重要，因此，中国的知觉完美方式，除了有与西方相似的完美在形体本身的完美外，更要加上虚实结构中对虚进行想象而来的完美，比如人之美，不仅形体有美的尺度，更在于有神的风采。神为虚，一方面如王安石《明妃曲》所讲，“意态由来画不成”，另一方面，如何通过实的方式使观者进行知觉和完美性填补，显得重要，白居易《长恨歌》写杨玉环，重在给出使人进入虚的想象，写其媚是“回眸一笑百媚生，六宫粉黛无颜色”，写其娇是“侍儿扶起娇无力”，写其美是“后宫佳丽三千人，三千宠爱在一身”，写其悲是“玉容寂寞泪阑干，梨花一枝春带雨”。面对这样的句子，读者自会对其“神”进行完美性填补，在填完神之后，自会对其形进行填补，正是在知觉完形对之的完美中，中国虚实合一的神采之虚得到了完美的体现。如果说中国的完美方式重在由实而虚、以形写神，那么，印度的完美方式则需要由色悟空，让人感受到宇宙大空的韵味，泰戈尔的《吉檀伽利》诗集，主要是在做这方面的努力，如：

---

① 泰戈尔：《吉檀伽利》，吴岩译，上海：上海译文出版社，2008，第17页。

清晨，悄悄传说：

我们——只有你和我——要驾一叶扁舟而去，

世界上没有一个人会知道

我们这没有目的地也没有穷尽的遨游。

——《吉檀伽利》四二[①]

是你拉上夜幕，

遮盖白昼的倦眼，

好让它目光重新炯炯有神，

神清气爽地欣然醒来。

——《吉檀伽利》二五[②]

上面两诗中，主人公感受第一首的清晨和第二首的白昼所传达出来的信息，印度的读者自然会用知觉的完美方式，填出空白中未曾出现而确又存在的大空之梵。虽然，中西印的知觉完形在具体的内容上有所不同，但共性是明显的，都是要使客观的现实之物转换成主客合一的审美之境。

审美的主客互动是人作为整体进行的，知觉完形关注的是知觉活动本身以及客体在知觉中产生的结果，内摹仿论则讲主体包括知觉完形在内的整个审美活动都是以生理和心理的器官为基础来支撑的，而且这种生理和心理器官包括知觉在内的身体之动，才是审美主体活动的重点。使知觉能够行运的身体的器官之动，视知觉是由眼睛器官的动而完成，听知觉是由耳朵器官之动而完成，而且这是一种生理心理合一的身体的整体之动，正如浮龙·李举的观赏一个中间大上下小的花瓶之例，在观赏花瓶之中，视觉移向瓶底时，脚会有紧踩地上之动，视觉沿瓶底上移，身体内部也有向上之动，瓶由下到腰逐步扩大，头部会产生一种微微的压力，向下垂引。瓶是左右对称的，两肺的活动也因而左右平衡；瓶腰的曲线左右同时向外突出，眼光移到瓶腰最初部分时，即作吸气运动；看到曲线凹入时，随即作呼气运动，于是两肺同时松懈起来，一直看到瓶颈由细转粗时，又微作吸气运动。瓶的形状还使观者左右摆动以保持

---

① 泰戈尔：《吉檀伽利》，吴岩译，上海：上海译文出版社，2008，第57页。

② 泰戈尔：《吉檀伽利》，吴岩译，上海：上海译文出版社，2008，第38页。

平衡，左边的曲线把身体的重心移到左边，右边的曲线又把身体的重心移到右边。视知觉对瓶的观赏，引起了身体各相关系统同时生出一串极匀称的整体之动，这动在主体之内，是看不见的，因此为内摹仿运动。人面对外物进行欣赏，外物有怎样的性质，人的身体内部就会产生相应的内摹仿之动，面对高耸的哥特教堂，身体自然会挺立，观看湖面的柔波，身体相应会放松，听到节奏性强的音乐，身体自然会摆动，但很多时候，身体外貌显不出动，动确在身体内部进行。所谓的内摹仿，不是像现实主义画家对景写生那样，把事物的外形摹绘出来，而是在身体内的犹如完形美学讲的产生的力的样式般的摹仿。如观看赛马，观者心领神会地跟随马飞奔；观看舞蹈，观者跟随舞者之舞动而进行内摹仿之动。总之，与完形美学把对物的观赏归结为知觉的完形运动之不同，内摹仿论将之归结到身体内部以生理器官为主的带有整体性的内摹仿之动。完形理论的最后结果是要形成与客观物象不同的完形之象，内摹仿却始终在身体的摹仿活动之内，这样，内摹仿强调的主体摹仿客体，虽然这一摹仿与客体不是形的对应，而是一种转换的对应，但这种由转换而来的身体内部之动，却完全是由客体来决定，类同于刘勰《文心雕龙·神思》讲的“写气图貌，既随物以宛转，属采附声，亦与心而徘徊”。对于西方的摹仿理论而论，着重讲的是，客体的性质，引起主体的内摹仿，内摹仿是以身体器官为主的因摹仿客体性质而来的主体之动。由这身体之动，人感到了美感。西方由实体-区分而来的内摹仿论，强调身体器官的动，把动落实到器官的实上。正如里普斯在谈到内摹仿时所说的，“我对一种颜色起一种感觉。这种颜色属于一个凭感官认识到的对象……属于我的身体。它们是作为这种凭感官认识到的对象的定性，作为身体器官的变化，而被感觉到的”。从中国的虚实-关联型思想来讲，在内摹仿中，虽然也要讲实的一面，但更要讲虚的一面，杜甫论画诗《丹青引赠曹将军霸》讲“干惟画肉不画骨，忍使骅骝气凋丧”，郑板桥论画讲“画到精神飘没处，更无真相有真魂”。客体之物不仅有外在的肉之形，还有使之成为如此之形的内在之骨，不仅有呈为相的外在之相，还有使之成为如此之相的内在之魂。因此，从中国的理论对内摹仿进行补充，可以知道，身体器官之动不仅是由客观之物的外在之形的静或动引起，还由客观之物的内在之骨或魂所引发。当内摹仿关联到“骨”和“魂”之时，不仅已经与完形理论的“力的式样”有相似之处，即内摹仿是把客体的形神合一之物转化成主体内以器官为主的内摹仿之动，这种动力在内在形式上，类似于完形的力的式样，而且还有因个体之物与他物以及宇宙整体的关联而来的，由内摹仿内蕴着的宇宙关联。且举两诗以透出中国型内摹仿的特色。一是晁君成

《甘露寺》：

> 卧亭秋石狠，环舍海涛寒。
> 越舶楼前聚，江枫户外丹。

这里，从亭石之形而来的狠意，海涛起伏带来的寒意，江边枫叶的一片红色，都会给主体带来独有的形神合一的内摹仿之动。二是朱文公《登定王台》：

> 千年余故国，万事只空台。
> 日月东西见，湖山表里开。

这里把定王台关联到历史和自然，由近处可见的湖山伸向远方不可见的湖山，从个别时点的日和月，关联到宇宙整体的日月运行。在这一关联中身体的内摹仿之动，会从定王台而扩展到浩茫的时空，感到这一浩茫时空的身体器官的内摹仿之动，便会引向"更无真相有真魂"的模式之中。从印度的是-变-幻-空型思想来讲，应在内摹仿的器官之动以及中国的骨与魂的基础之上，还要考虑由时间而来的动中本内蕴着宇宙之空。因此，从中西印的互鉴中，可引出，在身体以器官为主的内摹仿中，不但有对骨和魂的内摹仿，还有对空的内摹仿。正如《博伽梵往世书》（第1部第5章第38节）讲的：

> 毗湿奴神无形象，摹仿之巧用音声。
> 有声通向无声时，主神形象已在心。[①]

毗湿奴是负责事物由产生到消亡的保持之神，宇宙中存在的运动着的有形物象皆与之相关，由之管理。在日常事物中，看不到这位保持之神，在现象上只见有形之物象而不见无形之主神。但理解了这一本质关联，如何从有形之物与无形之神的关联中去理解人观有形之物时的内摹仿就变得重要起来，从而印度内摹仿中还有空透露出

---

① 参维亚萨戴瓦：《博伽梵往世书》（第1卷），A.C.巴克提韦丹塔·斯瓦米·帕布帕德英译，嘉娜娃中文译，北京：中国社会科学出版社，2013，第244页。

来。因此，对西方的内摹仿论，可以从中西印的互鉴中予以更深的理解，但内摹仿的核心和要点却是共同的，这就是，在主客互动中，主体摹仿客观，形成多层的身体之动，美感由之而生。

然而，在主客互动中，内摹仿强调的是因摹仿客体而产生的主体之动。主体之动由客体引起又关联着客体，类型多样，当主体之动不仅体现为器官之动，而且突显了情感之动时，审美之境中主客互动的另一方式就突显出来了。这就是以里普斯为代表讲的移情理论。移情不仅是在内摹仿的以器官为主的生理之动和以情感为主的心理之动，以及由二者形成知觉完形的力的式样的三位一体中的情感突出，而且这一主体的情感还投射到客体上面，使客体具有了主体的情感。人看到春山如笑、冬山如睡、海涛如怒、溪流有情之时，都是审美主客互动中的移情现象，春山并无笑的功能，人把自己感春山因内摹仿和完形而产生的欢乐之情移到山上，使春山带上笑容，海涛也无怒的本意，人把自己观海水而产生的内摹仿和完形产生的愤怒之情移到水中，使海水带上怒貌。移情，特别体现在，赋无生命之物以生命。在移情中，人的情感不但赋予无生命之物，而且赋予各种植物和动物，从而使个体之物乃至整个世界都充满了情感。移情可小到一个具体之物，如中国吴文英《风入松》的“一丝柳，一寸柔情”。印度泰戈尔《流萤集》（三一）也是这类移情：

> 白的夹竹桃，
> 同粉红的夹竹桃相见，
> 用不同的方言，
> 谈笑得兴高采烈。[①]

移情也可由一片物景构成，中国如李白《菩萨蛮》“平林漠漠烟如织，寒山一带伤心碧”。印度如泰戈尔《流萤集》（六八）有相同境界：

> 云把它所有的黄金，
> 都给予离去的夕阳，
> 对那初升的月亮，

① 泰戈尔：《流萤集》，吴岩译，上海：上海译文出版社，1983，第16页。

只报以苍白的微笑。[①]

移情还可弥漫向悠悠历史、茫茫天地。如柳宗元《登柳州城楼寄漳汀封连四州》"城上高楼接大荒，海天愁思正茫茫"，袁去华《剑器近》"断肠落日千山暮"，贺铸《青玉案》"试问闲愁都几许？一川烟草，满城飞絮，梅子黄时雨"。吴文英《浣溪沙》中主人公的所移之情，由近而远，又由远又近，投射到小小物上，又扩展到季节里、天地中：

门隔花深梦旧游【旧日情投到今天的花中】

夕阳无语燕归愁【情弥漫在近前燕和远边的日中】

玉纤香动小帘钩【愁情关联并缠绕在旧日相爱时的物上】

落絮无声春堕泪【絮如泪，是整个春天落下的泪】

行云有影月含羞【情从今回到过去，天人之间的互动共振】

东风临夜冷于秋【情在春秋比对中深化，在春水微波中柔化，进入天地间的深度】

在里普斯《论移情作用、内摹仿和器官感觉》（1903）一文所举的建筑和舞蹈的例子中，可以感受西方的移情重在个体之物的实上。从上面所举的中国诗词，可知移情更多在物的组合之景上，更为主要的是，中国的移情，不是像实体区分型的西方美学那样，一定要限定在审美之中，而是可以将审美与非审美关联在一起，如杜甫《曲江二首》：

一片花飞减却春，风飘万点正愁人。

且看欲尽花经眼，莫厌伤多酒入唇。

江上小堂巢翡翠，花边高冢卧麒麟。

细推物理须行乐，何用浮名绊此身。

---

① 泰戈尔：《流萤集》，吴岩译，上海：上海译文出版社，1983，第34页。

主体的愁绪由暮春一片落花引起，随着落花的增多而加剧，这一加剧的愁情又投射进漫天飘落的花朵中，随之想到了历史变迁、自然季序变换之愁，弥漫到历史的沧桑变化之愁。自然美感转进了“旧时王谢堂前燕，飞入寻常百姓家”一类的历史感悟之中，在关联中游移和转换着的情感，最后进入到面对现实的理性思考。如果说，中国虚实-关联型美学的移情，常在审美与家国之间，即在现实与历史之间游移和转换，那么，印度是-变-幻-空型美学的移情，则往往在审美与宗教感之间，在个物之色与宇宙之空之间游移和转换，正如泰戈尔《采果集》（十五）：

> 我懂得您的星星的话语，
> 懂得您的树林的静寂。
> 我知道我的心会像一朵花那样开放；
> 也知道我的生命在一个隐秘的泉边
> 已经把自己充盈。[①]

这里主体不仅对现实的物象进行一种感情的关联，而且与物象之中和之后的宇宙之空的本体相关联。中国和印度的审美移情，在现象上，与西方既同又异，无论有怎样的异，但又有着共性的走向，走向审美之境中的主客同一。

主客同一：中西印美学的共性与特色

在审美之境中，以知觉为主的完形，以生理为主的内摹仿，以情感为主的移情，都是主客互动中的统一体，只是每一理论强调的方面不同，在实践上呈现的轻重有异，但总体而言，都走向互动后的结果：主客同一。即美与美感合为一体，既在主体之中，如完形中主体对客体进行修正或曰美化后的各种类型，如在内摹仿中，主体把客体转换成了感官之动的各种模式，如移情中，主体的情感投射到客体里面，客体体现为主体情感。这三类互动最后都走向主客同一，从而又可以从最后的结果，对三类

① 泰戈尔：《采果集》，杨永宽译，南昌：江西人民出版社，1981，第9页。

互动作整体的结构定位。主体对客体的知觉在先（知觉完形的“知觉”二字突出），知觉即对客体的知觉，在知觉中以器官之动为基础（内摹仿之器官重点），达到生理-心理的整体之动（内摹仿的整体之动），整体之动是主客互动（包括内摹仿互动、移情互动、完形互动），一方面形成与客体不同的主体之内的“情感”与“完形”，另一方面主体形成的“情感”与“完形”又都从客体上体现出来，形成主客合一与同一。主客同一和一体，呈现为不知何者为我、何者为物的审美境界。这种主客同一，用西方里普斯的话来讲即是：“在对美的对象进行审美的观照中，我感到精力旺盛、活泼、轻松自由或自豪。但是我感到这些，并不是面对着对象或者和对象对立，而是自己就在对象里面。……这种活动的感觉也不是我的欣赏对象，……它不是对象的（客观的），即不是和我对立的一种东西。正如我感到活动并不对着对象，而是就在对象里面，我感到欣赏，也不是对着我的活动，而是就在我的活动里面。”[①]在中国，李白《独坐敬亭山》的“相看两不厌，只有敬亭山”，已经呈现了虽然对客体的感受是发生在主体，但主体将之视为客体本身的性质。辛弃疾《贺新郎·甚矣吾衰矣》将这一现象讲得更清楚：“我见青山多妩媚，料青山见我应如是。情与貌，略相似。”景元启《殿前欢·梅花》则把这一现象的主客同一性质，点了出来：“月如牙，早庭前疏影印窗纱……为甚情牵挂？大都来梅花是我，我是梅花。”综合里普斯和景元启的话，可以知道审美中主客合一的性质，要而言之，可归为三点：一是在审美客体中完全呈现了审美主体的性质；二是在审美主体中完全充满了审美客体的性质；三是在这两方面的互相进入和充满中，突显审美的主客合一的独特性质。只是在这种审美的合一中，西方理论认为审美的主客体都在孤立绝缘的审美个体中，是与功利、知识、道德完全分开的，中国则认为并非在孤立绝缘的审美个体中，而在虚实显隐的关联中，与功利、知识、道德也处在虚实显隐的关联中，比如景元启的“梅花是我，我是梅花”，内蕴着梅花在中国文化中的道德象征意义，不仅有春桃、夏荷、秋菊、冬梅四季循环的天地运转之美，还有松、竹、梅岁寒三友的道德象征，只有带上这一天地之美和道德象征，梅花之为中国之美（美感）才真正体现出来。在印度的主客同一的一体中，同样不是孤立绝缘的个体，而是与是-变-幻-空的宇宙运转和四大本空的宇宙本质紧密相关。上面引的泰戈尔的《采果集》（十五）中的“我的生命在一个隐秘的

---

① 里普斯：《论移情作用、内摹仿和器官感觉》，载伍蠡甫主编：《现代西方文论选》，上海：上海译文出版社，1983，第3–4页。

泉边已把自己充盈”，具有这样的特色，泰戈尔《吉檀伽利》（二十）仍然突显着这一特色：

莲花盛开的那一天，唉，我心不在焉，而我自己却不知不觉。我的花篮是空空的，而我对鲜花却始终视而不见。

只不过时时有一股哀愁袭来，我从梦中惊起，觉得南风里有一缕奇香的芳踪。

那朦胧的温柔之情，使我的心渴望得疼痛；我觉得它仿佛夏天热烈的气息在寻求圆满。

那时我不知道，那完美的温柔之情，竟是那么近，竟是我的，而且已经在我自己的内心深处开花了。①

这里梵（Brahman）即是我（Ātman），作为梵的大我（Ātman），本存在于个我（jīva）之中，在审美的主客同一中，本内在于个我中的大我，开始呈现，这也正是印度型审美应当达到也力图达到的最高境界。

中西印主客同一在世界共同性上的文化特殊性，在于中西印的主客体在构成上是不同的，其互动、合一、同一也是不同的，如图3–4所示。

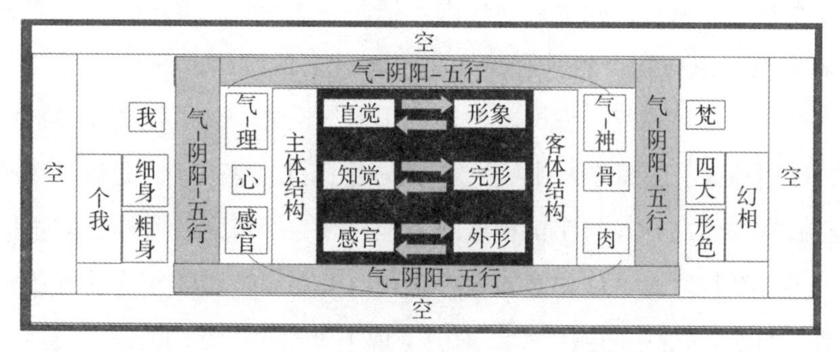

图3–4　中西印主客互动、合一、同一

图中最内圈是西方的主客互动与同一，是一个独立绝缘的审美世界，与审美之外的世界没有关联。之外的一圈是中国的主客互动与同一，审美与其他方面以及世界整体是以虚实方式关联起来的。最外一圈是印度的主客互动与同一，与中国一样是与其

① 泰戈尔：《吉檀伽利》，吴岩译，上海：上海译文出版社，2008，第33页。

他方面和宇宙整体以色空结构关联起来的。下面对中西印的主客互动与同一的特征，分别论之。

中国的主体，在进行审美欣赏时，从庄子和邵雍的言说中，可以分为三个层面，一是感官知觉，二是心，三是在主体之中但又与宇宙本体相连的宇宙之气和理。邵雍《观物内篇》偏重于从视觉之目观开始，但更强调不停止于目而由之深入："非观之以目而观之以心也，非观之以心而观之以理也。"这里的主客互动由目开始，继而到心，最后到第三层：理。这里的理，是在物之中又与天地相连的大理。庄子《人间世》偏重于从听觉之耳的听开始，但更强调不停止于耳而由之深入："无听之以耳，而听之以心；无听之以心而听之以气。"这里的主客互动由耳开始，继而到心，最后到气。这里的气，是既在物之中又与天地相连的气。主体基本为三层结构，眼耳等感官，情意知合一的心，与天地之气和天地之理相连的个人之气和个人之理。中国的客体，是由宇宙本体的气-阴阳-五行而形成的多层圆融体。刘邵《人物志》讲，人"含元一【即气】以为质，禀阴阳以立性，体五行而著形"。由气、阴阳、五行形成的人体，具体分之，可为九：神、精、筋、骨、气、色、仪、容、言。九中之"气"包含两意，一是作为人的本质之气，一是作为现象的呼吸之气。因此，九实为十。九中神、精、（本质之）气可归为神，骨与筋可归为骨，（可感的呼吸之）气、色、仪、容、言可归为肉，简而言之，可曰：（内在之）神、（结构之）骨、（外显之）肉。人如此，物亦然。苏轼《饮湖上初晴后雨》把西湖比西子，袁中道《游太和记》把太和山比作美丈夫。山与水当然具有与人一样神骨肉的结构，只是一般来讲，山水石泉，也可讲神，但更多称气，中国之物皆可用形气论之。为了把具体事物之虚与宇宙之虚相连，可把神这一层面称为神-气。因此，中国的主客互动，是眼耳等感官、知情意一体之心、在主体之中又与宇宙相连的天地之理与宇宙之气所构成的主体，与具体外形之肉、内在结构之骨、作为客体核心之神以及与宇宙整体相连的气所构成的客体进行的互动，如图3-4的中间圈所示。图中呈现了中国主客互动的三大特点，第一，主体的感官-心-理气与客体的肉-骨-神气，具有文化在气-阴阳-五行基础上的同质性，展开为主客之间在三个层面上的同构与互动。第二，正如主客各有其虚实关联一样，在具体的主客互动中，三个层面也会有互动上的重点不同，比如六朝的张僧繇和唐末的温飞卿面对客体进行审美欣赏和进行绘画与诗词的艺术创造时，重在肉的一面，被理论家张怀瓘和王国维评为"张得其肉"，"飞卿之词，句秀也"。六朝的陆探微和唐末的韦端己面对客体进行审美欣赏和进行绘画与诗词的艺术创造时，重在骨的一面，被张、王二人评为“陆得其骨”，“端己之词，骨秀也”。六朝的顾恺之和五代的李后主在面对客体进行审美欣赏和艺术创造时，重在神，被张、王二人评为“顾得其神”，“后主之词，神秀也”。这里，张怀瓘和王国维虽只讲一层，但却是在三层的虚实结构中讲的。第三，中国理论讲到主客互动时，不是仅就一个孤立的主体三层和客体三层，而是把主客体放到与其他主客体和宇宙整体的虚实显隐结构中，进行互动。明乎此，中国主客互动不同于西方主客互动的特点方突显出来。

印度的审美主体，是由眼耳鼻舌身的五官粗身（Sthūla sarirā）与客体的色声嗅味触的形色（rūpa）之景相遇，走进审美之境。五官与形色的互动是在时间中进行，在每一时点，主体五官并非全部进入，客观形色并非全部呈现，而是依眼耳鼻舌身与色声嗅味触在各时点的“境”的相遇的各种因缘而定，因不是全部，相对全部而言，主体之动与客体之呈，皆可名之曰幻（māyā），而在每一时点之是的动与呈所形成这样之是，随时点的流动向前而变化，就动与呈的不断变化来讲，更应名之曰幻。审美上的境中之幻，境强调主客的一体互动，幻彰显主客的是-变一体。境的主客一体以主体之“意”为主，幻的是-变一体以客体之“法”为主。意与法的互动一方面使主体进入了心灵细身（Sūskshmah sarirā），另一方面使客观进入了形色所由构成的基质，用印度术语讲，即构成世界万物的基本元素即地水火风，所谓四大（mahābhūta）。但从五官进入意并非分离而乃一体行运，同样，从形色进入法也并非分离而乃一体行运。这里还需强调的是，客观上地水火风四大，是虚与实的统一，用佛教的话来讲即“四大皆空”，实体四大与本质之空相连。主体中心智意一体的心灵细身，也是虚与实的统一，用佛教的话来讲即“诸行无常”，实体的细身与本质之空相连。因此，主客互动运行的最后朝向是宇宙本体之梵和主体本体之我（Ātman）。梵我本为一体，梵即是我，主客同一即在现象的主客同一中体悟到宇宙本体的梵我（Brahman-Ātman）同一。正如《薄伽梵歌》（11.13）所讲的：

> 宇宙本来为一体，万物有别各不同。
> 子今于此倘有悟，已在宇宙一体中。[①]

① 《薄伽梵歌》，张保胜译，北京：中国社会科学出版社，1989，第129页。（译为：整个宇宙归于一体，千差万别各不相同，般度之子在此所见，均在神上神的体中。这里为便于中文读者理解，改了字句。）

而印度人的主客同一，最重要的是感悟到主客皆空，正如商羯罗《示教千则》所讲：

> 我在一切有情中，虚空一般是唯一。（第17章第68则）
> 自身以外无他物，无论内外或中间。（第17章第69则）[①]

西方的审美主体，与中印不同，是要把审美与其他领域区别开来，呈现从感性到与一般知觉相区别的审美知觉，再到与理性概念相区别的审美直觉。与之相应，西方的客体是从现实物象到与现实物象相区别的知觉完形，再到与理性概念相区别的直觉形象，在直觉形象的基础上由内摹仿、完形、移情形成的主客互动，最后达到主客同一。这里，一是在于西方把事物看成实体，从而没有虚的或空的一面，使之可以把审美与非审美关联起来，从而只有采取区分方式以突显美的特性。区别得最明晰的就是艺术，这样，艺术被视为人在现实中有了审美转换而形成与功利、知识等不同的审美直觉，以及达到主客同一之后，将这一在个人心理中发现的审美过程，进行外化，以艺术形式表现出来。这样，整个人在现实中的审美活动都被看成与其他活动不同的艺术活动的一个组成部分。即现实审美活动是艺术创作的前期部分，用艺术材料和形式将之外化出来，是艺术创作的后期部分。这样，一方面，生活中的审美朝向与生活其他方面的区隔，而进入艺术领域，另一方面艺术又成为文化在审美方面的专门承担者，与其他方面区分开来，乃至与生活本身区分开来。如图3-5所示。

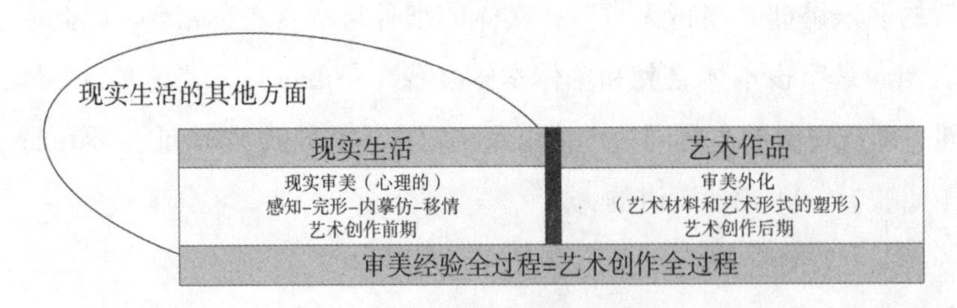

图3-5　西方美学中的审美与艺术

因此，西方的审美心理学成为艺术哲学的一个组成部分，而与一般生活区别开来。现实中的怎样获得美，成为艺术创作伸向生活领域的前期阶段。因此，在西方美学看来，当审美心理学成为艺术哲学的一个组成部分之后，现实生活中非审美心理运

① 商羯罗：《示教千则》，孙昌译释，北京：商务印书馆，2012，第239–240页。

行的其他审美，从自身来看，是不完整的，从生活整体来看，是混杂的，从审美来看，是肤浅的，只有艺术审美才是纯粹的、完整的、深刻的。对此，杜夫海纳（Mikel Dufrenne，1910—1995）在《审美经验现象学》（1953）中有精彩的论证。因此，只有艺术审美才称得上是真正的审美。杜夫海纳对艺术审美进行了如下的呈现：

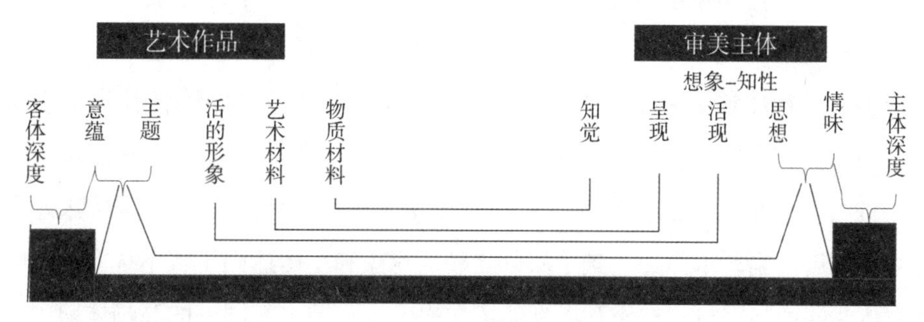

图3-6 杜夫海纳的艺术审美

按西方理论，人面对艺术作品时，艺术作品的存在方式，其美术馆、音乐厅、电影院、文学阅览室的门，起着心理距离的作用，人知道自己要进入审美欣赏，会把其他与审美无关的功利、知识、道德之心加上括号，悬搁起来，以审美之心面对作为审美对象的艺术作品。艺术作品是以物质形态存在的，绘画是布或墙上的形与色，雕塑是石或泥，音乐是音响的流动，文学是白纸黑字。审美知觉的第一步，就是要把物质材料变成艺术材料，即不把石或泥看成石或泥，而是看成人或鸟，不把白纸黑字看成字，而是看成诗句。当石头被看成人，字被看成诗，艺术材料就成为艺术形象。艺术形象本就存在于物质材料中，但只有人用审美知觉去感知，它才会成为艺术形象。人本有审美知觉的能力，但只有面对艺术材料，审美知觉方从一般知觉呈现出来。客体由物质材料向艺术形象的转变和主体由一般知觉向审美知觉的转变是在主客互动中双向展开，同时进行的。艺术形象向人的主体呈现，呈现在主体审美心理的作用下，使艺术形象如见其形，如闻其声，无比生动，活了起来，成为活的形象。活的形象本就存在于艺术作品中，但只有在主体审美的知觉完形、内摹仿、移情等作用下，才能活起来；主体本有使艺术形象活起来的知觉完形、内摹仿、移情等审美能力，但只有在艺术作品的引导下，才会产生出来。艺术作品呈现为活的形象和主体心中产生审美活现是双向展开，同时产生的。没有一方面，另一方面就不会出现。活的形象在艺术作品中出现，是有自身的意义的，主体对这一意义的把握，心中产生了内在于活的形象的主题思想。主题思想本就存在于活的形象中，但只有主体运用诸心理功能对之进行审美思考，方才产生出来；人本有面对活的形象进行主题思考的能力，但只有在活的形象出现后，这一心理能力方呈现出来。艺术作品中主题的出现和主体中思想的运行是双向展开，同时进行，相互支持的。主题总是对一定时代对艺术作品的思考，而艺术作品中的活的形象，又不仅是与时代相关的主题，还内蕴着一种大于一定时代且超越时代的与人的本性和宇宙本质相关联的内容，体现为一种景外之景、象外之象、言外之意、韵外之致的美学意蕴，这一美学意蕴本就内蕴在活的形象之中，但只有在主体审美情感之进行体味中方浮现出来，对美学意蕴进行深度之情的体味本是主体的审美能力，但只有当美学意蕴浮现出来时，方显现出来。客体意蕴和主体情味是双向展开，同时进行，互相引发的。客体意蕴引向宇宙本质的客体深度，主体情味开启人的本质的主体深度。当艺术作品达到了象外之外的意蕴和主体达到了言不尽意的情味时，主体和客体共同朝向宇宙的本质和人性的本质提升，一种主客同一的高峰体验由此产生出来。在西方美学看来，这一美学的深度只有在艺术作品中才是可能的，因此，美学严格地讲是一种艺术哲学，审美经验严格地讲是一种艺术经验。我们知道，这一推理是在西方实体-区分型思维的严密推理中逻辑地得出的。当中国和印度不用实体-区分型思维，而用虚实-关联型思维和是-变-幻-空型思维之时，得出的结论就是不一样的了。先以中国为例，中国古人认为，现实之美与艺术之美在本质上相同，在深度上同韵：

诗以山川为境，山川亦以诗为境。

——董其昌《画禅室随笔·卷三“评诗”》

会心山水真如画，巧手丹青画似真。

——杨慎《总纂升庵合集》卷二百零六

以蹊径之奇怪论，则画不如山水，以笔墨之精妙论，则山水不如画。

——董其昌《画禅室随笔·卷四》

有地上之山水，有画中之山水，有梦中之山水，有胸中之山水。地上者妙在丘壑深邃，画上者妙在笔墨淋漓，梦中者妙在景象变幻，胸中者妙在位置自如。

——张潮《幽梦影》

这里的关键在于，中国的现实之物和现实之景，都是虚实结构，其虚的一面，与他物及宇宙的整体相连，是通向宇宙的深度和人性的深度的。再从印度来讲，对印度人来讲，主体的眼耳鼻舌身意与客体的色声嗅味触法相接而成的境，在现实中和艺术上都是一样，现实中的审美，与艺术中一样，都要从在时间流动中转瞬即逝因而为幻的现象之境，去悟那宇宙的本空和大我的本空。泰戈尔在《流萤集》（十五）中写道：

四月，像个孩子，
用花朵在尘土上
写下象形文字，
然后又把它们抹了、忘了。①

现实中的花与宇宙本体的关联，犹如文学作品中的字与宇宙大我的关联，从现实的花中，以及由花体现出来的季节的流动中，可以如艺术作品一样，一步步地深入到或直觉地感悟到宇宙的深度和人性的深度。在春来春去花开花落的现实中，是可以引出龙树菩萨在《中观论》结尾时发出的感悟的：

一切法空故，世间常等见。
何处于何时，谁起是诸见。②

在中西印美学主客一体理论的互鉴中，可以将三者的理论合而为一。如图3–7所示。

① 泰戈尔：《流萤集》，吴岩译，上海：上海译文出版社，2010，第8页。
② 龙树菩萨：《龙树六论》，汉藏诸大论师释译，北京：民族出版社，2000，第43页。

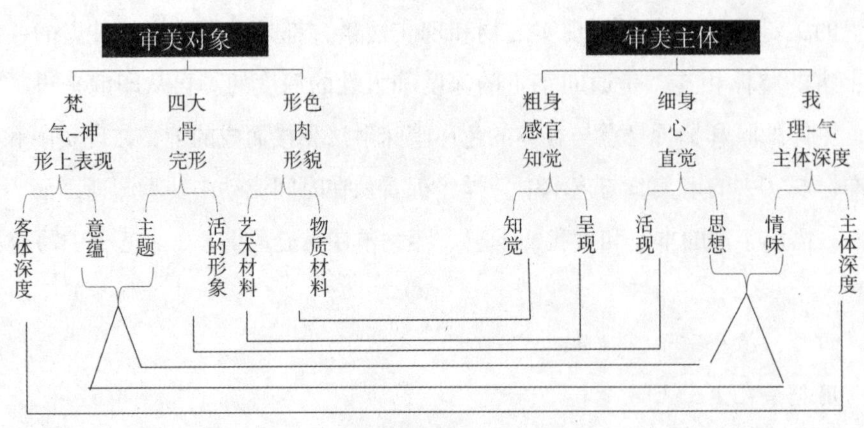

图3-7　中西印美学的主客互动与合一

上图中，审美客体在西方的主体知觉中出现的形貌，相当于在中国感官中出现的肉之形，也相当于印度在粗身五官中出现的形色；在西方的主体直觉中出现的艺术形象中的完形，相当于中国在心中出现的形中的结构之骨，也相当于在印度的细身之心中出现的形中的四大构成；在西方主体的主体深度产生的客体的形上深度，类似于中国在个物之神和个物之气中感受到宇宙之理与宇宙之气，类似于印度在个我中感受到大我，以及与大我一体的宇宙的本质之梵。将此表与本讲最初的论述相联系，可以知道，只要换一个文化视角，三种美学都会从其他两方获得有益的收获。西方美学转换成中印的思维方式，艺术审美就可以转成中国型的日常审美，并在日常审美中获得印度型的形上体悟。中国在自己的日常审美中，加进西方艺术审美的严格性，会更快地进入审美之境，体会到印度的形上视角，在日常审美中不但有中国的天轴地杼的运转境界，还会在天轴地杼的运行中体悟到宇宙本空的形上之境。印度的日常审美，加进西方的艺术审美，会与中国的日常审美一样，更快地进入审美之境，转入中国的日常审美，会在现象之幻中，体会到更多的日常情趣。中西印的互动和互补是一个世界美学的大题，这里通过对现实审美的讲述，应已呈现了，中西印理论中的两种审美，无论是在日常生活中还是在艺术欣赏中，都是通过审美方式，使人从日常生活的习惯运行中摆脱出来，通过对生活和世界的新型体验，而对个体之人与人类本性，对现象世界与宇宙本质，建立起审美关联，在获得一种审美的主客同一中，感受到个人和人生的新型意义。同时把这一新经验中的意义与原有的生活运行关联起来，产生对世界与人生的意义理解和体悟。

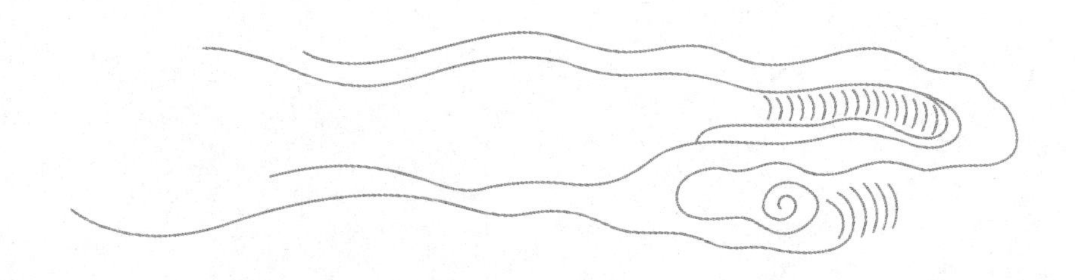

第四讲

美分何类

一

美学上的“美分何类”

170万年前，阿舍利斧的神奇功效，产生人类的工具之美，又在历史的演进中，展开为各文化的多种形态，如地中海神灵的双面斧，印度罗摩的英雄之斧，中国巫王象征的斧钺等。美的分类盖由此而始。当理性时代的美人，从原始时期到早期文明的充满怪异的人兽一体的美中超越出来，呈现为各大理性文化中多样多型之美，如波留克列特斯的持矛者和米洛的维纳斯，犍陀罗的佛陀像和马土腊的药叉女，《诗经·淇奥》中的“有斐君子”和《诗经·关雎》中的“窈窕淑女”等，美分何类，就成为理论家思考的一个主题。

然而，美分何类，并不仅是现实中的美，如中国人听见或读到这一美字，就可以想到苗条的赵飞燕、丰腴的杨玉环，美腰的沈约、美鬓的潘岳，桂林的青山、西湖的绿波、黄山的劲松、陶渊明篱边的菊花……而且还包括艺术中的美。这时，美就转成了审美，用审美的眼光去欣赏艺术，艺术作品中，不仅有美的对象，还有非美的乃至丑陋与虚伪的对象，如莫里哀的《伪君子》《吝啬鬼》，还有反美的乃至怪异和恐怖的对象，如杂交怪兽和吸血鬼。在现实中，我们欣赏美，于美之物，可细而赏之，对美之人，要细赏，要深味，需要一些条件要求，对非美的对象，可笑而乐之，但要受现实考虑的限制。对反美的对象，往往避而远之，怕而逃之。在艺术中，却可以观且赏之，喜而乐之，怕着的同时爽快着，深深玩味。由此可知，美学上的美分何类，是从审美上讲的。审美包括两个方面，一是主体面对对象世界，用审美的观赏态度去看，（前一讲说过，只要用审美的态度去看）一切事物都可以呈现为审美对象。二是对象进入审美之境后，要具备使审美进程得以进行的相应性质。一般来讲，在现实中，人面对非美或反美对象，进入之后即使不避而远之，也往往或初尝辄止或中途休止。而在艺术中，非美和反美对象则具有双重性质，一是对象本身的性质是非美或反美的，二是这非美或反美的对象是从艺术作品中呈现出来的，艺术具有美的形式。在呈现非美和反美形象的艺术作品中，审美主体感受到的是双重情感，一是由非美和反美对象而来的丑、怪、怕等负面情感，二是由艺术的形式美而来的美感等正面情感，双重情感在合一中运行，艺术的形式美感支持、吸引、保证着对非美和反美形象的审美活动持续地进行下去，并在持续中感受、发现、体悟到对非美和反美形象进行欣赏的重要美学意义、人性意义、世界意义。当人在艺术中对非美和反美的形象进行审美欣赏之后，会产生两个方向的运行，一方面，因艺术而回溯到艺术家创造艺术时的心境，是怎样用审美的形式美去把握、体会、创造非美或反美的审美对象，正是这一艺术家的审美心态，产生了一个新的审美世界。另一方面，经过艺术中对非美的反美的审美对象的欣赏之后，一种新的审美心态，应怎样去欣赏非美和反美对象的审美心态，建立了起来，重新去面对现实中的非美和反美对象，开启一种新型的审美世界。

然而，一般来讲，对美的欣赏在现实中和艺术中都是可以顺利进行的，而对非美和反美的欣赏，在现实中难以进行，在艺术中可以进行。这样，现实中的审美从美学来讲，是有局限的，由此难以对美学分类进入和上升到全面性和本质性的总结。艺术中的审美，不仅可以对美的形象进行，还可以对非美和反美的形象进行，从而是全面的。因此，美学上的美分何类，应当在也只有在艺术审美中，方可进行全面和本质的总结。但艺术形式之美，又来自艺术家的审美心理运行，是一种美感方式，美感方式是内在的，艺术方式是外在的，二者是可以统一、互动、互换的，因此，艺术方式说到底也是一种审美心理方式，审美心理达到一定的质点，转化为艺术，艺术又反过来使审美心理得以扩展和定型，形成具有稳定性的审美心理。审美心理是否形成，又由艺术形式呈现出来，因此，对审美类型的把握，从外在上看，是要从艺术上去总结，在本质上，却是对审美心理的一种建构。

在美学成为一个专门学科的西方文化中，美学是aesthetics，原意就是专门的美感，它不同于sense（一般之感），也不同于sense of beauty（一般的美之感），专门的美感（aesthetics）经典地体现在艺术上。现实中的美感，有了质的飞跃，达到了审美的深度，将之用美的形式，转化成为艺术，形成专门的审美对象。这里特别是关于与美不同的非美和反美对象的审美化，成为喜和悲的审美类型，从而构成了美的分类中的审美类型体系。西方文化，从古希腊开始，随着早期文明向轴心时代转变，在艺术上，就从仪式艺术中提升出了两种公民型艺术，即非美型的喜剧和反美型的悲剧，开始了美学的美、悲、喜的基本分类。同时，艺术家与其他领域的行家里手区分开来，为城邦公民提供专门的审美服务。在中国，面对非美和反美的对象，文化也要求用审美的诗人之心去对待。孔子说，“诗可以兴、可以观、可以群、可以怨”（《论语・阳货》）。这里的群，即要运用诗这样的艺术作品，把具有这样或那样不同意见和观念的人团结在一起，主要与美的对象相关。怨，则主要讲对于非美和反美的对象，可以用诗这种艺术形式，进行审美之怨。兴与观，则不仅是美的对象，还包括非美和反美的对象。美、非美、反美的对象，都可使人有所感兴，进而通过诗这种艺术方式，进行审美观照，进而达到本质认知。观不是一般的看，而是为了认知本质而看或从看中达到了本质。诗在中国艺术中居于核心地位，可以代表整个艺术。在印度，面对非美和反美的对象和场景，文化也要求用超越功利的态度去对待。《罗摩衍那》第一章讲的就是现实之悲激发出蚁垤仙人的诗情，把现实之悲转成了审美的悲情之味。话说蚁垤仙人与弟子漫步林中，见一对麻鹬正在幸福交欢，突然，公鹬坠倒，血溅一地，原来被一尼沙陀（猎人）发箭所射杀，悲二麻鹬之不幸，恨尼沙陀之可恶，蚁垤仙人脱口说道：

> 未来如何尼沙陀，
> 名誉善果两失却。
> 只因今日发暗箭，
> 交欢生灵泪滂沱。[①]

蚁垤仙人刚说完，连自己都惊诧不已，最后意识到，自己说的是诗。于是他对弟子说：我的话是诗，有节奏，有音韵，可以入乐，曼声歌咏。我能脱口成诗，因为它来自我的悲伤之情，人本有审美之心，当现实激起人的审美之心，以及审美之心中的具体的悲悯之情，就以艺术之美的形式，将之表达出来，形成艺术之味。在蚁垤仙人的例子中，审美之情是悲，由悲而产生的诗，形成了印度美学上的悲悯味。蚁垤仙人，讲了审美类型的两大要素：味和情。情是印度美学中美分何类的具体类型，味则是具体类型中的决定一类型之为此类型的本质。讲到这里，已经初步呈出了，中西印对于审美分类，不但有不同的方式、不同的类型，而且还有不同的术语。

西方美学，建立在现象和本质的二分上，审美类型在现象上是具体而丰富的，本质把握要用抽象的概念，对现象的表达为类型，对本质的表达为范畴，范畴是最重要的概念。因此，在西方美学中，审美类型称为审美范畴。不过，西方的抽象性category

---

① 蚁垤：《罗摩衍那》，季羡林译，长春：吉林出版集团，2016，第26页。译为："你永远不会，尼沙陀！/享盛名获得善果；/一双麻鹬耽乐交欢，/你竟杀死其中的一个。"这里为笔者意译。

（范畴）也可释为现象上的类型，但强调的是由抽象本质所统率的现象类型。中国文化讲究体用不二，知行合一，因此，对范畴理解起来稍难，对类型理解起来较易。但讲范畴，可以使我们接近西人的原意。因此，可以说，西方的审美类型是以范畴为主要语汇来论述的。近代的美与崇高，被称为两大基本范畴，现代的荒诞与恐怖，也被称为两大审美范畴，后现代的媚世与堪酷，仍被称为两大审美范畴。

中国文化则与之不同，对审美类型，既不常用范畴，也不常用类型，而是用品。品是三人用嘴进行的理论评价，三口代表大多数的口，具有公论性质，因而体现了对美分何类进行了类型上的本质定性，这定性从其来源和根据讲就是：品，因此可称为品类。但审美类型用品来表达，突出了中国思维对主客互动的强调。品类来自主体面对客体，用理论语言对之进行判断，也彰显了中国思维体用不二的特点，现象里主客互动中的论断同时具有理论性的本质效用。把在主客互动、体用不二中进行的评论之品的品评，确定下来就成为对审美现象进行类型确定的品类。在中国表述审美类型的品中，除了主客互动的评品之品和确定类型的品类之品，还有一个因素需要强调，中国文化是一个有等级尊卑的文化，审美类型与之相应，也有等级尊卑。因此，品在美学上还有一个更重要的内容，即等级之品。中国人的审美品论，无论是对文雅艺术的诗、书、画、琴等的品评，还是对低端艺术如小说、戏曲包括演艺人员的评品，以及对现实中，比如青楼中的美女、植物中的花草、自然中的山水的评品，都往往以上中下三品进行区分，因此，中国的审美类型，是以品为主要语汇来论述的。而品内蕴三种含义，一是主客互动的评品之品，二是美分何类的品类之品，三是尊卑高下的品级之品。

印度文化，不讲强调客观本质的范畴，也不用彰显主客互动的品，而是强调两个东西，一是时间流动对事物的影响，二是在时间流动中主体的具体感受，以及主体感受后面的宇宙本质。主体在时间中的具体感受体现为bhāva（情）。情，既是客体在时间流动中的具体情况，又是主体与具体情况互动而产生的情感，对这一主客互动在时点上的合一，印度人称之为viṣaya（境）。境在时点中每变每异，要把这变动不居的境，在审美上具体地落实下来，印度人将之放在主体的情上。情，作为主体面对客体时的心之动，在时间的流动中也是每变每异的，但在变化中有恒定出现的不变类型，称为常情（sthāiybhāva）。在婆罗多的《舞论》中，常情有八：爱（rati）、笑（hāsa）、悲（śoka）、怒（krodha）、勇（uisāha）、惧（bhaya）、厌（hujupsā）、惊（vasmaya）。常情本有，用审美之心去看，这时常情与具体之情相结合，构成了审美之rasa（味）。味可感而无形，在性质上与宇宙之梵与宇宙大我相连同质，可以说，梵、我、味同一，个我之情用于审美就具有了味，无论是在现实中还是在艺术上，审美八情，形成了美学上的八味，爱形成艳情味，笑形成滑稽味，悲形成悲悯味，怒形成暴戾味，勇形成英勇味，惧形成恐怖味，厌形成厌恶味，惊形成奇异味。八味是八种审美类型，但要强调与情的关联，突出主体性，点到味为根本，彰显空的本质。以蚁垤仙人对景吟诗为例，他因景而生悲悯之情，因情写诗，抒己之悲悯，形成了诗的悲悯味（类型）。总之，印度的审美类型是以情与味为主要语汇来进行区分的。

中西印关于审美类型在理论用语上的不同语汇，恰好对应着中西印关于世界的基本看法。西方的范畴，体现的是努力探求一个客观必然的具有实体性的审美规律；中国的品，强调的是主客互动在审美类型上的重要性；印度的味，特别是情中之味，体现的是审美类型中内蕴着与世界本质相连的空性。中西印在审美类型上的不同语汇，展开为不同的审美类型体系。

二 审美类型的基本结构

中西印美学在审美类型的实际展开和理论总结上，就其共同点而言，都是从审美的心理距离出发，把美的对象与美感归为一体，非美对象与喜感归为一体，反美对象与悲感归为一体，统合起来，构成美、悲、喜的基本结构。美的对象是与人的理想同质的对象，产生纯粹的美感；非美对象是低于人而又与人无害的对象，用审美之心去感，由非美感与审美快感组合成统一的喜感；反美对象是高于人且与人敌对的对象，用审美之心去感，由反美感与审美快感组合成统一的悲感。美、悲、喜都是审美对象和审美快感的统一，美既讲美的对象，又讲由之而来的美感；悲既是悲的对象，又是由之而来的悲感；喜既是喜的对象，又是由之而来的喜感。美、悲、喜这三个词，用于审美类型，与在日常语言中不同，其词义，既包含了审美客体，又包含了审美主体，还显示了主客互动及其结果。把审美类型的基本结构归纳为美、悲、喜，是对中西印三大美学中审美类型理论进行综合的结果。为了把三大美学在审美类型中各自的贡献有一较为清楚的呈现，同时也是把美、悲、喜的整体结构是怎样形成的有明晰的交代，这里讲审美类型结构，从审美的心理距离开始，然后进入美、悲、喜的结构，最后讲这一结构的展开。

审美类型由审美的心理距离开启，但心理距离来自西方美学的实体-区分思维，意味着，把审美心理与获利之心、求知之心、向善之心完全区别开来，在一个完全区别的基础上，形成一个独立的审美之区，使审美得以纯粹地进行。但对于中国美学来讲，求美之心与获利、求知、向善之心不是区隔关系，而是一种虚实关系，心理距离只意味着审美之心呈显而其他之心隐在，各心之间在显隐中仍是一种互含关系，如果说，把审美之心看作诗之心，把其他之心看作含义与利的理之心，心理距离实乃一种诗和理的隐显互含关系，随时都可以进行诗与理的转换。从印度美学来看，西方的心理距离突显一种实体性的审美心理在空间三维中的确定性，而印度美学强调悟空的审美之心在时间一维的流动性，从而审美之心在时间流动中，可以因具体之景之情而向其他之心转换，当然时间流动不会停顿而继续向前，其他之心又会因景因情而转换回审美之心。在中国美学和印度美学中，审美之心与其他之心的不断转换，没有固定的区隔之线，而本为一个生动整体，用印度美学的话来讲，即为“是变一体”。审美意味着在审美主导的总场极中运行，心理距离可以释义为这一审美场极的范围，无论审美之心与其他之心怎样升降显隐转换，都在审美主导的场极之中。因此，进入审美类型的审美之心，是在审美场极的范围中运行，是心理距离、诗理转换、是变一体的统一。

（一）美的类型及其在中西印文化中的不同体现

审美类型就是在审美的场极中，由美的对象展开为美的品类系列，由非美对象展开为喜的品类系列，由反美对象展开为悲的品类系列。

美是在人与世界同一基础上人与理想同一的对象。与世界同一是美的基础，在此基础上对象与理想的同一，构成美。在中西印文化中，人与世界的同一是共识，这就是西方的Being-logos（有-在-是-逻各斯）、印度的Brahman-Ātman（梵-我）、中国的天地人之道。人与理想同一也是共识。从个别的是（to be）到本质之是（being），成为西方文化的理想追求。由个我达到与梵同一的大我，或由个体之性回到佛性，是印度人的理想追求。以人合天是中国文化的理想追求。三个文化的宇宙本质与人的本质追求产生了三种美的对象，这就是希腊用雕塑体现出来的阿波罗和维纳斯之美，印度雕塑上的佛陀坐像和湿婆舞相之美，中国诗歌中“良相头上进贤冠，猛将腰间大羽箫”（杜甫《丹青引赠曹将军霸》）的风采士人和“巧笑倩兮，美目盼兮”（《诗经·硕人》）的美丽佳人，构成了中国的人物之美的典型。然而，中西印三大文化在人与世界的同一的具体内容，又有所不同，使得美在不同文化中有不同的安置。

西方人与世界的同一，主要在三点：一是在宇宙整体上是同一的，这个整体，体现为哲学上的Being（本质之有-在-是）和宗教上的上帝，以及由Being决定的世界和由上帝创造的世界都按logos（逻各斯）运行。二是在人的世界里的不完全同一，人的世界分成已知和未知两个世界。三是已知和未知的区分把人与世界的关系呈现为线型进化关系。人要不断地从已知到未知，把未知变成已知。已知的世界由人经过与世界互动的努力或奋斗而得来，已知世界也变成两个世界，随着新知的获得，过去的已知中，与现在新知同质一致的称为传统，与现在新知不一致甚至相反的称为过时，与过时观念一致的现象成为非正常现象，与新知相一致的观念成为正常现象。总之，已知世界中分为两类：（与新知不合的）非正常现象和（与新知契合的）正常现象。未知世界中其实也包括两类，一是与新知在本质上相合，一推论就得到理解、一实践就得到证明的与人一致的现象。二是新知尚不能把握且强大于人又与人敌对的现象。前一类约同于几何学上的可解求证题，答案是可以做出来的，基本上可归于已知世界的新知范围中，后一类则是不知答案，随时呈意外，老给人带来悲的现象。从美学与文化的结合上，西方世界可归纳如下。第一，西方人对世界整体是有信心的，这就是哲学上的Being（本质存在）和宗教上的上帝，哲学上的宇宙整体只是从总体上逻辑地推出来，而其中的细节，具体来讲，属于整体的未知对人来讲仍然未知，需要人在现实中通过自己的实践，特别包括试错方式去一步步获得，这里的试错包括会付出人生中最美好的东西乃至生命，这就是悲。上帝使人对宇宙整体的秩序性和正义性有信心，而这信心不是消除未知，而是使人去面对未知，宙斯存在着，但不能使俄狄浦斯在面对未知时不犯错误，上帝存在着，但不能使耶稣不被犹大出卖和不被钉上十字架，只是让人在面对未知并陷入悲境时有一种正确的态度。第二，在世界的已知的两部分和未知的两部分共四部分中，由已知世界中的非正常现象，产生出审美之喜。通过喜的笑，以友好方式来批判、限制其出现；另一方面，喜对于现在的正常有激励作用，主动地呈现喜，以衬出现在的正常，使人更加骄傲和珍爱现在的正常，后一种方式，把美的形式加到了喜的现象中，成为标准的审美对象。总之，喜，建立在西方进化直线的“过去”和“现在”本不能截然去分而又必须进行的划分上，不应在现在出现而又确会在现在出现的喜，成为审美对象，再通过艺术形式表现出来，形成一个审美类型，即美学之喜。与新知相契合的正常中的理想，成为美的对象，美是人人向往的，通过艺术，美的理想得到了更广泛和深入的体现。未知世界中与美相合的部分，成为美之一种。未知世界中尚不能掌握又比人强大还与人敌对的部分，成为悲的对象。西方文化的结构产生了美的三种相对独立的类型：美、悲、喜。可图示如下。

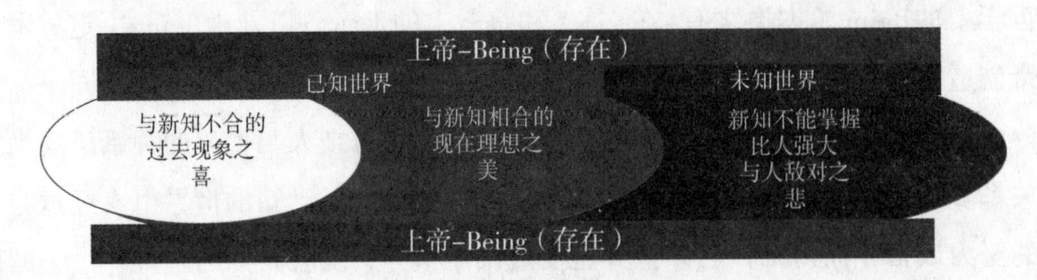

图4-1 西方的审美类型结构

因此，在西方美学中，美体现为美、悲、喜的结构。美只是三大类型中的一型。

与西方的已知未知的二分世界不同，中国是一个由气而生的气化万物的天人合一的世界，而且是在天道人道的运行中呈现的世界。人与世界在本质上是同一的。从人的角度看，中国把宇宙和事物都看成是虚实合一的，而事物之虚与宇宙之虚相连，这样，人，正像可以把握和体会着自身之虚那样，也可以从根本上把握和体会宇宙之虚。这样，中国文化之人一方面通过自身之"体"在与宇宙的互动之"会"中与周围世界同一，也与整个世界同一。另一方面，通过对圣人和仙人的塑造，圣人含道应物，是全知的，仙人超离死亡，是永存的，人可以成圣、可以成仙，从根本上塑造人与宇宙整体同一的实例和信心。因此，中国文化不存在本质上的未知世界。从而，中国美学是以美为主的，并把美扩展到世界的每一方面，呈现了一个非常丰富的美的体系。中国文化也有非美和反美对象，但非美与西方同，不是与新知不合的现象，而是在文化的等级中处于较低位置的对象，以及对现实明晰存在的尊卑秩序的偏离，成为笑的对象。但不是如西方那样与美严格地区分开来，而是将之与美组合在一起，中国戏曲没有专门的西方式的喜剧，而是把喜类型之丑，放到生（美男）、旦（美女）、丑（可笑的）、末（一般人）的整体之中。从而，非美只在美的整体中占有一个边缘地位。同样，中国也有反美对象，但仅来自宇宙运行中的偏离，以怪、异、妖、鬼的形式出现，同样，反美对象只是在美的整体中占有一个边缘地位，从述异、志怪之类的小说中体现出来，这里的小说相对于正史诗文中的大说，突显的也是其在整个审美体系中的小。因此，中国美学的类型体系，主要体现为与宇宙大化运行相一致，或者说人与世界同一的美。中国之美，在自然历史人文合一的时空上，体现为三大方面，一是自然的日月季年的时间运行之美，特别体现在四季之美和节庆之美上，这本身就是一个非常丰富的美的次级体系。二是历史的兴盛衰亡的王朝运行之美，特别体现在朝省、宦情、怀古之中，这也构成一个非常丰富的美的次级体系。三是以京城为中心的空间展开之美，把一种尊卑等级与自然风土结合起来，由于中国文化的特点，特别体现为以塞北西域为主的边疆地区，以京城为主的中央地区，以江南为主的南方地区，即以中原、塞北西域、江南为核心而展开的整个天地的人文地理风物的体系，这同样构成一个非常丰富的美的次级体系。这三个方面都是以朝廷为中心进行调控而参加到宇宙运行中去的，中国的朝廷，讲究尊卑等级，由京城而郡县而天下，构成了朝廷以雅正为核心具有丰富层次的美的体系。朝廷靠士人群体参加而运行，士人可在朝廷系统之内又可以在之外，既在政治系统的运行中，又在生活系统的运行中，士人之雅，内蕴朝廷之雅又扩大了朝廷之雅，主要可以分为以秩序为主的“神”之美和以生活为主的“逸”之美。与朝廷和士人之雅相对的是地方和各地域的民风民俗之美，这种民风民俗之美在宋以后的雅俗互动中产生了妙的境界，成为各地民风民俗向上提升的美的标准。因此，士人之雅展开为神与逸两种主要美的类型，士人之雅与民间之俗构成了雅正与俗妙两种美的类型。中国各方面的美既有分别又相互关联，形成了一个丰富的美的体系，可以图示如下。

图4-2　中国审美类型结构

在印度文化中，美不仅体现在人与世界的同一和人与理想的同一中，更体现在神与宇宙的同一中。这一点与西方基督教的圣像约同，但在印度，神之美成为更普遍的存在。印度审美类型在美上的体现，主要在八种基本味的三类中：英勇味（vīra）、艳情味（sṛṅgāra）、奇异味（adbhuta）。前两味虽然体现在人上，但同样体现在神上，也体现在由神化身而为人的形象上，如持斧摩罗的英勇和克里希纳的艳情，后一味以神为主。中国人讲，人一生最大的幸福在于两点：金榜题名时，洞房花烛夜。印度人的美之三味与之相似，英勇味是神灵和上等人通过外在形象显出威仪，这里的上等人，包括天神、上等种姓（即从事宗教仪式的婆罗门和属于国王和战士的刹帝利）以及道行高深的仙人-见士。中国的社会是流动的，金榜题名是社会上下流动中，由下层达到上层；印度的种姓是固定的，上层的种姓与神灵有更密切的关联。英勇味包括上层人士平时的威仪和战时的威风。英勇味相当于中国的阳刚之美，特别是阳刚之美中的威仪之美和雅正之美，以及西方的壮美，类似于巴洛克的建筑如凡尔赛宫的典雅美丽，以及掷铁饼者的健壮和力量。但英勇味在印度是人神兼指，惊奇味则主要是指天神。两味在指天神时，前者是从天神本身的呈现，后者是从人的眼中去看。天神之美成为印度美的一大特色，特别是宇宙主神，佛教的佛陀和耆那教的耆那，其各种各样的庄严之相和降魔之相，成为英勇味的经典体现。艳情味与男女结合的幸福和理想相连，在四种姓和天神中都具有普遍性，也代表了宇宙运行中的理想。印度教的三大主神都有自己的娇妻，梵天与萨拉斯瓦蒂、毗湿奴与拉克希米、湿婆与帕尔瓦蒂，三大主神与配偶有各种各样体现其亲密关系的塑像，成为艳情味的经典。印度之美与中国、西方之美的不同的最大一点，是宗教主神之美，既可以人的形象出现，又可以超人的形象出现，既可以四首四臂、千手千眼，构成慈悲的美形，也可以凶恶的相貌出现。在湿婆的三位配偶中，迦梨女神就常以凶恶之相出现；佛教密宗的主神，一神两相，一是慈善相，一是凶恶相，恶相是为了降魔，佛的恶相，是要从感性上体现出魔高一尺、佛高一丈的原理，以相反相成的方式，突显佛主的伟大。总之，印度之美与西方及其他文化之美，除了相同之外，还甚有不同。理解其美的特点及如此之美的原因，是深入理解印度美学的一道通关之路。

（二）悲的类型及其在中西印文化中的不同体现

悲之成为审美对象，需从三点来理解。第一是从一般定义上讲，悲是高于主体还与主体敌对且仿佛危及而实际不能危及主体的客体。前两点（高于和敌对）使客体成为悲的客体，后一点（似危未危）使悲成为审美客体。对此，西方美学讲得很清楚。第二是从特殊现象上讲，人面对且知道高于和敌对的客体，不欲与之敌对而不得不与之敌对，是悲产生的必然条件。这里，不欲与之敌对而不得不与之敌对，在历史和文化中展开为多种多样的形态，比如，中国、西方、印度就产生出了不同的形象，但内在的这一核心不变。第三是悲之成为审美对象，从根本上讲，在于人的整体与宇宙整体的根本一致，这是人类本性和宇宙本性在整体上的常态。个别高于人的敌对对象和个别低于敌对对象的人，是整体中的个别。个别中的对立产生悲的具体之缘，整体上的一致成为转悲为美的现象后面之因。有了这一后面之因，悲的对象转为审美对象。在美学之悲中，个别的人在面对高于自己的个别对象时，这些对象以恶厉凶诡的人、物、事、景的方式出现。这些对象对宇宙整体来讲是个别的，就个别环境来讲，又占了主导地位。因此，给处在非主导地位的人带来的是悲，但人与世界整体的同一，虽然此时被遮蔽着，不显示，却内在地存在，这一存在给人可以从悲中转换出来以思想基础，也即前面讲的“似危未危”得以出现的根本。当现实中由悲到美的审美转换成功之后，这一人类整体和宇宙整体的基础，又把转换之后的美感提升为与一般之美感不同的带着悲感之乐的美感。这一悲感之乐虽由高于人的强大对象的高大深邃的外在形式所负载，但所感的内容却是由人类整体和宇宙整体之乐感所赋予的。由于具体的悲的对象的刺激性形式不同，悲感也呈为多样。由以上三点，可知现实之悲是怎样成为审美之悲的。

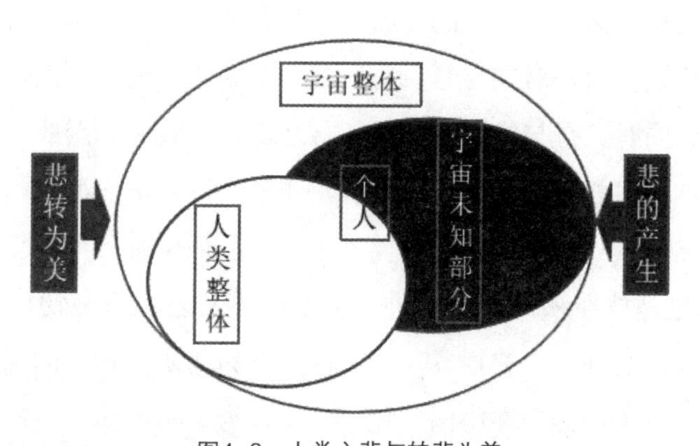

图4-3 人类之悲与转悲为美

审美之悲通过对反美的审美观照，把悲带向人类整体和宇宙整体深度，同时转悲为一种复杂的审美之悲的乐。从现实之悲到审美之悲是人类文化提升和人性本质升华的一种必要条件和审美保证。审美之悲，在各个原始时代和早期文明的牺牲仪式中内蕴和发展着，到轴心时代就提升为理性之悲。中西印三大文化都出现了悲的类型，但由于三大文化关于宇宙整体的观念不同，作为局部的主导与宇宙整体之间的关系在性质上不同，从而又形成了不同的悲的类型。

在中国文化里，悲是宇宙的大化流行在自然之道和历史之道中的一个必有的环节，自然的春夏秋冬中的秋，与悲关联在一起；历史中王朝在兴盛衰亡中的亡，与悲关联在一起；个人在世，在文化给定的理想中运行而又不能实现自己的理想，与悲关联在一起。悲的最大亮点是死亡，秋天以落叶突显了自然生命的陨落，“悲哉！秋之为气也，萧瑟兮，草木摇落而变衰”（宋玉《九辩》），王朝的衰亡彰显了历史生命的陨落，同时突显了人在衰亡中必然产生的悲情。《诗经·黍离》，面对王朝的废墟，发出了“知我者谓我心忧，不知我者，谓我何求，悠悠苍天，此何人哉”的悲叹。个人在理想的追求中，随年岁的增长，理想不能实现，悲心由之催生：“君不见高堂明镜悲白发，朝如青丝暮成雪”（李白《将进酒》），“江边一树垂垂发，朝夕催人自白头”（杜甫《和裴迪登蜀州东亭送客逢早梅相忆见寄》）。然而，这些悲，都是自然运行、历史运行、人生命运中本有的一部分。因此，虽为悲，却与宇宙运行的整体之道相关联，可以说是宇宙整体之美的一个组成部分，这些悲，无论多么惨烈哀极，都是可以“悲而不伤”（《论语·八佾》）的。只有当自然、历史、个人产生了巨大的偏离，应好而反坏，如屈原在理想上的失败，方会产生出“吾独穷困乎此时也”（《离骚》）的悲鸣和持志投江的决绝。但在中国思想中，这种悲仍被看成是在自然历史人生的运行中必然要产生的，因此，当悲产生之时，不是对自然、历史、人生的整体之道的怀疑，而是对在自然、历史、人生的总体运行个人际遇上的哀叹。这种哀叹是深邃的，同时又是与维护宇宙的运行之道相一致的。因此，中国型的悲情，是被纳入美学总体的美之中的。姚鼐《复鲁絜非书》讲宇宙之美为阳刚与阴柔，在阴柔之美中就有“愀乎其如悲”。司空图《二十四诗品》也有一个春夏秋冬的框架，其《悲慨》一品，也是放在秋天之美中讲的。刘勰《文心雕龙·物色》说：“春秋代序，阴阳惨舒，物色之动，心亦摇焉。”“惨”作为属阴的秋冬的属性之一，也是作为宇宙整体之美进行论述的。在中国文化中，悲作为宇宙运转的一部分，是高于人，也是人看不到的，正如秋的收获也是宇宙万物运转的必然部分，是与人愿望一致而人乐于看到的。因此，悲在中国文化中，成为如何看待自然之秋、历史之亡、人生失意，并从中体会宇宙之道的运行深意的必要美学构成，对美学之悲的思考，又是使宇宙之道得到维护，人的本质得以深厚的一个必要的美学修炼。可以说，中国宇宙的虚实一体和相互关联，使悲成为美的一个组成部分。

印度文化中，在宇宙轮回和生命轮回中，诸行无常、生老病死是人生本苦的必然组成部分，悲与人生相连。在美学类型的八味结构中，有四味与悲关联：厌恶味（bibhatsa）、悲悯味（karuṇa）、暴戾味（raudra）、恐怖味（bhayānaka）。四味呈现了悲的四个方面，厌恶味是在生活一般状况中把人从快乐中带出来而产生的厌恶之悲，主要体现为心情的不快、身体生病乃至死亡，让人感到人生无常而来的悲。总之，正常的失去使人厌恶。悲悯味是生活中的重点时刻因宝贵东西的失去而生的悲，如失去给人带来最大快乐的爱人，失去生活得以好过的财富，失去身体的自由，如重大的落难、逃亡生活、心灵的折磨乃至失去生命。总之，珍爱的失去令人悲悯。暴戾味是生命中的极端状态，遭受到恶毒的语言攻击，凶狠的身体攻击，特别是血腥的战场厮杀，血肉横飞，惨不忍睹。暴戾味可以是人与人的搏杀，也可以是神对人的凶击，还可为神与神的血斗。总之，血腥的杀戮产生暴戾。恐怖味是人跌进非人所敌的境地，为鬼怪妖魔出入的凶宅、墓地、怪林、毒池、咒境。总之，陷入鬼境使人恐怖。以上四个方面都是产生人生悲情之处。然而，印度文化以时间流动为主而衍射到生活的方方面面，而人生的成、住、坏、空本为宇宙运转轮回的铁律。四种味的产生，皆由神掌握着。从总体上讲，印度的八味都与主神相关，创造性的生与梵天相连，英勇味、奇异味，在本质上与之相关。生命的保持与毗湿奴相连，生之乐的艳情味，生之笑的滑稽味，生之悲的悲悯味，在本质上与之相关。生命的毁灭与消逝与湿婆相连，厌恶味、暴戾味、恐怖味，都与生命之灭相连。因此，在悲的四味中，悲悯味之悲与艳情味之美成为生命中得失起伏的对子，引发生之深思。厌恶味、暴戾味、恐怖味与灭相连，开启灭的哲悟。印度的悲之四味，因与宇宙主神相关，内蕴着人神互动的生命之思。生灭本为宇宙运行的常态，从而悲的四味是在宇宙的运转规律之中，在人的理智把握的范围之内，印度的美学之悲，与中国的美学之悲约同，可以说，悲成为美的一个组成部分，开启着生命的解脱之悟。与中国之悲的不同之处是，印度之悲的暴戾味和恐怖味多以主神的降妖除魔的凶恶相呈现出来。而这，如上所讲，彰显了悲是属于美的一个组成部分。

与中国和印度基本上把悲作为整体之美的一个部分加以组织不同，西方的悲是与美从本质上区别开来的。这来源于西方已知与未知两个世界的区分。希腊世界，未知的命运不但于人是未知，对于宇宙之神的宙斯也是未知。正因为如此，希腊罗马的神话型宗教，一直到与希伯来的上帝相遇，方在基督教的产生中，形成宇宙整体的上帝，然而，基督教的上帝，一方面是宇宙规律的掌握者，另一方面又是宇宙规律的隐藏者，人仍然面对一个未知世界，只是有了对上帝的信仰，可以有更大的勇气去面对未知世界。这是一个不同于中国和印度文化的未知世界的存在，不但使西方文化之悲与美在本质上区别开来，而且悲本身有了一个丰富的展开。在古希腊，悲主要体现在悲剧这一艺术形式中，三大剧作家，埃斯库罗斯、索福克勒斯、欧里庇德斯，围绕着人自身的错误和令人困惑的命运，创造了多种多样的悲的形态。悲剧是通过对未知命运的思考，把恐怖和怜悯发泄出来，以获得心灵的平静。中世纪，在地理上是西方文化从地中海向欧洲的转移，在美学之悲的艺术载体上是从戏剧向建筑中的雕塑和绘画的转移，在艺术形象上是从希腊形象向基督教形象的转移。悲主要从（犯了原罪）走出伊甸园的亚当和十字架上（为人类赎罪而走向死亡）的基督这两个形象中突显出来。亚当之悲是因无知去用智而受诱惑，基督之悲象征走向死亡的牺牲勇气。近代以后，随着现代性在西方的兴起，美学之悲提升为崇高，崇高依托着科学和理性，把恐怖且与人敌对的对象，转成激励主体走向崇高的对象。崇高之悲开创了恐怖客体–悲的主体–主体崇高的悲的新模式。进入现代，不但未知仍然存在，而且已知世界中的已知都变成难知难信，西方之悲由科学和理性不但尚未把握未知世界，而且难以解释已知世界，而产生出荒诞的新形态。尽管如此，悲的荒诞，激励人像西西弗斯那样面对这闪烁着未知的荒诞。进入后现代，被科学压抑的非理性和被基督教排斥的神话，重卷新浪，与妖怪和科幻相连的恐怖产生了出来，形成悲的恐怖类型。恐怖是理性中人面对超理性对象时产生的新型悲感。西方审美之悲的四型，悲剧、崇高、荒诞、恐怖，在西方的宇宙结构中产生出来，展现开来，可作图如下：

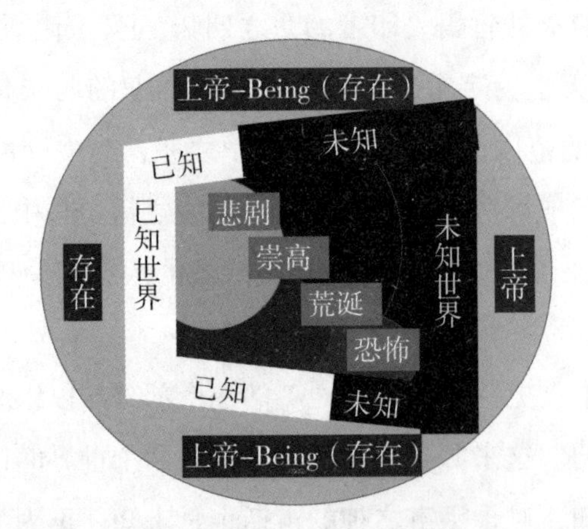

图4–4　西方之美的类型结构

中西印的悲，因对未知在宇宙整体中的设定不同，因而产生了差异。中印之悲，基本上放进了美的整体之中，只是印度之悲以主神的降魔除妖的凶相出现时，与中国之悲有较大的差异。在西方文化中，悲与美从本质上区分开来，并有自己的丰富展开。希腊的悲剧，近代的崇高，现代的荒诞，后现代的恐怖，构成了悲的审美体系。

（三）喜的类型及其在中西印文化中的不同体现

喜，不从西方的个义，而从人类的众义讲，是低于人而又对人无害（而引人发笑）的对象。喜有四个关键词都是需要进行界定的。

第一是“喜”，这从西文the comic（喜剧性）更好理解，西方的喜剧性第一次在希腊的comedy（喜剧）得到典型的体现，而喜剧的核心就是the comic（喜剧性），喜剧落实到细节上就是funny（滑稽，从主体反应而来）或者说the comic（滑稽，主要从客体的呈现而来）。可以说，滑稽（the comic）是美学之喜的核心。从审美的本质来讲，喜（the comic）的对象不是喜而是笑，正如希腊佚名的《喜剧论纲》讲的“喜剧来自笑”[①]。这笑不是一般的笑（smile），而是特殊的laugher（笑），正如《喜剧论纲》讲的，这笑是有限定的[②]，由与低于人而又对人无害的对象（即喜的对象）所引起。笑，从内容上讲，是人对自己的正常得到肯定的满足和开心，虽然开心之笑源于对象的低于正常，但开心运行的结果，是对正常的珍惜，突出了对社会和文化的正常的维护，其深处，是维护宇宙整体的正常运行。正是在宇宙正常运转这一目标上，笑之喜与美之娱、悲之乐，具有了美感之感（amusement）的共性。可以说，不是喜剧性客体之the comic（喜），而是主体的美感之喜，是笑的审美本质，喜的对象（the comic）使人产生笑，笑的结果是达到包含喜的特殊性和美感共同性为一体之喜（comic amusement）。笑最后走向美感之感的共同性。笑是喜的审美表现（使笑作为美感之感的特殊性突显出来）。因此，用汉语“喜”字来对译西方的the comic（喜剧性），更好地呈现了审美之喜由始至终的全运行。

第二是“低于人”。这里的低于人，指的是低于人的正常尺度，这正常在古希腊，就是德尔斐神谕讲的“认识你自己”中的“自己”[③]，在演进中被希腊哲学规定为人的本质，实际上体现为具体社会的整体本质。进一步讲，是人应按此本质对自己进行理性和自觉的自我管理。人在与低于自己的对象的对比中，既感到了对象低于已具人的本质的主体，而产生笑，这笑内蕴着对自己作为正常而来的满足和自尊，霍布

---

① 佚名：《喜剧论纲》，载《罗念生全集》（第一卷），上海：上海人民出版社，2016，第391页。

② 佚名：《喜剧论纲》，载《罗念生全集》（第一卷），上海：上海人民出版社，2016，第392页。

③ Jerrold Levinson ed. *The Oxford Handbook of Aesthetics*. Oxford: Oxford University Press，2003，p.345.

斯（Thomas Hobbes，1588—1679）名之曰superiority（优越感）。[①]同时更加深入地体会到何为正常，增强着维护正常之心。“低于”之低，有三个方面，一是外在形象偏离正常之低，如矮人、侏儒、畸形、残疾；二是内在智力偏离正常之低；三是行为和语言偏离正常之低。前两种是由历史演进形成的，是产生美学之喜的天然基础，这一基础被艺术之喜进行了充分的运用，而成为喜的典型形象（前者成为喜的艺术中的丑角的外形，如方成的漫画《武大郎开店》，后者成为历代笑话中的角色，如康德讲喜的例子，一个黑奴说：我并不奇怪这么多啤酒泡是怎么冒出来的，只奇怪它们是怎么被装进去的）。第三种既可产生于低下的形体和低下的智力之中，但更多地出现在正常的形体和正常的智力之中，正常的形体和正常的智力出现了偏离和低于正常的行为和言语，使其偏离正常的言语、行为与正常的形体、智力，形成强烈对比，哈奇生（Francis Hutcheson，1694—1746）将其命名为incongruity（不伦不类的组合）。[②]优越感是从主体方面立论，不伦不类的组合则是从客体方面立论。严格地讲，是这一类把喜之笑提升到审美的本质，既居美之喜的核心，又拥有最大的广度。后来美学家对喜的其他特点的描述，如门德尔松（Moses Mendelssohn，1729—1786）的不完美，柏格森（Henri Bergson 1859—1941）的僵硬论，等等，都是低于正常，且与不伦不类的组合有这样那样的关联。从历史上看喜的形态也主要由不伦不类的组合扩展开来，特别体现在幽默、诙谐、讽刺三大类型中，这种正常的外形与低于正常的言行之间不伦不类的组合，产生出内蕴深刻意义的美学之笑，对于维护社会、文化、宇宙的正常运转，具有更大的美学力量。以上三种美学之喜，既可分别出现，又可相互结合，呈现出美学之喜，从原始时代萌生，到轴心时代定型，以及此后的蓬勃展开。

第三是“与人无害”。这是喜的对象可以让人放心地开怀大笑的基础，倘有害于人，就不是喜，而是悲的对象。悲是严肃的，喜是放心的，放心是建立在主体对自己，对对象，特别是对主体和对象在内的社会环境、文化环境的绝对自信和满溢的信心上。喜之笑只有在人达到自由的高度方可产生，可以说，在审美心理所划定的空间，喜的对象让人体会到自己的自由所达到的高度。能笑与不能笑，是衡量人在多大程度上拥有自信和拥有自由的一个美学指标。成熟的喜剧首先诞生于希腊。正是在希腊文化从早期文明到轴心时代的理性的进程中，喜剧产生出来。公元前581年，希腊本

---

① Jerrold Levinson ed. *The Oxford Handbook of Aesthetics*. Oxford: Oxford University Press，2003，p.345.

② Jerrold Levinson ed. *The Oxford Handbook of Aesthetics*. Oxford: Oxford University Press，2003，p.346.

部的梅加腊（Megara）人建立民主政体，喜剧正式诞生。到公元前487年，雅典城正式开始演出喜剧[①]，标志着美学之喜成为整个希腊世界的美学类型。

第四是"引人发笑"之"引"。西方学人讲过，主体感到优越在一些情况下并不产生喜剧性之笑，客体拥有不伦不类组合的好些情况，也不产生喜剧性之笑。喜剧性之笑是怎么产生的呢？霍布斯等讲了突然性，即喜之笑来自一个突然性的转变，这个转变是怎么产生的呢？康德从理性上总结出"期待落空"之论。即人按正常的方式去期待对象的正常的行和言，结果对象接着正常期待而出现的，是低于正常的行和言，主体的正常期待突然落空，由正常和低于正常的突然转变中，对象低于主体的面相呈出来，笑，不由自主地由之而生。弗洛伊德（Sigmund Freud，1856—1939）从心理学总结出心理释放论。即正常期待在心理上集聚能量以准备投入下一步的运行，期待落空使能量无须投入，能量节省使人产生快感，这快感同时是心理紧张的解除、心理压力的释放，从而人产生了主体获得自由之笑。

由以上四点可知，低于人的对象，达到了与人无害，而产生美学之笑。这笑，关联到人的自信和自尊，围绕着文化运行和演进中正常与非正常的复杂变化，成为喜的美学类型得以产生的文化基础。笑的基础从现象上看是人的自信与自尊。审美之喜以什么样的形态出现，与文化对正常尺度的标准规定相关，对正常的不同理解，产生出不同的笑的类型。在这一意义上，"正常"本身的演进史和"偏离"本身的演进史，构成了审美之喜的丰富多彩。

从类型上看，审美之笑主要分为三大类，一是以生活为主呈现出来由"眼前之景"（从一人一言一行一物一事一态）的笑，此类可称为生活场景之笑。二是把生活中的各类场景之笑，进行艺术加工，成为具有小结构的简单故事，这类故事主要不是为了故事本身，而是以故事为线，把笑组织起来，以笑为目的，可称为小型艺术之笑。三是把现实之笑与小型艺术之笑组成具有艺术性的整体故事，在故事中笑本身也被进行了类型化的组织。这种以艺术为主的"虚构之象"（具有相对复杂的"叙事整体"）而来的笑，可称为叙事之笑。生活中个别的眼前之景和艺术中类型的叙事之笑，构成了审美之喜的两极。生活之笑进一步丰富和叙事之笑退一步简化，都成为小型艺术之笑。进而从世界上中西印三大文化去观察，可以发现，在审美之喜上，中国和印度以小型艺术之笑为主，西方以叙事之笑为主。这或许与三大文化对宇宙整体的

---

① 罗念生：《论古希腊的戏剧》，北京：中国戏剧出版社，1985，第92–93页。

设定相关。中国的天人合一宇宙，印度的色空不二宇宙，主要产生的是眼前之景的喜和小型艺术之喜，这两种宇宙结构都阻止着生活型眼前之景的喜向艺术型叙事之象的喜转化。西方文化把宇宙分为已知未知两个对立部分，在区分之下对已知部分进行实体性思考，会促使其不断地把生活型的眼前之景之喜和小型艺术之喜转化为艺术型的叙事之笑的喜。理解了美学与宇宙设定之间的关系，就可以体悟为何三大文化在审美之喜上有如是的不同，以及还有其他一些由宇宙设定带来的重要不同。这对于从理性的统一性上理解审美之喜，是重要的。下面且先呈现中西印三大文化在审美之喜上的不同和特色。

印度美学之喜，有独具的特点。印度思想强调一维时间，形成是-变-幻-空的宇宙，历史显得不重要，思想本身是重要的，从而对其审美之喜，从理论形态本身予以呈现，更易把握。印度的美学之喜，有如下四大特点。

一是笑的对象在形体上的限定性。在笑的偏离正常的形、心、言、行之四项中，印度在形上的偏离只在人世凡人中而不存在于神界之神中。这是在于，印度的理性思想，从早期文明向轴心时代的转变，一方面世界整体本质升级为理性之空（Śūnyatā），另一方面世界现象总称为色（rūpa），仍以宗教为主要载体和外在形式。印度的宇宙结构如下：核心是宇宙的整体之空，空之下是宗教之主神，神主宰着种姓社会。这是一个三极互动的基本运转结构，如下图所示：

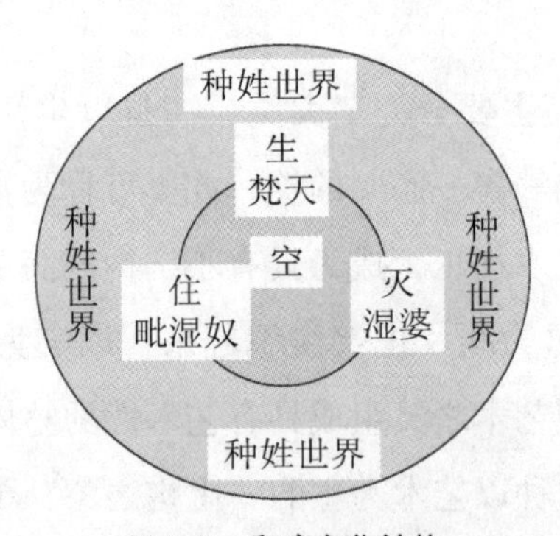

图4-5　印度文化结构

在如斯的宇宙结构中，神的形象在世界中有重要的位置，印度教各主神在种姓社会中具有重要地位。佛教讲生命在六道（领域）中轮回升降，其中两道是天与阿修罗，皆为神。神可以呈为正形或美形或畸形，毗湿奴的十大化身之一是侏儒，佛陀的主要形象之一是骷形。这侏儒和骷形因为是神，而且处在神的各种形象的整体张力之中，因此与美学之笑无关，但在世间凡人中畸形和骷形就可能成为笑的材料。《舞论》讲印度戏剧主要角色有男人上中下三类，女人上中下三类，辅助角色除了国舅、侍女、阉人外，还有丑角。丑角就包括形体上对正常的偏离，具有身材矮小、长有獠牙、弯腰曲背、两舌、貌丑、秃头、眼睛发黄等特征。[1]因此，印度美学在形体对正常的偏离上呈性质不同的两分：神的畸形不是笑，人的畸形可为笑。

图4-6　印度神人与审美之喜

印度之喜的第二个特点，笑的类型在审美类型体系中的独特性。印度审美类型中，一般的笑与低于心理正常相连，滑稽味则主要与性爱相关。二者既有同一性，又有差异性。先讲一般的喜之笑。佛教认为人生即dukkha，汉语译为“苦”，汉密尔顿（Sue Hamilton）说，更接近梵文原意的翻译应为insatisfactoriness（不圆满）[2]，用通顺的汉语讲，可为：人生即遗憾。这遗憾之苦，在佛教看来，主要由人的三个心理因素造成：贪、痴、嗔。这里的贪和痴与美学之喜的笑关联了起来。中国古人从中印互动中创造了《西游记》，其中的猪八戒，就与佛教的贪相关，并由贪而突显为好色好食，常常表现为对正常的好色好食的偏离，而突显出美学之喜的笑。最体现出印度特色的是痴。痴在生活中多体现为笑，如猪八戒的好色，除了贪之外，还内蕴着痴。这痴在艺术上，与印度美学八味中的滑稽味（hāsya）关联起来，滑稽味是笑，但这滑稽之笑是从男女主人公在恋爱的痴迷中产生出来的，从与平时正常不相同的穿着打扮、姿态、行为、语言中体现出来。恋爱中的滑稽，虽然显得可笑，但在本质上是可爱。正如主神的正形、美形、畸形具有内在的统一，使神的畸形从笑中超离出来，性爱中由痴迷而来的滑稽味，与艳情味组成对子，二者内蕴着统一性。滑稽是爱过度了而产生的偏离，因与爱之深相关，虽笑，却没有要使之转向对正常的负面偏离，虽然是滑稽之笑，却与西方的滑稽之笑具有本质上的不同。

印度之喜的第三个特点，笑的类型在整体之美中处于辅助地位，而非一个相对独立的类型。印度的生活型的眼前之景，也向着艺术生成，但只提升为小型艺术之笑。

---

① 《梵语诗学论著汇编》，黄宝生译，北京：昆仑出版社，2008，第104页。

② 休·汉密尔顿：《印度哲学祛魅》（英汉对照本），王晓凌译，南京：译林出版社，2009，（英文部分）第46页。

印度戏剧体系，按婆罗多《舞论》的说法，具有十类：传说剧、创造剧、感伤剧、纷争剧、独白剧、神魔剧、街道剧、笑剧、争斗剧、掠女剧。其中笑剧是专门的喜，但为短小的独幕剧，后期方发展为两幕，仍然简单短小，属于小戏。如最有名的《尊者与妓女》（*Bhagavad-Ajjukam*）是二人灵魂进入对方身体而产生的笑，类似于中国宋杂剧中的笑，并未达到整体叙事之喜。还有独白剧和街道剧，也充斥滑稽搞笑，也同笑剧一样简单短小。因此，印度之喜，仅在眼前之景的笑的范围之内，尚未达到艺术之象中的整体叙事之笑。可以说，笑剧是印度之喜向艺术演进的界线，再要前进，就成为其他剧种中的辅助因素。正如丑角在各戏剧中扮演的是辅助角色，亦如在有关恋爱的故事中，滑稽味作为艳情味的辅助。由于笑剧在戏剧体系中的非主导地位，因此，生活型的眼前之景以及由之形成的小型艺术之喜，成为印度审美之喜的主色。

印度之喜的第四个特点，在基本用语上的独特性。美学之笑而来的喜，与西方美学之喜有较大的差异。喜在印度具有最高的地位，《泰帝利耶奥义书》第二章是欢喜章（Brahmānanda）。在第二和第三章中，都讲梵即欢喜（ānanda）①，欢喜是梵②。《中阿含经》（卷22）把获得佛理的觉悟称为“成就欢喜”。③《十地经论》（卷2）把诸佛菩萨所住之地称为欢喜地，把念佛向佛所生之心称为欢喜心。④喜成为心从世间俗心中摆脱出来趋向并等同于形上之心的审美之心。如果说，西方审美之喜（the comic）强调的是审美现实（开端时）中之实。那么，印度的审美之喜（ānanda）彰显的是审美结果（终端时）中之虚。

中国美学之喜，极为丰富而具有特色。中国文化的时空合一，使审美之笑的文化整体性质在历史演进中呈现出来，大致体现为三段。第一段，以俳优侏儒的宫廷之笑为主，语言呈现的“滑稽”是核心，以外笑内智为特色。第二段以唐参军戏-宋杂剧为主，以净角装傻、末角逗趣两大角色，形成里外皆笑的特色，关键词是表演与语言兼顾的“科诨”。第三段为戏曲达到成长质点，完成艺术转型。宋杂剧中的主角之笑转为专角之丑，降为剧中次要角色，同时，笑的科诨遍渗到剧中的生旦净末及每一角色中，典型地体现了审美之喜在文化整体中的地位。下面对这三段分别呈现。

第一段，中国审美之喜的来源与初型。中国之喜来源于原始社会和早期文明的仪

---

① S. Radhakrishnan. *The Principal Unpanișads*，（英梵对照本）New York：Humanities Press INC, 1953, p.546.

② S. Radhakrishnan. *The Principal Unpanișads*，（英梵对照本）New York：Humanities Press INC, 1953, p.547.

③ 《乾隆大藏经》（第49卷），北京：中国书店，2009，第391页。

④ 《乾隆大藏经》（第86卷），北京：中国书店，2009，第132页。

式。在轴心时代到来的春秋战国，仪式的整体产生分化，主要分为祭祀天地祖宗山川房屋之神的严肃仪式（雅与古）和纯为宫廷娱乐的舞乐享乐（俗与新）。后一方面在原始社会和早期文明中原有神性的内容消失，转为为君主服务的具有理性内容的纯粹享乐形式。从审美之喜来讲，以前具有特异功能的寺（阉）人、瞽（盲人）、侏儒（畸形），进入到宫廷理性的新组合中。寺人转为身体非正常的宦官和身体正常的诗人，瞽人转变为以视力正常为主的乐师，侏儒成为宫廷里的娱乐伎人。与之相应，在春秋战国的转型中，原始仪式的色声味普遍成为享乐，而原始仪式中以祝词、咒语方式活动着的语言，成为诸子散文和宫廷雅言，保持了文化高位。在这一氛围中，审美之喜的语言也在宫廷娱乐中占有高位。在正史中，专门为审美之喜立传的"滑稽"，主要用来指宫廷娱乐人员在语言运用上所具有的笑的特点。先秦两汉，宫廷中审美之喜的娱乐，主要以三个词描述。一是侏儒，主要指喜的形体。二是优（優），主要指喜的表演（《正字通·人部》"優，戏也"，主要为笑的表演，《诗经·淇奥》"善戏谑兮"，《国语·齐语》"優笑在前"，《管子·四称》"戏谑笑语"）。三是俳，主要是笑的语言。如《韩非子·难三》讲的："俳优侏儒，固人主之所与燕（宴之乐）也。"形体、表演、语言，三者一体，用哪一词表述，强调的重点不同。其中语言之俳，具有最重要的意义，三者一体的表演中的语言效果或语言风格，称为滑稽。司马贞作《史记·滑稽列传》索隐，说"滑谓乱也，稽同也，以言辩捷之人：言非若是，说是若非，能乱同异也"（释词或可讨论，姜亮夫《滑稽考》讲，滑稽应为联绵词，源于圆转机巧，与一系列词如诙谐等皆同[①]，但释义是到位的），即对语言作不伦不类的组合以引人笑。三位一体的滑稽，进一步在全社会展开，一方面成为百戏中的滑稽表演（如汉代的黄公戏、沐猴舞等），另一方面成为士人间的俳谐诗文（如汉末蔡邕《短人赋》、晋代李充《嘲友人诗》、南齐袁淑《俳谐文》，谐之词义，如刘勰《文心雕龙·谐隐》所释："谐之言皆也。辞浅会俗，皆悦笑也"），再一方面成为社会中的笑话录（如魏邯郸淳《笑林》，刘义庆《世说新语》中的《俳调》等）。后两个方面，自汉魏到明清一直兴盛着扩展着，但审美之喜在前一个方面，（即表演艺术中）于唐宋达到一种定型模式。第一阶段的喜，突出的亮点是装呆讽谏。春秋以来，俳优侏儒很多，但可以进入史册的，则是那些通过表面上的滑稽笑语，达到政治上讽谏目的的人和事。中国宫廷，俳优侏儒呈现笑料是本职，通过滑稽

① 姜亮夫：《滑稽考》，《思想战线》1980年第2期。

之笑对主上的不当决策或政治过失进行劝阻，先是假装心之低下的傻，认同主上的错，接着将之夸张到极端，最后在傻言笑话中使主上认识到自己错了。因此，与西方滑稽的特点的呈傻之笑不同，中国的滑稽讽谏的方式是装傻之笑。

第二段，中国审美之喜得到专门性突出。这就是起于六朝形成于唐的参军戏，以参军与苍鹘两位角色，进行以笑话为主的滑稽表演，到宋金杂剧，演进为以四人或五人一场，形成三段结构："艳段"开场引戏，然后进入正剧（一般是两段），最后以"散段"结束。整个剧的主调是"务在滑稽"（吴自牧《梦粱录·伎乐》）。艳段要好看（可用舞的形式），散要搞笑（一般嘲弄外地人），正剧中以副净和副末为主，"副净色（角色）发乔（装傻），副末色（角色）打诨（逗趣）"（吴自牧《梦粱录·伎乐》）。这时的滑稽，不仅保持以语言之笑为主，而且增加了动作之笑，因此，科诨一词兴起。科即用动作逗笑（徐渭《南词叙录》曰"身之所行，皆谓之科"），诨即用语言逗笑（徐渭《南词叙录》曰："于唱白之际，出一可笑之语，以诱坐客，如水之浑浑也）。可以说，在唐参军–宋金杂剧中，科诨形成了专门性的审美之喜。第二阶段的喜，其亮点是以娱乐为目的的笑。

第三段，戏剧的进一步发展。在元明清的戏曲中，形成和定型为丰富多彩的艺术性戏剧。笑这一宋杂剧的主角到这时期转为辅助，从角色体系去看，元明清戏曲形成生旦净末丑的体系，生旦为主，净末为次，专门的丑角更为次。就此而论，笑被次要化、边缘化了。从审美之笑的角度去看，在宋杂剧本为主要功能的科诨，也随着戏曲角色本身的扩展而扩展，并渗透到每一个角色里，生旦净末等各类角色都有科诨，只是上等角色呈雅科诨，下等角色呈俗科诨。整个戏曲，处处皆有科诨，但与此同时，在除了丑角之外的每一次科诨的出现，都是辅助性的，成为插科打诨，是"插"进去或"打"弄出来的，包括丑角本身，都是插进去搞笑的。不过，这插弄进去的科诨，又是整个剧必需的调味品，用李渔《闲情偶寄·词曲部》的话来讲，是剧中的"人参汤"。可以说，科诨之笑在整个剧中的地位和作用，正如俳谐诗文在整个诗文中的地位和作用，亦如笑话在整个社会中的地位和作用，对应着的，是作为笑的审美之喜在整个文化中的地位和作用。第三个阶段的亮点，是笑寓于各类艺术之中，服务于各类艺术的整体目的。

中国古代的审美之喜的三个阶段的三大特点，装呆讽谏，笑为娱乐，笑寓艺术，前者体现了笑在以政治为主的整体性中的意义，中者突出了笑在以生活娱乐为主的整体性中的意义，后者彰显了笑在以艺术为主的整体性中的意义。

西方的审美之喜，与中印之喜的区别，不仅是眼前之景的笑（及其在艺术中的片段体现）这一类型上的同，更在于整体叙事结构之笑的异。中国的宋杂剧和印度的笑剧，是对“眼前之景”从艺术上进行扩展，但并未达到对审美之喜进行完整呈现的叙事结构，从而在本质上还处于“眼前之景”的范围中。之所以如此，不在于中印艺术家的审美境界和艺术功力，而是这样做不符合艺术与宇宙整体的艺合于道的规定。因此，中国和印度的艺术之喜，要从宋杂剧和印笑剧再往前走，在中国就升级成明清戏曲，在印度就转成其他剧类。可以说，宋杂剧和印笑剧之喜，是中印审美之喜所能达到的最高度，由文化划定的范围所决定。西方的宇宙，与中国的天人合一不同，与印度的色空结构有异，是由已知和未知构成的二分宇宙，与之相应，审美类型出现了专门的悲和专门的喜。悲与未知相连，喜与已知中的过时观念相连。因为西方之喜把自己限定在已知世界中的过时观念，从而，不但普遍地出现了眼前之景的喜之笑，而且还形成了专门的具有整体叙事结构的喜之笑。这首先从古希腊的戏剧形式显示出来：喜剧。喜剧与史诗、悲剧一样，要讲一个完整的故事，而不像宋杂剧和印笑剧那样，主要是如节日礼花般地放出一个一个的笑话。

西方的喜剧，作为具有整体叙事的审美之喜，有三个特点，第一点，是如亚里士多德讲的，喜剧是模仿比正常之人要低的人（主要是心智低于正常）。但喜剧性之人，正如尼柯尔（Allardyce Nicoll）讲的，不是塑造人的丰富个性，而是抽象为笑的类型。[①]如塞万提斯写《堂吉诃德》，一定是一言一行皆充满滑稽，没有相反的内容在他身上出现；如莫里哀写《吝啬鬼》，其人一定一举一动都透出吝啬，绝无相反的气质存在其中。第二点，是尼尔（Steve Neale）讲的，喜剧是在日常生活中的叙事。这里的日常生活，不仅是已知世界的生活（这里重在“已知”二字，与未知不相关），更是已知世界中的平凡者下等人的生活（这里重在“生活”，与严肃的政治等不相关，即或写了上等人，也是上等人的活泼泼的生活一面，而非拿着样的政治套路一面）。第三点，也是尼尔讲的，要有欢喜的好结尾。已知世界是人能把握的，皆大欢喜是必然的结局。但已知世界的好结局，是由已知世界的正常运行而产生，喜剧对偏离正常进行了幽默、诙谐，乃至讽刺之笑，都是为了使已知世界的运行带进应有的美好结局。由（对偏离正常进行的）笑而（使偏离在笑声中走向正常之）喜，是审美之喜的叙事整体的基本结构。可以说，西方美学通过把各种眼前之景的喜，组织成艺术的整体叙

① 阿·尼柯尔：《西方戏剧理论》，徐士瑚译，北京：中国戏剧出版社，1985，第115页。

事之喜，以符合二分世界中的已知世界部分，是西方审美之喜的主要形态。或者说，形成了艺术型整体叙事之喜为主，眼前之景（以及小型艺术）的喜为辅，而且眼前之景和小型艺术之喜不断地被组织进艺术型整体叙事之喜中去，从而艺术之笑的整体叙事之喜成为西方审美之喜的主色。这一西方审美之喜的主色，其历史演进，体现为三个阶段。

第一阶段从古希腊开始，以喜剧这一戏剧种类为主，开始审美之喜的主潮演进。产生了克拉提诺斯、欧波利斯、阿里斯托芬三大喜剧家为代表的众多喜剧作品，特别是而今得以保存下来的阿里斯托芬的喜剧《阿卡奈人》《鸟》《蛙》等，以及在旧喜剧向中期喜剧和新喜剧的演进中，米南德的《恨世者》《萨摩斯女子》《公断》，展示出希腊罗马社会各种各样的笑，如何被艺术集中起来，形成艺术型叙事整体。古希腊罗马的喜剧，主要运用在民主政治上，以讽刺（在喜剧家看来）在政治上偏离正常的人和事。

第二阶段从文艺复兴开始，不但戏剧中的喜剧开始了现代提升，新起的小说以及稍后新起的绘画中开启了新型的喜剧性艺术方式，这就是喜的小说和漫画。二者与戏剧之喜一道交织演进，使审美之喜在三原色中幻出一片灿烂之景。在喜剧这条线上，以莎士比亚、康格里夫（William Congreve，1670—1729）、莫里哀，直至王尔德的喜剧，仍守着喜剧与已知世界相关和喜剧性是类型化的笑之基本原则，把生活中方方面面的笑，集中到艺术之笑的叙事整体中。尼柯尔把喜剧分为闹剧、浪漫喜剧（幽默喜剧）、情绪喜剧（讽刺喜剧）、风俗喜剧（风趣喜剧）、文雅喜剧、阴谋喜剧[①]。经过总结的艺术之喜，反过来又渗透到生活的每一方面，但以笑的艺术为主要目的。西方喜剧的基本模式都在此形成。在小说这条线上，拉伯雷《巨人传》、薄伽丘《十日谈》、斯威夫特《格列夫游记》等开启了一种新的喜剧性故事模式。在漫画这条线上，英国霍加斯（William Hotarth，1697—1764）和吉尔雷（James Gillray，1757—1827），法国的菲利浦（Charles Philipon，1800—1826）和杜米埃（Honor é Daumier，1808—1879），美国的纳斯特（Thomas Nast，1840—1902）和奥考特（Richard Felton Outcault，1863—1928），使西方的小型艺术在笑上有了一种新模式。由这三个方面交织并进的审美之喜，蓬勃展开，直达西方文化的各个边缘，如北欧和俄国。总而言之，以戏剧之喜为核心，小说之喜和漫画之喜为展开，生活的眼前之景的喜，被三种

---

① 阿·尼柯尔：《西方戏剧理论》，徐士瑚译，北京：中国戏剧出版社，1985，第276-300页。

艺术之喜组织起来，形成西方文艺复兴以来的审美之喜的新结构。就这一时代的总体来讲，艺术之喜成为审美之喜的太阳，将条条光线，遍照在已知世界之喜的方方面面。

第三阶段是电影产生之后，电影所体现的审美之喜，加入戏剧、小说、漫画之中，与之交织互动，成为审美之喜的主潮。在四线交织的喜剧这条线上，一个重大的新特点，是19世纪末20世纪初在科学和哲学的升级之后，专门为笑的喜剧在一些基本原则上被反思，正如斯特林堡（August Strindberg，1849—1912）讲的："这个人愚蠢，那个人残忍，这个嫉妒，那个吝啬，等等……应当受到质疑。……我尝试着不让分裂的片段进入情节之中。"[①]喜剧之笑被要求融进社会整体关联之中，于是出现了悲喜剧和正剧。同时，戏剧之喜与小说之笑，融入整个现代艺术和后现代艺术之中，成为其中的一个因素，服务于艺术的整体目的。在四线交织的小说和漫画这两条线上，与之相同，专门的喜剧故事日渐减少，喜剧性作为某些因素进入各类小说和各类漫画，日渐增多。从审美之喜的角度，可以发现：荒诞剧中的笑、黑色幽默中的笑，表现主义艺术中的笑、存在主义艺术中的笑……在四线交织的演进中，电影之喜逐渐成为艺术中的主潮，并呈现为持续不断的电影之喜的景观：英国从卓别林（Charlie Chaplin，1889—1977）到埃金森（Rowan Atkinson，1955— ）（即憨豆），美国从基顿（Buster Keaton，1895—1966）到艾伦·伍迪（本名Allen Stewart Konigsberg，1935— ），法国的塔蒂（Jacques Tati，1907—1982），德国的纽别谦（Ernst Lubitsch，1892—1947），加拿大的凯雷（Jim Carrey，1962— ）等的喜剧电影。电影具有世界性的影响，喜剧电影环游在世界各地，并产生了新的本土类型（在中国就有周星驰的喜剧电影和开心麻花的喜剧电影）。电影又产生出动画片，动画片不仅在方式上是儿童的，天生就有喜剧性，而且还专门创作了喜剧性叙事，如名扬全球的《米老鼠与唐老鸭》，成为喜剧的新型。第三阶段西方之喜的总趋向在于两点，一是电影作为工业文化的商业性质，主要靠类型化电影进行运作，因此，喜剧性正是在精准定位的类型化商业运作中，得到极大发展。二是其他艺术形式中的审美之喜，包括戏剧、小说、漫画，都在从类型走向关联，约似于古典时代中国和印度的艺术。然而，无论是在类型化的电影中，还是在非类型化的戏剧、小说、漫画中，西方审美之喜的双向演进都得到彰显。

---

① 约翰·拉塞尔·布朗编：《牛津戏剧全史》，韩阳译，北京：北京日报出版社，2021，第347页。

从以上中西印审美之喜的演进中，可以得出如下几点：第一，在古代世界中，审美之喜与宇宙设定的关联，决定了中西印之喜的关联范围：西方之喜，集中在已知世界中的实体的类型化；中国之喜，主要在虚实结构中的实的部分的类型化；印度之喜，在于下梵的世事之色与上梵的本质之空的关联中。而西方在科学和哲学的思想升级中，趋向于从古典的实体世界转为与中国的虚实相生和印度的色空互渗类似的新结构。审美之喜的新变应由这一新的宇宙设定来说明。第二，中西印之喜呈现两大类型，中印以与眼前之景的喜同质的小型艺术之喜为主，西方以艺术之笑的整体叙事之喜为主。中印主要体现为，对喜的片段本身进行类型化，西方主要体现为，对笑进行人物和故事的类型化。第三，中印之喜，主要作为文化整体中的因素，加入各类结构中，组成虚实相生（中国）和色空对照（印度）的关系。西方之喜，体现为一种独立的类别，与其他独立性类别一道，构成一个实体间互动的世界。第四，自20世纪的全球一体和多元互动以来，喜的类型化，主要体现在喜剧性的电影上，而其他艺术中的喜，成为一种因素，与整个世界互动。同时，西方的脱口秀和中国的相声（以及与之同质的喜剧小品），以生活化的方式，进入艺术，类似于宋杂剧和印笑剧，实际上与生活世界紧密关联和基本同质。小型艺术之喜，在现象上是艺术的，在本质上是生活的。这样，审美之喜主要体现为三种形式，一是生活型眼前之景的喜，出现在生活的各方面；二是艺术型的整体叙事之喜，主要以喜剧性电影突显出来；三是形为艺术而质为生活的脱口秀和相声（以及喜剧小品）。这三种喜的类型，加上其历史来源，可作图如下：

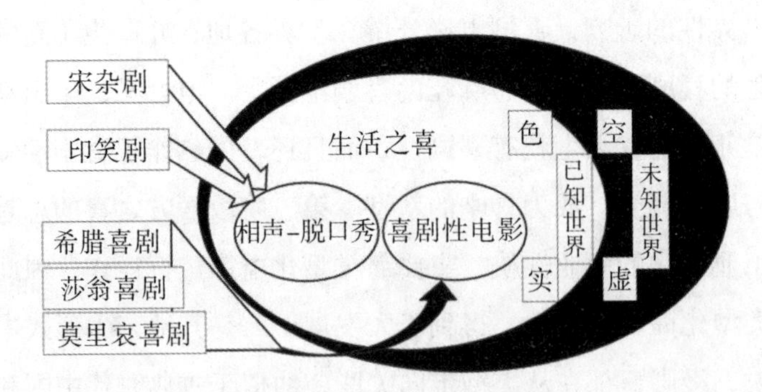

图4–7 审美之喜的世界结构

总之，世界的审美之喜，由中西印三大文化不同的宇宙结构，产生了三大喜的类型：生活之喜，小型笑剧之喜，叙事喜剧之喜。审美之喜的核心是人的优越感、正常感、自信心、自由观。而这一核心，要在对西方已知未知的二分世界，中国虚实–关联的世界，印度是–变–幻–空的世界的认知中，方可得到更深的知性理解和形上体悟。

（四）审美类型的整体结构

美、悲、喜是人类审美的基本类型。在原始时代和早期文明中，美、悲、喜在原始时代的宇宙之灵和早期文明的宇宙之神的统一上，是合一的和互换的。原始时代之灵，主导和突出了合一中的转换性，早期文明之神，主导和彰显了转换性中的合一性。在这两个时代中，虽有美、悲、喜的区分，但三者皆统一为美，不过，需要强调的是，在这两个时期中的美，（在轴心时代的理性标准看来）主要体现为：怪。在这以怪为美的时代，一方面具有与轴心时代之美相同的美，但更多的是与之不同的怪。而美可以随时随地变换为怪，怪与美互换是原始时代和早期文明之美的一大特征。轴心时代，理性产生，不但在以前的美怪一体中的以怪为主，变成了轴心时代的美怪分离（主要体现在西方和中国），或既有美怪分离又保留着美怪一体（主要存在于印度），但这美怪一体中的怪，已经不是以前时代的怪，而乃轴心时代的壮丽之美和神力之美。美的类型演进主线和转变大线，具体如图：

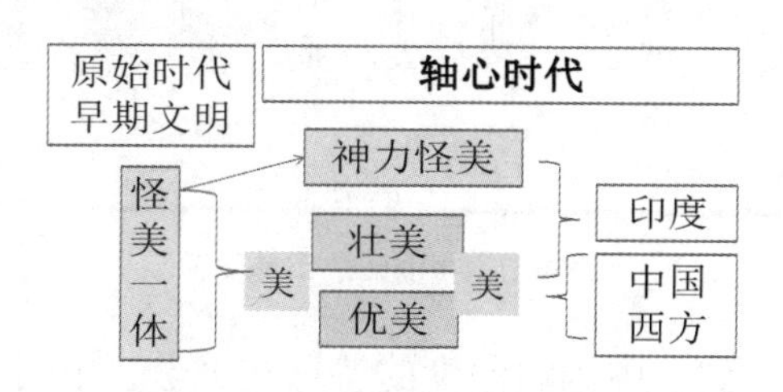

图4–8 审美类型的演进主线

在轴心时代理性主导中，印度的梵我一体和中国的天人合一，都体现为美的主导，虽然印度的美是神界的神力怪美和人界的优美壮美的合一，中国是人界的壮美和优美的合一，但都体现为美的世界。西方是人界分为已知世界以及在这一基础上的人对未知世界的无知和对上帝的原罪，形成了人发展的知识进化直线和仰望天堂的上升赎罪直线，美不仅分为已知世界的壮美和优美，而且在已知世界，分为当下级别的正常世界的美，低于当下正常级别的喜，喜一方面在当下社会美感结构中处于低位，这低又与历史相连，从历史的眼光看，应当进入历史而消亡而确又进入历史而存留在当下，而且往往显示为一不小心就回到以前历史去了的非正常之喜。另外就是未知世界的悲，悲和喜在西方构成了与美并列的两大类型。在中国和印度，都存在悲和喜，但悲和喜是在美之内的，或是美的组成部分，或是最后要转为美。一般来讲，喜是美的一个组成部分，悲也是美的一个组成部分，但悲达到了一定的程度，似乎将要走向独立，最后都会转向为美。在印度，就是由悲的幻相世界转为梵的本质世界。割肉贸鸽的尸毗王以整个身体投向称上装自己已割下的肉的一端之时，神显出世界的原貌：鹰鸽皆神的幻化。在舍身饲虎的最后，饲虎乃前世的修行，是成佛的一个必有阶段。这样，悲因与最后成佛的结果紧密相连，而转成了美。在中国，悲无论怎样呈现，最后都进入大团圆之喜，倘若悲至于死，那么，或者像《牡丹亭》的杜丽娘那样，死可生，走向团圆，或像《精忠旗》的岳飞那样，平反昭雪，一家获皇上表彰。悲是美的一个组成部分。因此，轴心时代以来的审美结构，一是印度美学的美的体系，呈现为神力怪美、壮美、优美的统一，是在空幻结构基础上的以神为中心的美；二是中国的优美和壮美的统一，是以天人合一的以天道运行为中心的圆转之美；三是以已知未知世界为核心的美、悲、喜的三分。中西印的审美类型，可以图示如下：

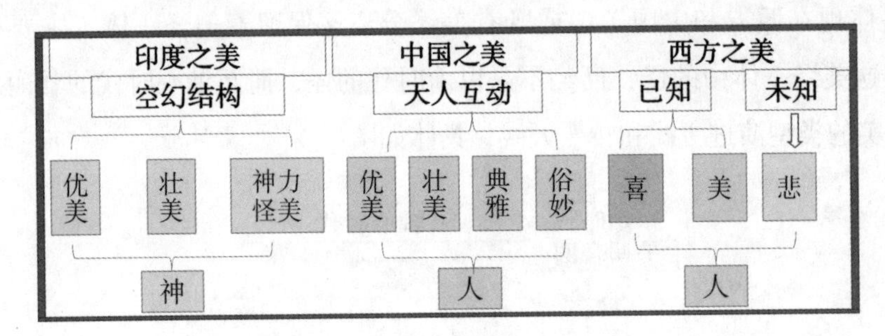

图4-9　中西印的审美体系

从图4-9中，可以看到，中国和印度的特点在美上，中国之美在天人互动以人为核心的优美（阴柔之美）和壮美（阳刚之美），印度之美在空幻结构中以神为核心的优美、壮美以及神力怪美。西方是美、悲、喜的分立。在中西印的比较中，印度以神为中心特别是在美怪互幻中的神力怪美具有独特性。中国的天人互动的优美、壮美、典雅、俗妙，把美作了最广最深的展开，具有独特性。西方的美、悲、喜三类型，美与印度的神之壮美和优美，与中国的人之壮美和优美有更大的交会处，但悲与喜却具有丰富性和独特性。因此，本书审美类型的具体讲解，以印度的神之美、中国的人之美、西方的悲和喜为重点进行呈现。

印度审美类型的特色：神在宇宙轮回中的多种美相

印度文化之美有一个巨大的特点，就是以神为中心的美。神，一方面与终极之梵相连，是梵的体现；另一方面与人相连，进入生活世界，这样神之美，既有与人相同的一面，此时神之美即人之美，也与其他文化的人之美在外在形象上相同，神之美又有超出人的一面，这时神之美以人所没有的形象，如四面、六臂、牛头马面等在其他文化中属于怪的形象出现，但从印度文化自身看，这些不同于或超越于人的形象，不是怪异，而乃神力的体现，属于神之美。这样印度之美，一方面体现为与人同形同性的形象，另一方面体现为与人异形异性的形象。后一方面在中西印的美学比较中，更能突显印度之美主要作为神之美的特点。

印度宇宙是以时间为主的空幻结构，现实世界由空性本质幻出，既然为幻，那么，人神共为幻是顺理成章的，神的超于人的能力是可想象和肯定的，于是通过神之美，就可以完全体现出整个宇宙的美。在人神共处的宇宙中，以神之美为中心，体现世界之美，成为印度美的必然。印度是一个不同民族整合起来的社会，最初的哈拉帕文化处在北印度的交通道上，后来的雅利安族进入，不但与哈拉帕文化互动融合，而且不断南进，由印度河地区到恒河地区到德干高原，最后至印度全境，与各地的本土文化互动融合。这一融合最后形成三大主神，创造之神梵天，是在融合中以雅利安为主而产生的结果，毕竟是雅利安的进入及扩展，创造出了多元一体的印度文化。保持之神毗湿奴，是在雅利安的原典《梨俱吠陀》中就有，但地位并不重要，后来加上很多本土因素，而升为主神，印度的保持在宇宙和生命轮回的生-住-异-灭（或曰成-住-坏-空）中，包含持续存在之“住”和同时不断变化之“异”，简而言之，就是主体在与客体、他者、环境的互动中生成着变化着，毗湿奴象征了雅利安与本土文化的结合，而且以一套化身体系，把这一融合的进程体现了出来。毁灭之神湿婆，是完全从本土文化中提升上来成为主神的，在雅利安人来之前的哈拉帕文化中，有湿婆的原型，如一位做瑜伽状的巫王型人物与各瑞兽处在和谐的关系中，本土各文化在与雅利安互动中一代代轮回入灭又灭中重生，所积淀的思想厚度，使湿婆上升到主神的高位。象征着生、住、灭永恒轮回的三位主神，创造主神梵天（Brahma），在语言构成上去看，它与宇宙的本体之梵（Brahman），与最高种姓婆罗门（Brahmin），与主持仪式的祈祷主（Brhaspati）都有内在关联，是一个与来自文化内在核心结构展开又关联起来的织体。特别是作为宇宙本体的梵，存在于宇宙中的一切，也存在于三位主神，包括毗湿奴和湿婆之中，在这一意义上，梵就是宇宙之美，梵本空，宇宙之美的最高境界就是梵的空境，梵同时是最高美感之大乐。与梵紧密相关的梵天，却在创造了一个梵的世界之后，并没有世俗上的显赫地位，在印度各地，到处可看到毗湿奴的神庙和湿婆的神庙，但梵的思想却流动在各地的毗湿奴神庙和湿婆神庙之中。梵天作为梵的外显形象，一是其本相，可为英俊的年轻相，可为智慧的老者相，二者皆为与人同一的理性之美。梵天作为宇宙万物的创造者，为突出其涵盖一切的神力，常以一四面之相出现，特别是在与其他两位主神即毗湿奴和湿婆一道出现之时，四面成为其显著特征。四面象征空间的东西南北和时间的春夏秋冬，梵天的四面相，不是呈现为与人有异之怪，非怪与美的组合，而乃突出高于人之神，是神与美的统一。梵天创世之后，世之保持正常运转由毗湿奴掌管，世界不但具有万相和多样，而且不断地毁灭与再生，因此，毗湿奴的形象比起梵天来具有更丰富的多样性。为了突出毗湿奴对多个世界和多样世界的掌管，化身体系有必要突显出来。毗湿奴有十大化身：鱼（Matsya）、龟（Kurma）、野猪（Varaha）、狮面人（Narasimha）、侏儒（Vamana）、持斧罗摩（Parashurama）、罗摩（Rama）、克里希纳（Krishna）、佛陀（Buddha）、白马卡尔基（Kalki）。这十大化身，正好构成与历史演进相对应的形象序列。鱼、龟、野猪，都是动物形象，而且是从水中之鱼到两栖之龟到陆上野猪，到狮面人则升为兽中之王，这四大形象，都与降妖除魔、拯救世界相关，在狮面人中，演进到了人兽合一这一在古埃及中常有的形象。接着是侏儒，完全进入人形，但非正常人形和非正常形象中内蕴着超凡神人的神力。再接着是持斧罗摩强调了武力，然后是罗摩，文武双全，与持斧罗摩相比，文的一面更为突出。其后是克里希纳，呈现为既风流倜傥又法力无边的英俊美男，人的形象经过四次演进达到美的极致。然后是佛陀，这里，印度教把佛教的最高领袖作为毗湿奴的化身，具有一种宗教上的综合，佛陀不但是美的标准，还是宗教首脑和世界之王，成为真善美的最高统一，从美学上看，是美的最高境界。最后是白马卡尔基。印度宇宙是在不断毁灭和再生中的，当宇宙进入末世时，卡尔基将乘白马来救世，正如当年雅利安人乘马车带着青铜武器进入印度创造了一个新世界，亦如印度的马祭，使一匹骏马乘兴奔驰，所过之地便成为马主的领地，一个新王国由之而生。白马卡尔基强调着时间轮回中的世界重建和再次保持。

图4-10 四面梵天相

图4-11 野猪化身

图4-12 罗摩化身

图4-13 佛陀化身

毗湿奴的十大化身，既是历史演进线上与时俱进的不同形象，又是空间分布中生物层级中的不同形象，尽管化身之相有十类，但都与毗湿奴相关，是其化身，具有宇宙的神力，而这宇宙神力又分布于各大化身之上，构成了经典的形象体系。在这十大形象中，前四大形象都以动物形象或人兽合一形象出现，但其意义不是早期文明如埃及那样的美学内容，而是轴心时代印度思想中的美学内容，是神之美的不同体现。毗湿奴的十大形象，基本上体现出了印度之美的特点，如何把原始时代、早期文明之美，放进轴心时代的新框架中，作一新的提升，如何在印度之美与埃及之美的表面相同中，知晓内容的不同，是理解印度之美的关键。印度宇宙的主题是轮回，有生有住即有灭，湿婆为毁灭之死，死之后是再生（再生之生，可以是灭生死的梵境，可以是重入凡世的轮回）。在宇宙的时间之流中死与生的关联，使湿婆变得重要起来。湿婆最重要的形象有二，一是代表时间的宇宙之舞，环绕湿婆舞姿的圆圈，由朵朵火焰构成，象征一切皆在时间中变幻生灭。二是灵佳（男性生殖器）和优尼（女性生殖器）合一的象征阴阳之和的抽象。然而，从印度之美的整体来讲，毗湿奴的十大化身皆为男性。因此，在梵天和毗湿奴的形象体系中，虽然都有女性，梵天之妻萨拉斯瓦蒂（Sarasvati）是音乐之神，毗湿奴之妻拉克希米（Lakṣmī）是命运之神和财富之神，她从乳海中产生，光彩照人。萨拉斯瓦蒂和拉克希米皆有人形女性美的典范，但把印度的女性之美进行最大突出的是湿婆与女性的关系。印度文化是雅利安和哈拉帕的结合，湿婆来自古老的哈拉帕文化，世界文化在演进中都曾有母系主导的时代，雅利安人在进入印度时，已是父系主导，因此，主要来自雅利安的梵天和毗湿奴，虽有佳偶同在，但男性为主甚为突出。而湿婆来自哈拉帕传统，女性优势具有强大的影响。从语言所透出的痕迹看，哈拉帕的世界之母是萨克蒂（Shakti），雅利安的世界之母是戴维（Devi）。在后来的演进中，二者皆演进为一种由萨克蒂为名的女性能量。在最初的思想中，世界之母出现的时候，宇宙才能在阴阳之间获得平衡，运转不息。在后来的演进中，这一思想一直或多或少或强或弱地留存在各个宗教派别之中。在印度教里，即使是贵为三大神的梵天、毗湿奴、湿婆，也必须由萨克蒂（Shakti）来激发他们的活性。因此，大女神被视为创造性的源泉。每个不同的男性神明都有自己的萨克蒂化身，犹如西方精神分析学家荣格讲的，男性心理中有女性的因子，是不能消除的，一旦消除就会心理失常。这一思想在湿婆中得到鲜明的突显。湿婆在本土起源和融入雅利安主流文化的进程中，产生了很多形象，其中最为重要的一类，就是湿婆半女相，湿婆神的身体为一，但一半为男、一半为女。湿婆半女相在印度的图像（如下图）中极为丰富，透出此思想入人心之深。

图4-14　湿婆半女相四类

湿婆与女性的关系最为丰富，湿婆的第一位妻子萨蒂，为了湿婆的面子而投火自焚，开创印度女子为夫殉身的先例。然而，在印度的轮回转世的观念中，萨蒂又转世为湿婆的第二位妻子，雪山女神帕尔瓦蒂（Parvati），这位美丽女神在印度的众多图像中，不断地以湿婆正妻的形象出现。除了这位娇妻之外，湿婆还有两位大名鼎鼎的妻子，一是有战神之称的杜尔伽（Durga）女神，二是有黑女神之称的迦梨（Kali）女神。按印度观念的理路之一，可以说，帕尔瓦蒂是萨蒂的转世，杜尔伽和迦梨是帕尔瓦蒂的分身。因此四妻一体。按印度观念的理路之二，可以说四位妻子都是世界女神萨克蒂的化身，或进一步精细化和现代化，四位妻子都内蕴着萨克蒂具有世界意义的女性能量。四位妻子体现了印度女性形象的四个相位。萨蒂为丈夫自焚，一个符合印度种姓制度的完美的善的形象，对印度社会影响深远。帕尔瓦蒂，美丽和神力兼备且具有完美家庭主妇的形象，她有100年名号，突显她的100种性质，其中，母亲、生殖、食物、女王、山的女儿，以及爱、无敌、勇猛，都是其重要品质，相较于其他三妻，女性之美突显，是最美的女神和女人。杜尔伽作为帕尔瓦蒂的分身或化身，主要体现英勇无敌。杜尔伽多以美女形象出现，但却总为多臂，有六臂、八臂、十八臂，每臂皆握神器武器利器，她的坐骑或为狮或为虎，她的英勇和凶猛由多臂、武器、勇兽三大项突显出来。杜尔伽的英勇无敌是以美女之形象呈现出来，尽管妖魔鬼怪被她杀得胆战心惊，血肉横飞，但她仍以美女之身显形。与之相反，迦梨的英勇无敌却以魔女的形象出现，赤眼圆睁，口吐红舌，面带凶相，肤色蓝黑，身挂骷髅头骨串成的长链，手为六臂或十臂，除了挥舞各种武器，一臂还举提妖魔之头。女神的英勇在迦梨这里以妖魔、凶狠、残酷的方式出现。把帕尔瓦蒂、杜尔伽、迦梨三女神作为一个整体，帕女为美形神质，迦女为丑形魔姿，杜女兼有二者。这一整体可以作为印度女神的三面相，把三女神加上萨蒂作为一个整体，萨蒂是雅利安建立的种姓制度的夫为妇纲的完美代表，迦梨则突出了哈拉帕文化原有的母神至上观念。迦梨形象除了上面讲的妖魔残酷的诸要素之外，还有一项，迦梨踩在湿婆的身体之上起舞。萨蒂为夫殉身，湿婆为妻受苦，正为不同两极。关于这一经常出现的形象，言说多样，其一是因为迦梨杀魔之后，喜极而舞，震撼大地，湿婆为了保护大地，从根本上是为了世界的正常运转，只有自己躺在地上，使迦梨的狂舞停息下来；其二是迦梨杀魔兴起，多臂挥动，杀气汹涌，如星移斗转之舞，不能自止，神之喊叫与群魔悲鸣，地动山摇，湿婆只得躺在地上，承受迦梨之力道过甚之舞，使世界的运转得以正常。然而，由此透出，迦梨女神象征的，是死亡毁灭的恐怖一面，以恐怖的方式来警醒“物固有一死”的事实。迦梨的原型是（最古老的）宇宙之母，一切由之而生，由之而灭，后来当生灭分在湿婆四妻中，生主要由帕尔瓦蒂象征，灭主要由迦梨来体现。生灭皆在时间之中，因此，迦梨是时间之母，世界万物皆在时间中灭，物之灭在于血肉的干枯，血肉是在时间之中干枯的，这就是虽然人们不愿看到而又确实如此的真相，宇宙之母即时

图4-15　梵天之妻萨拉斯瓦蒂

图4-16　帕尔瓦蒂

图4-17　杜尔伽

图4-18　迦梨

间之母，即毁灭之母，迦梨以凶残之魔相呈现出来的舞，实际上是关于万物皆在和必在时间中死亡的这一事实，以及这一事实应当引起的震撼。在与湿婆相连的整体中，湿婆之舞以死亡之灭的一刻为焦点，向前和向后展开，向前回首何以灭，向后展望灭后新生，形成了宇宙的整体观，可以代表（梵天之）生、（毗湿奴之）住、（湿婆之）灭的时间全体，从而升华为整个印度思想的象征。迦梨之灭则是灭本身，特别是灭的残酷本相，从而引起对时间和人生的震撼，类似于佛陀降魔成道中美女转瞬变老变丑所引起的震撼。

湿婆四妻呈为四相，皆堪典型，在三主神的体系中，特别突显了女性之美。在迦梨女神中，还突显了印度之美另一重大特征，即正面之神可以用丑恶凶魔的形象呈现，而这一丑恶凶魔的形象给人的却不是如中国或西方的反面性的妖魔巫邪，而为与美俊形象在本质同一的正面形象。这是印度美学中的独特观念，是来自哈拉帕文化的观念，雪山女神、杜尔伽、迦梨，最初都存在于印度局部地域，在文化的互动和融合中，最后在印度教的演进中获得了普遍性。同样佛教也在与印度教的互动融合中进入密宗阶段，佛陀以及各种达到高级果位的佛和菩萨，也都具有两种面相，一是善相，与人的理想之美相同；二是恶相，以丑恶凶魔的形象出现，但这是表明佛陀和菩萨具有比妖魔鬼怪更大的法力。这一正神恶呈，美神丑现，不为恶而为善，不为丑而为美，是印度美感不同于中国和西方的一大特色。

印度教的内容可以上溯到婆罗门教、吠陀思想以及古印度河文化思想，并将之作整合提升，形成自己的独特形态，佛教和耆那教是轴心时代的新事物，因此形式上的理性内容比起印度教稍多。毗湿奴的十大化身体系是对历史悠长的时间演进，作一横向的共时呈现。佛教和耆那教则把生命轮回不已的生死，典型化为宗教创教者的生死历程。佛教的释迦牟尼和耆那教的筏驮摩那有着相似的经历，在佛教图像体系中，用四相图作了精要的归纳，四相也可以展开为八相、十二相乃至百相、百二十相，但百二十相、十二相、八相又可以简为四相。且以佛教为例，四相，一为佛的降生，此相在文艺上，要突出佛陀母亲的女性之美和新生婴儿的不凡之圣。二为降魔成道，此相在文艺上，要突出佛陀的男性之美，法力之最、心境之大。三是初转法轮，呈现了佛教真理的第一次传播，意味着一个广阔的弘法运动已经开始。四是双林涅槃，佛陀以自己的榜样，显示了人经由自身的努力，可以超越轮回，达到最高的涅槃境界。在印度教中，佛陀正好是毗湿奴十大化身之一，从印度思想的整体看，佛陀四相与毗湿奴十大化身，正好形成层套结构，体现了印度的美感体系。佛陀呈现的是人之美。关于人之美，印度教有《梵天尺度论》为印度美术描绘理想形象提供标准，佛教将之加以修改，成为《佛教造像度量经》，为佛教人体美的标准法式。当佛教演进为密宗，佛教的形象体系与印度教的形象体系，在内在本质和外在体现上，大为趋同。这里，不但有佛的头像、立像、坐姿、动姿，而且有佛与菩萨的多头相，呈现印度美学似怪而实美的观念，有凶恶相，体现似魔而实神的美学观念。

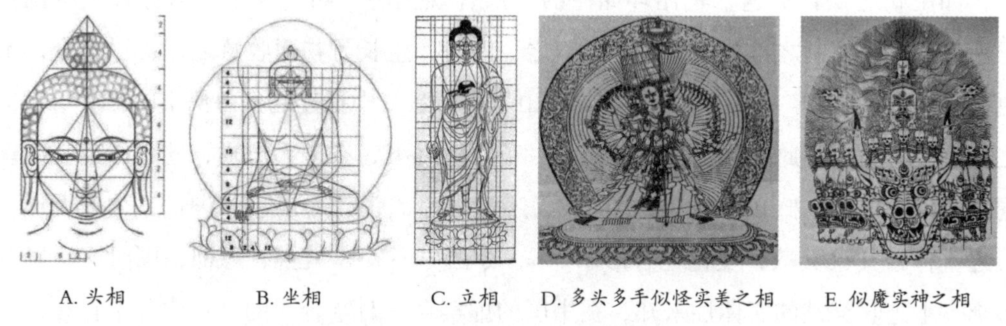

A. 头相　B. 坐相　C. 立相　D. 多头多手似怪实美之相　E. 似魔实神之相

图4-19　佛像之美的结构和类型

图片资料来源：李翎《佛教造像量度与仪轨》，上海书店，2019。

总而言之，印度之美，以神之美为核心，神之美展开为一个丰富的体系，把人的理想之美包括在其中，又超越人之美，而以神的美丽和多样呈现出来。

中国审美类型的特色：人在天人互动中的多种美象

中国文化之美的主型，是由进入轴心时代时所建立的理性思想的特点所决定的。中国人对宇宙的整体，不是像印度那样，归为本体之梵和空，及其所体现出来各宗教的神系，形成了以神为主的美感体系，而是将以神为主的怪力乱神各相都归为在本体上由虚体的气的流动而产生，宇宙之气主要体现为理性的人和人在其中的以日月山河为主的天地人的理性运行，人之外的神以及怪力乱，一方面可以将之边缘化，存而不论，敬而远之，另一方面从宇宙之气的正常与偏离的角度去看待和处理，通过仪式乃至法术去与之对话，从而保证世界在君臣父子夫妇朋友的人的理性世界中运行。因此，中国的美感世界主要是以人为核心，即以君臣父子夫妇朋友为核心的家国天下的人的美感世界。中国人对于宇宙的整体，也不像西方那样，以上帝和Being（形上实在）为本体，分为已知和未知的实体世界。西方的已知世界在中国成为以君臣父子夫妇朋友为基本结构的人和以日月星山河海为基本结构的天地，天地人都在宇宙整体中有规律地运行，这一有规律的运行即为道，道有三义，一为形上的本体之道，二是本体之道的运行，三是这一运行体现为天地人中各种具体之物之事的运行。可以说，道一体三义而又三义一体。这一宇宙的运行如春夏秋冬，如干支交会，如人之生长老死，如王朝之兴亡更迭，是循环如一的。从客观上讲，如《管子·形势解》所说："天，覆万物而制之；地，载万物而养之，四时，生长万物而收藏之。古以至今，不更其道。"①从主客上讲，如杨简在《象山先生行状》中描述陆象山悟出的："千百世之上有圣人出焉，此心同也，此理同也，千百世之下，有圣人出焉，此心同也，此理同也。"②西方的未知世界，在中国成为宇宙之虚，张载《正蒙》讲："太虚无形，气之本体，其聚其散，变化之客形尔"③，令西方不安、紧张、恐怖，同时又激励其追求、上进、突破的实体性未知，在中国的虚实合一时空合一的宇宙中并不存在，宇宙整体已为圣贤在本体上所掌握，正如宗炳《画山水序》讲的"圣人含道映物，贤者澄怀味象"④。从根本上讲，中国的圣贤对宇宙整全的全知，信心满满，没有未知。主要在于，宇宙在本体上被设定（形上之道），在行运中被认识（运行之道），同时运行既有规律又生动灵活，所谓"日新日日新"。同时，人在运行的变化中去作与时俱进的修正补充，与天合一。西方的未知在中国转成了已知，从而中国之美，一方面没有了西方美学因未知世界的存在而产生的西方型的悲剧、崇高、荒诞、恐怖，另一方面不存在西方美学因已知世界的知识增长、历史升级而划分出落后于时代的过去之物（而为低下之喜）与现在运行的正常之物（而为正常之美）。中国之喜，不是低于时代，而是处在宇宙和文化本有的尊卑结构中与雅正相对的俚俗卑位。因此，从本质上讲，中国的悲和喜都在美的范畴之内。因此，中国美学的主型，与印度有异，不是以神之美为主，而是以人之美为主。与西方不同，没有与美不同质的悲和喜，而是悲和喜都在美中占有位置。对于喜，以"群"的目的去观，笑引起的是乐之此世的美感；对于悲，以"怨"的标准去看，悲引发命运之叹和慈悲之心。当悲和喜都为美所包容，不断地趋向美，中国的美感主要以美为主。在中西印的比较中，中国之美的主

---

① 颜昌峣：《管子校释》，长沙：岳麓书社，1996，第490页。

② 《陆九渊集》，钟哲点校，北京：中华书局，1980，第388页。

③ 《张载集》，张锡琛点校，北京：中华书局，1978，第7页。

④ 王伯敏、任道斌主编：《画学集成》（六朝—元），石家庄：河北美术出版社，2002，第12页。

型，体现为天人合一的（相对于印度之神的）人之（相对于西的悲和喜而来的）美。中国美学重在美，悲和喜都与美紧密关联，从而使中国之美相较于西方和印度，显得特别丰厚深蕴多样多姿。具体来讲，至少有如下七个方面：一是宇宙之美的正的一面，即宇宙整体演进之美，体现为阳刚阴柔之美，重在整体之和；二是宇宙的运行之美，体现为岁时节庆之美，重在体现运行之道；三是天下地域之美，重在东西南北各地的多层级多面相的风俗之美；四是王朝的政治之美，体现为朝廷的威仪之美，重在等级之威；五是士人之家的典雅之美，体现为士人的庭院之美，重在生活之雅韵；六是社会的生活之美，体现为民众的表演之美，重在生活之奇趣；七是宇宙之美的变的一面，体现为宗教之仪，重在天命之畏和超越之向。下面就这七大方面之美依次呈现。

先看宇宙结构之美。中国的宇宙，大而言之，分为阴阳，就天地论，天阳地阴；就天上论，日月为阳而风云为阴；就日月论，日为阳而月为阴；就山水论，山为阳而水为阴；在方向上，东与南为阳而西与北为阴；就人而论，男为阳而女为阴；就君臣论，君为阳而臣为阴；就父子论，父为阳而子为阴；就数字论，奇数为阳，偶数为阴……应当可知，阴阳是中国型的观看事物的方式，是以整体为基础去给具体事物定性，而不是以个体为本位去给事物定性，因此，阴阳是功能的、相对的，又因时因景而变化，还是互含的，能换位，可分殊，又是可综合的。分殊之后，还要因其具体性质而给予不同命名，如天之茫茫，以虚为主，地之有形，以实为主。为了对天地性质上的不同点进行突出，可以如《周易》讲的："立天之道曰阴与阳，立地之道曰柔与刚。"给所观察之物，定一个时空界围，对界围之内的诸物，作出为阴为阳的定论。定论之后，还要明白，物是在时间流动中和普遍关联中的整体，切莫有"守株待兔"之"执"，亦不要有"刻舟求剑"之"住"。《周易》讲"一阴一阳之谓道"，这里的道，既作为宇宙整体之道，更是讲宇宙中万事万物的运行之道。运行总是体现为现象，从而一阴一阳的运行，就有了美感，姚鼐正是在这一意义上把世界之美，从天与地的基本性质归纳为两大类，阳刚之美和阴柔之美，他在《复鲁絜非书》中说："天地之道，阴阳刚柔而已。文者，天地之精英，而阴阳刚柔之发也。……其得于阳与刚之美者，则其文如霆，如电，如长风之出谷，如崇山峻崖，如决大川，如奔骐骥。其光也，如杲日，如火，如金镠铁；其于人也，如冯高视远，如君而朝万众，如鼓万勇士而战之。其得于阴与柔之美者，则其文如升初日，如清风，如云，如霞，如烟，如幽林曲涧，如沦，如漾，如珠玉之辉，如鸿鹄之鸣而入寥廓。其于人也，漻乎其如叹，邈乎其如有思，暖乎其如喜，愀乎其如悲。”[①]这里，从人物、社会、自然、艺术的方方面面，讲了中国之美，无非阳刚和阴柔两大类而已。不仅把君朝万众的威仪型崇高和军鼓震天万夫勇战的激烈型崇高，都归为美，而且把暖暖的快乐之喜与愀乎的深沉之悲，也归为美。总之中国文化中的各种各样的美，都可以总归为两大类：阳刚之美和阴柔之美。以阳刚阴柔论美，重在阴阳之和。和，从大处讲是天地之和，时空之和；从小处讲，是事物之和，心理之和。当然，阳刚之美与阴柔之美，一方面各有其美，另一方面从整体上看，又是有等级的。《乐记·乐礼》讲：“天尊地卑，君臣定矣；卑高以陈，贵贱位矣。动静有常，小大殊矣。方以类聚，物以群分，则性命不同矣。”[②]物与物不同，有自己的特点，各有不同又包括等级的高下。中国人在社会与自然的互动中，用社会结构中的等级观念来看待自然，给了自然以等级的性质，又用有等级的自然来看待社会，使社会的等级具有了天道的基础。中国之美，既是物的本然之美，在本然之美中又内蕴着等级之美。这在宇宙的基本结构，阳刚之美和阴柔之美的基本划分中，已经存在。

次讲宇宙的运行之美。人从地球上看，宇宙的运行，以日月交替一次构成一天，以月的盈亏显没一次为一月，以寒暑变化分季，以太阳南北回归为一年。以年的循环为尺度，分为二十四节气。自然变化的关键点，与人的活动的关键点合一，构成了文化上的节庆。顺利度过一年中的每一个节点，给人带来值得庆贺的喜气，人们为节庆进行的方方面面的组织，人的修饰，器物的美饰，行为活动的程式，内心的情感模式，共同形成了中国人的岁时节庆美感。从《夏小正》《诗经·七月》《逸周书·时训解》《管子·四时》《礼记·月令》《吕氏春秋·十二纪》等先秦文献始，呈现了中国型的岁时节庆之美。岁时庆节之美是把天上地下在时间变动中的自然现象，如某一节点、晚上早上哪一星在什么天空什么位置，地上的何种植物动物出现了，包括天上的星移斗转和地上的物候变化由何种宇宙之气推动，农业、手工业、朝廷的政治活动、政策运行，都由岁时节庆组织起来。岁时节庆之美，是由既关乎天又关乎人的事，组织起来的，因此，对岁时节庆之美，不是由具体的物去看，而是由与时间关联的事去看，由动态的事组织各方面的静态的物而形成。中国之大，层级地方不同，岁时节庆之美又显为多种多样。《礼记·月令》中的岁时节庆之美，是从朝廷的角度

---

① 王运熙、顾易生：《清代文论选》（下），北京：人民文学出版社，1999，第572页。

② 郑玄注，孔颖达疏：《礼记正义》，北京：北京大学出版社，1999，第1074–1075页。

去看，呈现出先秦时代朝廷之岁时节庆的美感体系；崔寔《四民月令》是从民间的家的角度去看，呈现两汉时代民间之家的岁时节庆的美感体系；六朝宗懔的《荆楚岁时记》呈现六朝南方以民间为主的岁时节庆的美感体系；明代陆启浤《北京岁华记》呈现明代北方以民间为主的岁时节庆美感体系。古代社会历朝历代东南西北，岁时节庆之美，甚为多样，但核心结构大致相同。且以北宋岁时节庆为例，孟元老《东京梦华录》呈现了一年中的岁时节庆：元旦、立春、元宵、清明、端午、七夕、中元节、立秋、中秋、重阳、天宁节、立冬、冬至、除夕。每一节庆皆有系列活动，且以其中的元旦朝会为例："正旦大朝会，车驾坐大庆殿，有介胄长大人四人立于殿角，谓之镇殿将军。诸国使人入贺。殿庭列法驾仪仗，百官皆冠冕朝服，诸路举人解首，亦士服立班，其服二梁冠、白袍青缘。诸州进奏吏，各执方物入献。"[①]然后是诸国使人，大辽、西夏、高丽、大理（云南）、交州（越南）、回纥、于阗（西域诸国）、三佛齐、南蛮五姓番、真腊（柬埔寨）、大石等外国使臣，全都着民族盛装进行朝会。第二天到大相国寺烧香，第三天，在南御苑进行中外射弓友谊赛，"京师市井儿遮路争献口号，观者如堵。翌日人使朝辞。朝退，内前灯山已上彩，其速如神"[②]。年去年来，每一节气和重要节庆，都是文化之美的呈现，成为诗人骚客的吟咏对象。在这些节庆中，除了朝廷活动引人注目，具体时代和个人的感受也是多样，如唐人曹松在立春日和宋人释文珦在立冬日，所感受到的，主要是自然的变化：

春饮一杯酒，便吟春日诗。
木梢寒未觉，地脉暖先知。
鸟啭星沈后，山分雪薄时。
赏心无处说，怅望曲江池。
——曹松《立春日》

吟行不惮遥，风景尽堪抄。
天水清相入，秋冬气始交。
饮虹消海曲，宿雁下塘坳。

① 孟元老：《东京梦华录笺注》，伊永文笺注，北京：中华书局，2006，第516页。
② 孟元老：《东京梦华录笺注》，伊永文笺注，北京：中华书局，2006，第517页。

归去须乘月，松门许夜敲。

——释文珦《立冬日野外行吟》

总之，岁时节庆是在中国的思想体系中，因“气之动物，物之感人”而引发的各色人等对人生天地间，在日、月、季、岁的时间流动中的人生感受。节庆之美在自然与人文的结合中以人文为主，如果在自然与人文的结合中以自然为主，就体现为朝暮四时之美，这是古代非常广泛的美感，渗透到各个方面，在中国诗画中也有充分的体现。郭熙《林泉高致》讲：“山朝看如此，暮看又如此，阴晴看又如此，所谓朝暮之变态不同也……春山烟云连绵人欣欣，夏山嘉木繁荫人坦坦，秋山明净摇落人肃肃，冬山昏霾翳塞人寂寂。”[①]欧阳修《醉翁亭记》说：“若夫日出而林霏开，云归而岩穴暝，晦明变化者，山间之朝暮也。野芳发而幽香，佳木秀而繁阴，风霜高洁，水落而石出者，山间之四时也。朝而往，暮而归，四时之景不同，而乐亦无穷也。”[②]

再讲天下地域之美。中国的地理环境，甚为多样，有高原、草原、平原、森林、丘陵、山岳、沙漠、沼泽、湖泊、江河、黄土、黑土、红土、白沙……多样性的地理环境在相互交织中又呈现为具有内聚性的整体。在东南面，是浩瀚的大海；在北面，蒙古草原之北山脉之外是寒冷无人的西伯利亚；在西面，葱岭和帕米尔高原以西，是漫漫无际的草原和荒漠。中国境内面向欧亚大陆的西面和北面，因高山和荒漠，而与之没有常规性的交往。这样，由大海、高山、荒漠围绕的中国，成为一相对独立的互动空间整体。中国古代把宇宙称为天地，又把整个地称为天下，各地因所在地质地貌不同，在与天互动中形成了各自的特点，这一特点一方面由天地互动而形成的各地的“风”的不同，造就了各地的“俗”的不同，从而造就了以“乐”为代表的美的不同。另一方面的风、俗、乐又构成了具有地域差异的以“方”为表征的方国。中国文化在形成之时的原始时代，苏秉琦、严文明有大致相同的划分，但都强调地域差异与互动一体的运行趋向，形成了严文明讲的“以中原为中心，逐层环绕的重瓣花朵结构”[③]。在早期中国的形成进程中，从考古学上讲，有良渚古城为代表的东南方国，崖子城为代表的东夷方国，石峁城为代表的西北方国，牛河梁为代表的东北方国，

① 王伯敏、任道斌：《画学集成》（六朝—元），石家庄：河北美术出版社，2002，第295页。

② 刘扬忠编选：《欧阳修集》，南京：凤凰出版社，2006，第167页。

③ 严文明：《中国史前文化的统一性与多样性》，《文物》1987年第3期。

石家河古城为代表的南边方国，陶寺城为代表的中原方国；从文献上讲，有徐旭生归纳的华夏、东夷、苗蛮三大集团①，最后，各地各方形成了天下一统的夏商周中央王朝，但大一统的中央，又承认和尊重各地的差异和特殊性。《诗经》中十五国风，不仅是以气候为代表的天之风气和以民俗为代表的地之风俗，还是诗乐舞合一以乐为主的美感。中华大地，地域众多，在各地的互动和融合中，最初突出的是东与西的差异和互动，傅斯年提出夷夏东西，讲的就是文献上黄帝和炎帝的西方诸族与蚩尤的东方诸族的不同与互动、争斗，以及商与夏和后来周与商的互动与取代，再后来的秦与东方六国的互动。扩而大之，包括汉唐王朝与西域及关联区域的互动，到清代朝廷与准噶尔的互动。与东西互动相关的是南北互动，南北互动包括两条大线，一是以长城为线的南边的农耕文化和北方的游牧文化的互动，一是在农耕和游牧互动的推动下的以淮河、秦岭为界的南与北之分，这一南北之分在中国古代占有主导地位。随着海上丝路自唐开始到宋达到一个高峰，南方文化又有南岭之南的华南和南岭之北的江南之分。只是南岭之南的文化尚未提升到应有的高度，中国就进入现代，因此，这一区分在古代未能得到突出。总体而言，中国文化地理，以层次丰富的东西之分和层次丰富的南北之分为主。文化如此，美学亦然。中国文化形成之时，西方以彩陶为主，东方以玉为主，彩陶进入东方各地的仪式之中，玉进入西方各地的仪式之中，青铜来自西亚，经中国境内西和北而传遍东和南各地的仪式之中，这时呈现北方草原、北方中原和南方青铜器在美感形式上的差异。可以说，从以伏羲黄帝为符号的远古到夏商周三代，以东西文化的审美互动和提升为主，春秋战国，《诗经》代表多元丰富的北方之美，《楚辞》代表浪漫深恣的南方之美。到魏晋六朝，文学和书法上的南北之美得到极大关注，这就是文学上的北刚南柔和书法上的北雄南秀，五代两宋，南北之美的区别在绘画上从荆浩、关仝、范宽和董源巨然的山水画中体现出来，宋金元明清，南北之美的不同从戏曲上的宋金元杂剧和宋元以来的南戏中体现出来。同时东西之分依然存在，只是处于副线，但也不时进入主流之中，如唐代与西域的关系激扬起来的边塞诗，进入主流，元清两代，藏传佛教的美感形式进入京城，白塔高耸，雍和宫佛香弥漫，同时，长城以北，西域深处，青藏高原，云贵高原，都有地域之美在各地辉耀。讲东西、讲南北，只是大者，从《诗经》开始，有十五国风显示了十五个地域的风貌。在清代戏曲，有以京腔、秦腔、弋阳腔、梆子腔、罗罗腔、二黄调等各地方戏，

① 徐旭生：《中国古史的传说时代》，桂林：广西师范大学出版社，2003，第4页。

呈现千姿百态的地域美感。但从大处讲，就要以多层次东与西和多层次南与北的美感互动，进行提纲挈领的把握。讲提纲挈领，除了南与北之美和东与西之美的互动，中国之美，还有更重要的一项，京城与各地之多层次之美。正如东西南北的人才都通过京城而集聚起来，东西南北之美都在京城得到了体现，正如《诗经》在十五国风之上，有雅，代表京城里朝廷的审美观念。总之，中国的地域之美，以京城为中心，以南与北和东与西的互动为主轴，丰富展开。如果说，唐代的长安之美，主要是通过西域与天下相关联，是以东与西为主而形成的“万国衣冠拜冕旒”（王维）的京城之美，那么，两宋的开封和临安之美，则主要因海上丝路，是以南北为主形成的“海色上寒梢，渐识桃花面”（林景怡）的京城之美。以京城为中心，把东西南北多层次地统一起来，以华夏—四夷—八荒的中心—四方—天下的动态方式进行运转，形成天下四面八方“各美其美”又“美美与共”的中华之美。这就是从《尚书·禹贡》就开始的五服观和从《诗经》开始的风雅观而展开的以京城为统领的东西南北的多层次的地域之美。

接着讲王朝的政治之美。在地域广大、族类众多而又统为一体的中华大地上，在东南西北族群融合而产生的朝廷所建立起来的权威，成为维系一体的基本方式。这在美学上的体现，主要有两个方面，一是制度性的建筑体系，二是制度性的服饰体系。建筑体系由《周礼·考工记》定下一个基本框架，将其参照到元明清的北京，则基本结构为：前朝后寝，左祖右社，前官后市，坛台四环。帝王临朝的宫殿放在中央，前朝（从大清门到太和殿）体现君臣关系，后寝的三宫六院体现的是帝王与自己皇室成员的家庭关系。前朝后寝是家/国的统一，居住/政治的统一。左祖右社，左祖是帝王能够拥有天下的最直接的保佑者：祖宗（血缘基础），以天安门东面（左）庄严宏大的祖庙体现出来；右社是帝王已经拥有天下的象征形式，即天安门西面（右）五色土形成的社稷坛，以东方青土，南方赤土，西方白土，北方黑土，中央黄土，象征天下一切土地。天地日月四坛和先农坛是帝王拥有天下的宇宙保佑体系，作为帝王行政的官署在天安门外两侧对称。王侯、大臣、市民的居宅则在皇宫之外的城中，集市在皇城的北面，现在的地安门一带。整个京城把中国文化天/地/人、神/祖/王、君/臣/民的结构关系以一严整的建筑形式表现了出来。皇城以南北纵轴线为中心对称排列，左祖右社，前朝后市，构成了一个有起伏有节奏而又严谨肃穆的整体。这是一个严格地体现了中国文化秩序和文化观念的建筑整体。同时，京城建筑本身又成了——天下样板的建筑法度之中。

中，凝结为皇城的建筑形式之后，无论建于何地，都是“中”，一个重要的原因，在于它是天下的建筑形式之“中”，即天下建筑的样板。《考工记·匠人》将城邑分为三级：一级为王城（天子的首都），二级为诸侯城（秦以前是诸侯封国的首都，类同于秦以后的省城、府城、郡城），三级为“都”（秦以前是宗室和卿大夫的采邑，类同于秦以后的县城）。王城以下的城邑，依爵位尊卑或等级高低，以王城为基准，按一定的差比依次递减。如城墙四角处（城隅）高度，王城九丈（雉），诸侯城七丈（等于王城的宫城城隅的高度），都五丈（等于王宫的门阿的高度）。这就是所谓：王宫“门阿之制，以为都之城制，宫隅之制，以为诸侯之城制”[①]。又如道路宽度，三级城邑东西向和南北向的正道（经纬涂）的宽度为：王城九轨（两辙之间的宽度为一轨，八尺，九轨，共宽七丈二尺），诸侯的城七轨（五丈六尺），大夫的都五轨（四丈）。也可以这样说，诸侯城的正道的宽度，相当于王城的环城道路（环涂）宽度，卿大夫采邑（都）的正道的宽度，相当于王城城郭外的道路（野涂）的宽度。以此类推，各级建筑的各个部分和细节都有严格的礼制规定。这种等级的递减原则，与各级官员职位服饰图案的原则是配套一致的。秦以后，只是把诸侯、大夫之地换为州、府、县而已，严格的等级性并没有改变。由于等级规定，在整个华夏核心区，即直接治理的郡县区域，城市和建筑都统一化、标准化，构成错落有致而又尊卑有序的整体建筑网络。无数小的众星拱月图汇组成一幅大的全核心区域的众星拱月图。整个区域内的一切建筑以有尺度的等级形式围绕着“中”——京城。这样，无论走到一个什么地方，仅从建筑形式，就可以知道，是州是府是县，同理，一到京城，其建筑形式就让你知道，这是天下之中。先秦时期的荀子提出了帝王之威的整体模式，宫屋之巨丽是一个重要方面。话说楚汉之争，刘邦和项羽在前方争战激烈，萧何在后方建了未央宫，甚为壮丽，刘邦回来看了很生气，大骂太浪费，萧何回应说：刘邦大人，您是什么人，您是天下的最高领导呀！别人怎么知道您是最高领导，怎么一看就从感性上尊敬您这个最高领导，是要靠一整套美学形式的。用《史记·汉高祖本纪》中的话来说，是“非壮丽无以助威”。天子的尊贵和威风是靠京城宫殿的壮丽显示出来的。约一千年后，唐人骆宾王《帝京篇》诗中表达了同一思想：“山河千里国，城阙九重门。不睹皇居壮，安知天子尊？”到宋代，苏辙《上枢密韩太尉书》讲了京城的美感教育作用：“至京师，仰观天子宫阙之壮，与仓廪、府库、城池、苑囿之富且大也，

---

① 郑玄注，贾公彦疏：《周礼注疏》，北京：北京大学出版社，1999，第1155页。

而后知天下之巨丽。”[①]从古代的相关文献，都可以看到这一制度的建筑形式，都是为建构关于中央/四方、天/人、君主/臣民的文化结构而实施的美学展示。京城，对于华夏核心区的建筑来说，是样板和尺度；对于四夷和八荒来讲，则要显示出中国作为天下之中所拥有的“远来人”“服四方”的天子气魄。四夷和八荒之人，只要来到京城，一定会由此感受到天下之中的壮丽和伟大。北京为什么有一个世界最长最壮丽的中轴线，因为这是由一个天下胸怀而来的京城的建筑形式，它想要获得的，不仅是华夏核心地区之中的感受，还是四夷和八荒之中的感受。这就是前面骆宾王的诗讲的作为天下之中心的“皇居壮”与作为天下之天子的“天子尊”的关系，中国的京城模式是以一种天下胸怀和天下观念来设计的，是以“九天阊阖开宫殿，万国衣冠日冕旒”（王维）的胸怀和现实来设计的。京城如此，各省各府各县的衙门建筑，以及各级政府官员的府第建筑，要表达的是相同的美感内容。一句话，中国政治建筑体现的威仪之美，重在等级之威，即朝廷的尊严。

随后讲家的典雅之美。这里的家，不是一般之家，而乃士人之家。士人之家就其建筑形制来讲，从周秦到两汉，都在朝廷等级结构的规定中，随着魏晋时代士人的自觉意识出现，在建筑上体现为士人私家园林的出现，这一士人的建筑美学，不仅影响到朝廷园林，而且随时代进一步深入演进，在中唐的白居易的中隐园林，达到质点，到宋代士人庭院得到完成，这一经过千年的美学积累而形成的宋代士人庭院，形成了中国家文化中的典雅体系。庭院是家的园林化的建筑体系，不但有与礼相合而造型规整彰显秩序的核心建筑，而且具有精致而趣味的文房，更带有赏心乐事的雅致园林。这样的家，不仅在建筑上是制度规定和个人志趣的统一，社会关联与审美个性的统一，还是中国文化在美学上千年演进的集中体现。庭院在建筑上，既为生活之地，又是审美之所。从韩愈《奉和虢州刘给事使君三堂新题二十一咏》中可知该刺史的小小宅园中就有新亭、流水、竹洞、月台、渚亭、竹溪、北湖、花岛、柳溪、西山、竹径、荷池、稻畦、柳巷、花源、北楼、镜潭、孤屿、方桥、月池诸景。柳宗元的《愚溪诗序》写自己的宅园，百步之内，已是溪、丘、沟、池、堂、亭、岛、花木、山石，等等。中国园林在技术和美学上的演进要点，即美的园林要有的四大项，置石（对奇石的设置）、叠山（即假山的营造）、理水（对水景的安排）、莳花（对植物的布局），在中唐之时，都已达到精美的程度。而宋人的文房，不但笔、墨、纸、砚

---

① 羊列荣、刘明今：《中国历代文论选新编》（宋金元卷），上海：上海教育出版社，2007，第59页。

精益求精，苏易简《文房四谱》、蔡襄《文房四说》、欧阳修《砚谱》、米芾《砚史》、苏东坡《砚评》……而文房中笔墨纸砚四宝，又关联着体系性的瓷，如笔筒、笔格、水丞、笔觇、墨盒、镇纸、印章、印盒、砚滴、臂搁等，这些器用的高雅，直接影响到宋瓷的主流风格，使宋瓷有了一种特有的雅气。在庭院中，士人的雅趣，诗、词、文、书、琴、画、棋，都成为生活怡乐的一个组成部分，还有在宋代兴起的充满雅趣的茶、香、文玩，也成为庭院生活的一个组成部分。刘克庄《满江红》说“把茶经、香传，时时温习”，文同《北斋雨后》写自己的日常生活“唤人扫壁开吴画，留客临轩试越茶”，陆游《心远堂记》讲“每与同舍焚香煮茶于图书钟鼎之间”，士人们在自家的庭院中，把分茶、着棋、写字、弹琴、品诗、赏画、玩古视为一律。周紫芝《湖居无事日课小诗》写“城居可似湖居好，诗味颇随茶味长”，可谓深知茶味。胡仔《春寒》“小院春寒闭寂寥，杏花枝上雨潇潇。午窗归梦无人唤，银叶龙涎香渐销”，颇得享香之趣。赵希鹄《洞天清录集·序》说“吾辈自有乐地，悦目初不在色，盈耳初不在声，尝见前辈诸老先生多蓄书法、名画、古琴、旧砚，良以是也。明窗净几，罗列布置，篆香居中，佳客玉立，相映对时，取古文妙迹，以观鸟篆蜗书，奇峰远水，摩挲钟鼎，亲见商周。端研涌岩泉，焦桐鸣玉佩，不知身居人世，所谓受用清福，孰有逾于此者”[①]，讲出了宋代士人对文玩的普遍爱好，并成为庭院生活中清福之美的一个组成部分。宋代士人不但把文玩、品茗、赏香、棋局、雅器与诗、词、文、琴、画关联起来，还把庭院中的客观之物和客观之景与主体的审美之心和审美之情紧密相连，构成了独特的雅致之美。《二程集·河南程氏文集·遗文》中，理学家程颐与朋友游玩，也有“看花，异于常人，自可以观造化之妙”[②]。《二程集·河南程氏遗书》（卷三）记载，周敦颐窗前青草长满，人问何不剪除，周答：“与自家意思一般。”[③]南宋理学家张九成《横浦日新》说，程颢自己也是这样，不芟窗前砌阶上生出的小草，是要“常欲见造物生意”。《宋元学案》在程颢专传中讲，他在盆池中养小鱼数条，也是要通过观鱼去体悟“万物自得意”。文学家们跟着学习和赞赏这一审美方式：张炎《祝英台近》说“水流空，心不竞，门掩柳阴早……但教春气融融，一般意思，小窗外、不除芳草”。张孝祥《和都运判院韵辄记即事》说

① 上海师范大学古籍整理所：《全宋笔记》（第7编二），郑州：大象出版社，2015，第5页。

② 《二程集》，王孝鱼点校，北京：中华书局，1981，第674页。

③ 《二程集》，王孝鱼点校，北京：中华书局，1981，第60页。

“盆池虽小亦清深，要看澄泓印此心”。这是士人的个别趣味演化为普遍趣味。这里最有名的是林逋对梅的欣赏，周敦颐对荷的欣赏，王贵学对兰的推崇。林逋《山园小梅》一诗，以最精彩的两句“疏影横斜水清浅，暗香浮动月黄昏”，把梅的欣赏与宋代士人的逸气推上了一个美学高峰。周敦颐《爱莲说》讲荷花“出淤泥而不染，濯清涟而不妖，中通外直，不蔓不枝，香远益清，亭亭净植，可远观而不可亵玩焉”，把宋人的庭院审美的中隐情怀作了象征的表达。王贵学《王氏兰谱》在松竹梅于唐宋形成岁寒三友又在南宋成为普遍话题之后，对兰作了一种士人美学的推广：“竹有节而啬花，梅有花而啬叶，松有叶而啬香，惟兰独并有之。兰，君子也。餐霞饮露，孤竹之清标；劲柯端茎，汾阳之清节；清香淑质，灵均之洁操。韵而幽，妍而淡，曾不与西施、何郎等伍，以天地和气委之也。”[①]也正是在这一时代，杨无咎、赵孟坚、汤正仲等，开始画兰。兰作为君子象征于此得到定型，在元代郑思肖等，明代文徵明等，清代朱耷、石涛、金农、郑板桥等画家中大放光芒。总之，宋代以来定型的庭院型的士人之家，集中了中国审美最精致最雅淡最人性的一面，是中国典雅之美的典型。

然后讲社会的生活之美。这里的社会生活的美，不是从皇宫到东西南北的各城镇各乡里的日常生活的美，而是社会发展到一定阶段被文化集中起来的表演艺术之美。具体地讲，乃宋代以后城市的公共空间聚集起来以营业方式进行表演而形成的专门的艺术美。以两宋京城的瓦子勾栏的商业表演为典型。这里的表演把远古的仪式表演、汉代的百戏表演、唐代宫廷教坊的表演，以及佛教传来之后在寺庙进行的宗教性和娱乐性的表演，进行了新的综合。孟元老《东京梦华录》“京瓦伎艺”，耐得翁《都城记胜》“瓦舍众伎”，吴自牧《梦粱录》“百戏伎艺”，周密《武林旧事》“诸色伎艺人”，对这一新型的美的体系组合，以娱乐场所为视点，呈出了基本结构。《东京梦华录》写北宋汴京的瓦子勾栏，列了约三十项，可归纳为七类：一、歌舞（主张、小唱、嘌唱、称心、散乐、舞旋）；二、戏曲（耍秀才诸宫调、商迷、合生）；三、傀儡戏（般杂居、枝头傀儡、悬丝傀儡、药发傀儡）；四、影戏（弄乔、弄虫蚁）；五、杂技（筋骨、上索、杂手剧、浑身眼、毬杖、踢弄、小儿相扑、杂剧、掉刀）；六、笑类节目（说浑话、叫果子）；七、说书（讲史、小说、神鬼、说三分、说五代史）。《都城纪胜》写南宋临安的瓦子勾栏，罗列更多，总归起来，歌舞乐有了大的展开，大类就有：散乐演教坊十三部，杂剧部种类亦多，诸宫调，细乐、小乐器、清

---

① 范成大等：《范村梅谱（外十二种）》，刘向培整理校点，上海：上海书店出版社，2017，第87页。

乐、小唱、嘌唱、叫声、动听鼓板、杂扮。百戏也有展开：相扑、踢弄（包括上竿、打筋斗、踏跷、打交辊、脱索、装神鬼、抱锣、舞判、舞斫刀、舞蛮牌、舞剑、与马打球、并教船上秋千、东西班野战，等等）、杂手艺（包括踢瓶、弄碗、踢磬、弄花鼓捶、踢墨笔、弄球子、筑球、弄斗、打硬、教虫蚁，及鱼弄熊、烧烟火、放爆仗、火戏儿、水戏儿、圣花、撮药、藏压药、法傀儡、壁上睡，小则剧术射穿、弩子打弹，攒壶瓶即古之投壶，手影戏、弄头钱、变线儿、写沙书、改字），然后是各种傀儡戏和影戏，再是说书各类，如烟粉、灵怪、传奇、公案、说佛、说史等。最后是商谜，各种各样与猜谜相关的游戏。这些都市娱乐演出，每一种都有自己的技术和巧妙，用吴自牧《梦粱录》的话来讲是“百戏伎艺”。而且从北宋开始，各类伎艺，都有名角，如小唱中的李师师、徐婆惜。用《梦粱录》的话来讲是“艺术高者”①。《梦粱录》把整个伎艺分成四个部分：一是妓乐，基本如《都城纪胜》中的歌、舞、乐全部，以及包括官妓和私妓的各种样式和名角。二是百戏伎艺，基本如《都城纪胜》中的百戏。三是角抵，乃对抗性表演，属于百戏中的特殊一类，包括各瓦市的集体对抗赛。四是小说讲经史。这四部分中二和三可以归为一类，因此基本上为三大类：一是各类歌舞戏曲，二是各类说书，三是各类百戏。《武林旧事》不仅从瓦市勾栏，而且从整个京城包括朝廷在内来讲“诸色伎艺人”。排列如下：一是为朝廷服务的伎人，如御前应制（文人）、御前画院（画家）、棋待诏（棋手）；二是说书伎艺，如书会（写说书脚本）、演史、说经浑经、小说；三是歌舞乐伎艺，如影戏、唱赚、小唱、嘌唱、鼓板、杂剧、杂扮、弹唱因缘、唱京词、诸宫调、唱耍令、唱《拔不断》、清乐、舞绾百戏、傀儡、神鬼；四是笑话节目，如说浑话、商谜、学乡谈、装秀才、吟叫；五是百戏，如撮弄杂艺、泥丸、头钱、踢弄、顶橦、角抵、乔相扑、女飐、使棒、打硬、举重、打弹、蹴球、射弩儿、散耍、合笙、沙书、教走兽、教飞禽虫蚁、弄水、放风筝、烟火、说药、捕蛇、七圣法、消息。这里较有意思的是把朝廷应制的诗人、画家、棋手，等同于瓦子勾栏中的艺人。如从艺的技术一方面和都要迎合伎艺表演的内在要求来看，确有本质上的相同。由以上四本两宋的著作对伎艺的呈现，总的说来，基本上可以分为三类，一是歌舞乐和戏曲，二是各类说书，三是各类百戏。这一由各类伎艺综合起来的社会表演之美，以能让花钱买票进场的人感到快乐为主要目标。这新型的美，一方面按市场规律演进，另一方面又在与文化中各种其他审美类

---

① 吴自牧：《梦粱录》，西安：三秦出版社，2004，第316–317页。

型的互动中演进。其主要方向，是从表演产生中国戏曲，戏曲以做、念、唱、打为主，把表演性的技巧、说话的技巧、武打的技巧、歌唱的技术，进行了既适合观众欣赏取乐，又适合艺术本身的提升。另一方面，说书在进入戏曲的同时，还演进为专门的白话小说和相声艺术，表演又形成专门的惊险的杂技和说唱结合的曲艺。其中特别是在与士人趣味的互动中，在小说类产生了具有浓厚文人意识的小说，如《水浒传》《三国演义》《西游记》《金瓶梅》，以及后来《红楼梦》《儒林外史》《姑妄言》，戏曲产生了具有深厚文人意识的戏曲，如昆曲和京剧。当然由于表演艺术本身的社会公共性和大众性，小说和戏曲中更多的是大众小说和大众戏曲。特别是戏曲，演进为各种地方戏，贴近观众和贴近生活的特点得到了更大的突出。总的说来，各类表演艺术之美，都有一个共同的特点，基本上是由社会地位低下的艺人组成的卖艺的娱乐领域。这一领域的伎之艺与士人庭院的玩之艺有所交叠，宋代以来官僚的家中都养有歌伎舞乐，各类伎人的家中器具也深受士人趣味的影响。然而，从大的形态上看，士人庭院的玩之艺与瓦子勾栏的伎之艺构成了雅与俗、精英韵味与大众趣味的本质区别。而这种公共场所的表演之美，重在生活、娱乐、休闲之美，一方面强调贴近观众的俚俗尖新直露，另一方面也突出奇、妙、趣的审美境界。

最后讲宇宙之美的变的一面。宇宙之美自夏商周建立了朝廷专祭天地社稷之后，以京城的天地日月社稷坛为核心，展开为各山各水的大小神祇，以京城的社稷坛为核心，展开为东西南北的城隍庙土地庙，以皇家的祖庙为核心，展开为东西南北各家各族宗祠，以皇家的帝陵为核心，展开为东西南北各家各族的墓茔，构成整个天下一体的宗教建筑之美。然而，这一各地的城隍庙土地庙、山水神庙，主要保佑各自之地和各自的山水，各家的宗祠墓茔也是主要保佑各家的子孙，朝廷虽应保佑天下，但首先也是保佑自己的皇子皇孙，这里在天下为公的“公”上，还是有所稍阙。因此，体现为江山易主，改朝换代，但在神灵之“公”上还不能完全自洽，正因此，印度佛教乘此而入，以一公共的宇宙之神的面貌出现，中国的本土宗教，各山各水之神，既在佛教的挑战中，也借佛教的助力，而建立起了道教。在中国，佛教和道教，一方面既是服从于朝廷的，这体现佛寺建筑和道教建筑完全在皇家建筑的体制安排中进行，其基本方式，按照皇宫的基本格局但以低于皇宫一级的方式营建；另一方面又超越于朝廷，这体现在佛教和道教的主神，释迦牟尼和太上老君，在思想体系上和位格排列上，都高于当今的皇帝，当今皇帝有需要时对之保护和加持，以期朝廷的长久存在和天下太平。佛寺和道观在地理分布上，由京城而州县乃至乡里，更主要是遍布名山大川，这样，在京城的佛寺和道观具有保佑朝廷的功能，省城县城的寺观，也有保佑本省本县的功能，而名山大川特别是深山密林中的佛寺道观，则有了一种超越朝廷和市俗的与宇宙本体相连的另一功能，道教在修身上，佛教在养心上，都与朝廷和市俗之身之心不同。道教之身，是要成仙的，佛教之心是要成佛的，这是多少皇帝权贵富人千方百计欲得而终未成的。从而，佛教和道教成为朝廷和儒家的一种补充，同时也使中国人的心灵开拓得更为丰富，当然也使中国之美有了一种新的形态，这就是由京城而省县而乡里，特别是东西南北各名山大川中的佛寺道观，以自己特有的建筑形式、雕塑形式、壁画形式、音乐形式、文学形式，还有香、茶以及各种工艺所呈现出来的佛教艺术和道教艺术之美。如果说，以朝廷为核心体现儒家思想的美是一种正体，那么，以佛道为核心的各种艺术之美则是一种变体，但正因为有这两种变体，中国的宇宙方得到了更全面的体现，中国的以宇宙之心为心的人世之美，才有了更完整的落实。在佛教四大菩萨的四大名山中，观音的普陀山、普贤的峨眉山、文殊的五台山、地藏的九华山，以及各大佛教之山中，展开了佛教之美的一个又一个世界，使中国人的心灵多了一种放飞的方式，去参悟人生之深邃。在道教以霍童山、霍林洞天、泰山、蓬玄洞天、衡山、朱陵洞天为始序的三十六洞天，以茅山地肺山、峤岭石磕源、白溪东仙源为始序的七十二福地中，一个又一个的道教之美在山山水水中出现，使中国人的眼中，多了一种美的图景，去体会天地之玄奥。

佛教是从印度在不同时段经北路中路南路三个方向传入中国的，最早是经中亚沿丝路进入中国，从新疆到甘肃到内地，呈现为从克尔孜石窟、敦煌石窟、麦积山石窟，到云冈石窟、龙门石窟、大足石窟等非常丰富的艺术之美。然而从西域来的不只是佛教，汉唐以来粟特人在丝路贸易中占有优势，在粟特人的聚居区都有祆教的祆祠建立，于阗、石城、高昌、北庭、伊州、敦煌、武威、张掖、洛阳、幽州，皆有祆祠，长安城内，有六座祆祠。基督教也随丝路传来，在唐为景教，在元为也里可温教，到明清以基督教为名。伊斯兰教也随丝路而来，特别是在元代，先归顺蒙古的色目人，在元代占了第二的社会高位，其信仰的伊斯兰教因之而有较大影响。因此，中国古代以佛教和道教为主，多种宗教为辅，共同构成宇宙之美中变和补的一面，并渗进中国文化的总体结构之中，使中国之美更为丰富多彩。

以上中国之美的七个方面，第一、第二、第七，可归入阳刚阴柔之美的结构，第三、第四应为典雅之美的两类，第三、第六属于俗妙之美的两类。这样中国之美，可四言以蔽之，约同于西方壮美的阳刚之美，约同于西方优美的阴柔之美，典雅之美，俗妙之美。

西方审美类型的特色：人面对未知世界的多种悲境

西方的审美类型，与印度和中国不同，是美、悲、喜三分。其中的美，建立在与宇宙整体一致的现代理想上。这一点关涉西方美学的根本内容，放到下一讲去说。西方之喜，在于历史与现在的对比。历史中低于现代新知的现象与由现代新知而来的现象之间的对比，显出其低于当下的可笑来。由之而来的西方之喜，在审美类型上的营造，在本讲第二节第三小节中已经基本呈现，这里不再细讲。西方之悲，由世界中已知和未知的对立而来，悲来自未知世界中比人强大且与人敌对的现象，面对这样的现象，人用自己所拥有的世界整体的本质之是以及人必然由不知到已知的进化直线，去与之面对，将尚未把握的现象，变成正在对之进行认知的对象，这就是由世界整体本质而来的美的形式，去面对尚无法把握的现象内容，形成由二者构成的悲的审美形态。西方实体-区分型思维决定了西方之人一直处在从已知到未知和把未知变为已知的进行路线之中，自轴心时代以来，每一时代所面对的未知都是不同的，从而西方之悲的审美形态，呈现为多样性。从时代来讲，基本可以分为四类，从古希腊开始的悲剧，从近代开始的崇高，从现代开始的荒诞，从后现代开始的恐怖。这四大由历史形成的悲的类型，同时又是悲的四个面相。下面分别叙之。

先讲西方之悲的面相之一：悲剧。

悲剧是西方之悲最早的美学形式。从其在古希腊诞生始，就把西方之悲的特性突显了出来。西方之悲是人在进化线上向前行进时，面对未知世界而产生的冲突。虽然西方文化的进化总的来讲是一条上升直线，但具体来讲又非常复杂，充满了回环往复。古希腊悲剧写得最好的索福克勒斯的两部最著名的悲剧《安提戈涅》和《俄狄浦斯王》充分体现了这一复杂性。这两部悲剧还呈现了西方悲剧的两种类型。西方文化的认识从具体之是开始进入到个体的本质之是（substance）和整体的本体之是（Being），个体的本质之是，给个体之人有了自主信心的勇气，人应当在自己的理性思考中决定自己应当怎么做，并为自己的所做负责。整体的本体之是中包括了已知和未知两方面，已知给人以信心，而未知给人以意外，这一人所不能掌握而把人带进悲剧的未知，被希腊称为“命运”。希腊人从早期文明进入轴心时代的演进，在社会结构上体现为从重血缘之家的社会结构向重非血缘的公民社会的演进，《安提戈涅》体现了这一社会结构在演进之中所产生的冲突。新任国王克瑞翁代表城邦的利益，从国的原则出发，明令禁止任何人给城邦的敌人波吕涅刻斯进行传统性的安葬，以强化国的尊严。安提戈涅作为波吕涅刻斯的妹妹，从血缘出发感到使自己的哥哥入土安葬是作为妹妹的责任。在一个转型的时代，代表国的尊严的克瑞翁和代表家的原则的安提戈涅，都有自己的正当理由和支持者，只是前者拥有大权，体现为表面上的全体支持，后者因有深厚传统而体现为内心支持。最主要的是希腊的新的思想，从“现象之是”到“本质之是”中的“个体之是”（substance）给了人的个体以主体的独立性，安提戈涅和克瑞翁作为独立的个体深深地感受到了自己的本质，决心按自己的理性所认识的自己的本质所应有的方式行动。安提戈涅明知自己这么做有“可怕的风险”，甚至可能去死，但她一定要这样做，倘必有一死，她也要选择“光荣的死”。同样，克瑞翁也自觉地意识到作为国王的本质，他宣告他的“魄力”就是要尊敬爱城邦的人，严罚害城邦的人。当盲瞽先知忒瑞西阿斯告知了他严重的后果，他仍坚持自己的理性思考和国家利益，但最后感到因自己的未知确可能带来后果时，已悔之晚矣。安提戈涅虽然对自己必然这样做自哀自怜，但在悲诉自己（尚未成婚，还没享受过新婚的快乐）的可怜命运后，毅然赴死。她的男友海蒙是克瑞翁之子，看到女友之死，也殉情而死。儿子死后，克瑞翁之妻欧律狄刻因痛失亲子也饮剑身亡。客观的规律，对于西方由现象之是到本质之是的思维来讲，更为复杂，充满未知。希腊悲剧安排了歌队，从更高角度来思考现实的悲剧，剧中的两句名言（分别由歌队在剧中和歌队长在剧尾所讲）在整个希腊悲剧中一再反复出现。第一句是“人们的过度行为会引起灾祸”①。悲剧的主角是上等人即社会精英，而他（她）们按个体的本质之是固执地直线走去，往往引出悲剧。西方思维必然有的未知，又使具有主体性的主人公一定要直线走去，遭遇必然的悲剧。第二句是“是凡人都逃不了注定的灾难”②。悲剧是希腊人在人神分离后走向理性的“凡人”一定有的命运。希腊三大悲剧家写了一个又一个悲剧，伴随着希腊文化的演进。如果说《安提戈涅》呈现了希腊文化演进中家与国的缠绞时代，那么《俄狄浦斯王》则是希腊城邦完成这一历史进程之后，对这一进程的复

① 《索福克勒斯悲剧五种》，罗念生译，上海：上海人民出版社，2016，第38页。

② 《索福克勒斯悲剧五种》，罗念生译，上海：上海人民出版社，2016，第56页。

杂性的一种回望。俄狄浦斯，不仅与克瑞翁一样，处于国王之位，为城邦利益竭尽全力，而且还与安提戈涅稍同，作为个体，面对命运，按自己的本质之是用理性去勇敢地面对和行动。俄狄浦斯用尽了方式要逃避杀父娶母的命运，但终归逃避不了，父亡娶母是游牧文化的悠久传统，希腊人是来自里海之滨的雅利安游牧民族，承继这一传统甚为自然，杀父是希腊神话三代宇宙主神的传统，第一代主神乌拉诺斯被儿子克洛诺斯杀死并取而代之，克洛诺斯作为第二代主神又被儿子宙斯杀死并取而代之。杀父娶母是两大传统文学象征，这一传统在俄狄浦斯时代已成众人皆知之恶和天下皆知之悲。俄狄浦斯的故事隐喻、浓缩、典型化了希腊历史在演进中的绞缠复杂。俄狄浦斯一诞生，其父拉伊俄斯作为忒拜国王就得到神谕，此人要杀父娶母。拉伊俄斯为避免这一悲剧欲杀子绝祸，但父心不忍，只得刺其脚踝，派人扔进荒野，使其自亡，谁知却被牧羊人收养，取名俄狄浦斯（意为肿疼的脚）。接着牧羊人把俄狄浦斯送给了无子嗣的科任托斯国王，俄狄浦斯长大后在一次与人喝醉酒的吵架中，被人骂为假子。俄狄浦斯去问神，神并不回答他的问题，只说他将杀父娶母。为了逃避这一悲剧，俄狄浦斯出逃而去，在一个三岔路口与出行的生父拉伊俄斯相遇，双方为争道而冲突，结果俄狄浦斯杀死了生父。俄狄浦斯竭力逃避这一命运却终归逃避不掉，隐喻着这一历史演进之漫长。观念已变，现实依旧。与俄狄浦斯杀父娶母紧密关联并得以最后完成的是俄狄浦斯与司芬克斯的相遇。狮身人面的司芬克斯在忒拜城边路旁，出一个以人为谜底的谜语给路人猜：

> 早上四只脚走路，
> 中午两只脚走路，
> 晚上三只脚走路。

猜不出就一口吞吃，人已经成人，还不知道什么是人，该被吃。当不少忒拜人都命丧狮怪之口时，俄狄浦斯来了，一下就猜出谜底：这是人！人出生时，两手两脚趴在地上爬，是四只脚走路；年轻力壮时用两只脚走路；年老力衰，需用一根拐杖，是三只脚走路。谜底猜出，司芬克斯羞愧难当，跳崖自尽。俄狄浦斯成了解救忒拜城的英雄，成为国王，娶了前国王的遗孀实为自己母亲伊俄卡斯忒。表面上，俄狄浦斯猜出了由司芬克斯掌管着的人是什么的秘密，知道了什么是人。实际上，却杀父娶母而不自知，不是人。这里暗蕴着两种什么是人的观念的转变。理性的希腊，杀父娶母已经过时，且为天地不容。因俄狄浦斯不自知的恶行，瘟疫在忒拜流行开来，俄狄浦斯一定要找出导致瘟疫的杀死前任国王的凶手，不顾知道内情而又为他着想的人的劝阻，最后真相大白，杀死前国王即自己生父的凶手是自己，娶母亲这一不应有的实行者也是自己。这里，俄狄浦斯坚持个体的本质之是运行的理性，连先知忒瑞西阿斯的话也坚决不听并斥为愚蠢，固执地按自己的意志实行，最后真相大白，王后伊俄卡斯忒也含羞茹恨自尽。俄狄浦斯觉悟于人无法认清的未知这一事实，刺瞎自己无法看清未知的双眼，自担罪责，离开忒拜，流浪四方。当人在西方由现象之是到个体本质之是的理性运作之中，就一定面对着未知世界。《俄狄浦斯王》的最后，用歌队长的口，讲出了西方人运用西方思维在把世界分为已知未知两个部分之后，必有的悲剧困境："当我们等着瞧那最末的日子的时候，不要说一个凡人是幸福的，在他还没有跨过生命的界线，还没有得到痛苦的解脱之时。"[①]实际上，希腊悲剧要启迪人的是：不管你是否会遭遇到像俄狄浦斯那样的命运，倘若遇上，一定要像俄狄浦斯那样去勇敢地面对命运。西方的悲剧，从希腊的命运悲剧，到莎士比亚的性格悲剧，到易卜生的社会悲剧，到奥尼尔的现代悲剧，虽然在具体内容、社会面相、审美类型等方面，不断展开和深入，但本质上，仍在《安提戈涅》《俄狄浦斯王》所表现的西方特质上，即由个体的本质之是而来的人的主体性与未知世界在与之互动时的未知不确定性的关系。

次讲西方之悲的面相之二：崇高。

如果说，悲剧突出的是人在一个已知未知二分世界中的困境，那么，崇高在强调已知未知二分的同时，抬高了宇宙整体的作用。这个宇宙整体之是自文艺复兴以来，包含两方面的内容，一方面是唯一的上帝。由希腊罗马思想与希伯来思想结合而产生的基督教中，上帝与希腊诸神不同，希腊诸神遇上人类分歧时，如希腊联军与特洛伊战争，每位神各自支持自己愿意支持的一方，宙斯也无法使之统一立场。基督教的上帝，消灭了所有的异教之神，独自成为宇宙的主宰。人信仰上帝都可以提高自己的决心，去面对未知。另一方面是文艺复兴以后，理性和科学的发展和升级，使人的整体力量得到大大提高，增加了征服未知的信心。正是在这样的历史条件下，美学上的崇高产生了出来，成为西方之悲的主要面相。面对未知世界，悲剧强调的是要勇敢地走向未知，尽管结果是死亡；崇高彰显的则是化未知为已知，变对象为主体，让未知成

① 《索福克勒斯悲剧五种》，罗念生译，上海：上海人民出版社，2016，第113页。

为人类的伟大证明。崇高，虽然其词汇在古罗马就出现了（这与罗马帝国在征服整个地中海形成庞大帝国相适应，朗吉弩斯在《论崇高》一文中说，崇高是伟大心灵的回声。他讲的崇高完全与罗马帝国精神相一致，是主体性的，在古希腊以来的普罗泰戈拉的“人是万物的尺度”和俄狄浦斯的固有“命运”的两面中，对前一面的强调），但只有到了近代，崇高才升级为一个美学类型。自近代以来，谈崇高的人甚多，英国的柏克《关于我们崇高与美观念之根源的哲学探讨》（1757）和德国的康德《判断力批判》（1790）关于崇高的言说，抓住崇高作为美学之悲的类型实质，以及这一审美类型在近代西方的时代意义。柏克和康德的理论，并不是要把与未知世界相连的客观对象指认为崇高，而是要讲未知世界的与人敌对、令人恐怖的客观对象是怎样成为与人相合的崇高的。崇高不是一种本然存在某处的客观对象，而是因人的审美观照而产生出来的审美对象。因此，崇高是一种主客互动而产生的审美现象，应当从审美过程中去加以解说。第一，崇高，对于审美主体来讲，来自与未知世界相关联的客观对象。这些对象，柏克从其物体或物理特征上，举例甚多：形体上的巨大（如高山、大海），力量上的强大（如猛虎、毒蛇、恶狼等），视觉上的模糊（如密尔顿诗歌中的鬼影魅形、异教寺庙内的黑暗等），感觉上的困难（如布满刀尖的地面、迈进即陷入泥底的沼泽等），感受上的无限（难以渡过的无边大海、无法穿越的无尽沙漠等），让人睁不开眼的眩光，使人看不清物的暗色，令人难以忍受的恶臭，还有各种的突然性（暴雨顷刻而至、响雷击树震天、敌兵如从天而降、刀光闪闪、血肉横飞），如此等等，但这些形象之所以形成崇高的客观基础，柏克强调了其内在的根本性质：与人敌对、令人恐怖。敌对的事物之令人恐怖，在于其与未知世界相连，人看不清、摸不透、识不了。因此，这些与未知世界相连的对象，给人的感受就是，可怖。康德对柏克的众多举例进行了简化，归为两类，一是从量上看，体积很大（远远大于人），二是从质上看，力量很强（远远强于人），人欲对之进行把握却真的把握不了。这类客体，一时间让人感到沮丧、无力，总之有一种极大痛感。在痛感中，主体感到自己的渺小、无能。这是与未知世界关联的客体之大与强和以已知世界为基础的主体之小与弱的强烈对比。如果，主体与客体仅此而止，那么，没有崇高，只有可怖。柏克和康德都讲了，这些比人强大、与人敌对的对象虽然存在并使人感到可怖，但如果，人处在安全地带，对象仿佛很危险其实又危及不了人。这时人就可以对之进行观赏。正如在坚固的房中看窗外的大雨倾盆，正如在剧场中看台上杀人流血。然而，面对所有与人敌对、令人恐怖的对象，真正的安全地带是已知世界，包括人所掌握的知识和技术，以及对宇宙整体的本质之是的认知。当人从最初的痛感中回过神来，想到人所能够而且可以处在安全地带的这两点，同时就把人从个人的渺小提升到了人类作为类的整体伟大，想到人类的知识、技术、思想、宗教的伟大，这时就会感到，人作为类比前面讲的种种与人敌对和令人恐怖的对象要强大要伟大，一旦有了这一思想转换，与人敌对令人恐怖的对象，不但激起了人欲与之一争高下的勇气，而且想到人类历史以来屡战屡胜的伟绩，对象的巨大与猛力，反而成为人类自身崇高的一种象征，人从对象中感到了自身的崇高。这一崇高感与对象的外在形体和内在力量的同构性与相通性，使人把崇高赋予了对象，对象所有巨大与猛力都变成了主体的巨大与猛力，正是在人与对象的同构感和同一感中，巨大且具有猛力的对象从未知世界中脱离出来，成为人的已知世界的对象，人感到了人在天地中的力量和伟大。这时，人的心理从痛感转为快感，这一与痛感连在一起的审美快感不是一般的美感，而是崇高之感，正是在主体的崇高感中，与人敌对和令人恐怖的对象也蜕变转化为与人同一的崇高对象。崇高由审美过程而产生，经历了由客体与未知相连而来的大，以及由之引出主体之小的痛感，到主体引入人类之大或与人一体的上帝之大，使主体由小变大，转痛感为崇高感，进而，主体的心理之大把客体的个体之大从未知世界中剥离开来，转为与自己同一已知世界和宇宙整体之大，主体的崇高感投射到客体的巨大和巨力上，客体成为与人心相通的崇高客体。总之近代的崇高以一种审美类型，增强着人面对未知世界的信心，勇敢地进入历史的进化之线，去征服未知，创造历史，提升人类的审美境界和文化境界。

再讲西方之悲的面相之三：荒诞。

西方思想在现代以来的升级后，并没有改变已知世界和未知世界的结构，但却改变了两个世界的思想，而且改变了与两个世界关联着的世界整体的本质。以前由欧氏几何、牛顿、黑格尔明显存在上帝所代表的思想，被非欧几何、爱因斯坦隐匿起来的上帝取代。西方文化由已知与未知的冲突，变成了两个方式的冲突，在已知方面，是知识范式的改变，在未知方面，上帝的隐匿造就了诸神的再起，由已知与未知冲突而来的美学之悲，出现了各有侧重的两个面相，在已知世界的知识范式的改变方面，审美之悲出现了荒诞这一审美类型，在未知世界的范式改变方面，出现了恐怖这一审美类型。具体来讲，荒诞主要是从已知世界中理性思想的范式改变而来，恐怖主要是从未知世界中宗教思想的范式改变而来。先讲荒诞这一面相。

西方近代思想的科学和哲学理论，主要建立在四对概念之上：世界与自我、规律与唯一、必然与偶然、历史与可能。在四对概念中，前者支配后者，构成了西方近代的知识范式。而进入西方现代，被支配的四个概念，在新知识的升级中，摆脱了前者的支配，形成了知识范式的转型，美学的荒诞，又从这转型中产生出来。

世界与自我。近代思想中，统一性的世界的整体，作为个人的自我存在于世界之中，是其组成部分。人是一个小宇宙，它与大宇宙和谐共振。重要的是，自我是由世界决定的，不管这被决定，是以人对理性和规律的服从方式，还是以人对上帝的顺从方式，总之是被决定的。自我不能自己把握和认识自己，只能通过从属于上帝，或认识规律，才能认识自己和把握自己。人通过对人的本质的认识、宇宙统一规律的认识、对上帝的信仰，把自己安顿在稳定的整体之中，像行星围绕太阳旋转那样，让整体的性质来决定自我的一切。然而，现代思想揭示了，人的本质并不是一个固有的抽象物，宇宙并不是不受时空变动影响的固定模式，上帝本是人按照自己的形象虚构出来的偶像。当人们发现自己虚构的真实性的时候，就不再把真实的虚构作为上帝来信仰，尼采宣布上帝死了。爱因斯坦追求宇宙的统一场并未成功，即使成功了，也不会是宇宙的统一场，而是宇宙的一部分（虽然大得惊人）的统一场。作为小宇宙的人，怎样与一个相对的宇宙和谐共振呢？自我失去了依托，失去了根，他只能自己决定自己。现代文化作为近代文化的深入，显出了近代文化所决定的追求依托和追求本质，本为虚幻，从而把近代思想中世界与自我的关系破坏了：不是世界决定自我，而是自我决定自身。

规律与唯一。世界统治自我具体说来就是规律支配个别，整个世界都是由规律所支配，自然界按自然规律运动着，人类社会由社会规律、历史规律支配。人违反了规律就要受到规律的处罚，人掌握了规律就会获得自由，这是近代思想中科学和哲学给人的信心。然而人们究竟怎样去获得规律，他所获得的规律又具有怎样的性质呢？相对论、非欧几何、不完全定理、波普的证伪理论、库恩的范式理论等动摇了规律的绝对性、普适性。特别是在社会、历史、人的领域，以前认为是铁的规律，一些属于统计规律，即概率，另一些从个别归纳出来的一般规律，完全舍去了个别的丰富性。这两种规律只能从作为类的人来看问题，指出类的活动的运行特点、趋势，而完全不能说明单个人的丰富性和单个人的命运。你可以从规律和逻辑上掌握交通事故以一定数量发生的必然性和将发生在一切进行交通活动的人身上的可能性，但规律永远说明不了为什么偏偏是我遇上了车祸。你可以懂得许多恋爱的原理和规律，但它解决不了为什么偏偏是我碰上了失恋。而且更重要的，不是在我已经遇上车祸或失恋之后用规律、逻辑、理论去说明它，或用它来说明规律、逻辑、理论，不是这些规律对我的遭遇有意义，而是我的遭遇本身对我才有意义，是我在遭遇中独有痛苦对我才有意义。存在主义不是从类，而是从个人本身来说明个人的独特意义，类是不能说明个人的，这个人只属于这个人，坚决反对黑格尔的理念统治个人的克尔凯郭尔就在自己的墓志铭中写上：唯一者。当上帝、绝对理念、普遍规律像如血的残阳沉落之后，个人的独特性如一颗颗闪烁的繁星在夜的蓝空闪亮起来。

必然与偶然。从世界的统一性、从规律、从类来看待人的活动，当然要强调必然性的力量，再偶然的事物和事件，下面也有必然性在起作用。在近代思想中是必然支配偶然。现代文化不从统一性、规律、类来看问题，而从个别、从“这一个”来看问题，必然要得出偶然的重要性。地球的出现是偶然，并非只要有恒星的演化，就会有地球，按概率，在一定量的恒星系统中，会出现一定的地球类行星，但问题的关键是这个地球。单个人的出生也是偶然的，有父母就会有子女，但不一定是你，某一精子与某一卵子的结合概率是非常小的，差一秒钟，结合就会变化，当然同样会怀上一个小孩，但已经不是你了。每个人都有幼少青壮老，这是必然的，但你有着怎样的幼少青壮老则是偶然的。在上帝消失、绝对理念陨落、因果论为概率论取代之后，从具体的事物、具体的人出发来研究他们的具体性，唯一能承认的就是偶然性。偶然性就是说，他可以出现，也可以不出现，可以这样做，也可以那样做，没有一个高于他的存在物或显或隐地决定他必然是这样，他必须这样。

历史与可能。现代思想的统一性、规律、必然经达尔文的进化论进入自然史，然后又进入人类历史。黑格尔在哲学中给统一性、规律、必然以一种历史的展开，同时也把历史纳入规律和必然之内。现代思想在冷落统一性、规律、必然的同时，也抛弃了历史进化的必然。历史并不是命定的由低级向高级的必然进化。历史本身也是具体的，它充满着各种可能性，就是重要的历史变更和事件也不是必然的。不是哥伦布必然要在某年某月横渡大西洋，不是法国大革命早在地球诞生以前就注定要发生在1789年7月。个人在历史中也不是作为历史的工具，或者推动历史前进而成为英雄，或者阻碍历史前进而成为坏蛋。个人是作为人而非工具而处于历史中，不是历史决定他的行动，而是他自己决定自己，选择自己的行动，创造自己的命运，人的命运不是历史的必然，而是敞开的可能。

现代思想一旦在世界与自我、规律与个别、必然与偶然、历史与可能这些传统的对子中崇尚自我、个别、偶然、可能，它就彻底地打碎了这些对子。世界、规律、必然、历史一旦遭到贬斥、拒绝，就不再对自我、个别、偶然、可能起牵制作用。自我、个别、偶然、可能在存在哲学中进行了自我重组。新的组合诞生了西方现代的一个重要的概念——自由。人是自由的，这是萨特反复严肃申说的一个主题。正是在由存在主义讲得最清楚明白的具有现代性的自由概念里，孪生了西方现代的另一个重要概念——荒诞。荒诞的人，这是加缪严肃地反复讲说的一个主题，也是弥漫在整个存在主义思潮乃至整个西方现代思想中的一个主题。存在主义的自由，是没有了上帝的自由，否定了规律的自由，离开了必然的自由，与这种自由紧密相连的必然是一种荒诞。自由和荒诞是一个钱币的两面。在上帝、规律、秩序中度过了漫长岁月的西方人在进入现代的自由境地时，还带着非常沉重的逃避自由的心理，因此，现代的自由越是清楚地展现在眼前，他们就越是强烈地感到一种荒诞感。20世纪上半期，荒诞成为一种有普遍性的文化形态。从科学上的海森堡、莫诺，到文艺上的荒诞派戏剧、意识流小说、超现实主义绘画等，无不在诉说荒诞观念。荒诞是西方思想升级后的心灵阵痛。荒诞的核心是人无法解释自己和世界，也无法相信现有的解释世界的理论，因此，人看不到生命的意义。加缪《西西弗神话》中的一段较好地反映了现代人的荒诞感：

> 一个哪怕用极不像样的理由解释的世界也是人们感到熟悉的世界。然而，一旦世界失去幻想与照明，人就会觉得自己是陌路人，他就成为无所依托的流放者，因为他被剥夺了对失去的家乡的记忆，而且丧失了对未来世界的希望，这种人与他的生活之间的距离，演员与舞台之间的分离，真正构成了荒诞感。[①]

荒诞是美学之悲的现代面相。以前的美的面相，悲剧、崇高，都是建立在理性和规律之上的，不管理性和规律是以科学的名义、哲学的名义，还是以宗教的名义，它都能给世界以一种标准、一个理想，从而赋予世界以意义。而荒诞则是对理性和规律否定后的产物。没有理性和规律，也就没有标准，人怎么做都行，人彻底自由了，这种自由是摆脱了上帝、历史、规律的自由；没有标准也就没有了理想，人怎么做都不能证明这样做从一个最后的标准来说是对的，因为本身就没有了最后的标准。因此，

---

① 加缪：《西西弗神话》，杜小真译，北京：三联书店，1987，第6页。

荒诞中没有崇高的心灵，也无悲剧英雄，只有荒诞世界中的荒诞的人。海根·史密斯在他玉润珠圆的散文中写道：

> 当我探索我的思想的根源时，我发现它们来自脆弱的机缘，诞生于一些现在还古怪地从过去向我闪烁的细微的瞬间，使我在十字路口转了这个弯的冲动是微弱的；那次会见平凡而又偶然；那根把我和我朋友联系在一起的线则细如蛛丝。这些都是十分奇怪的；更为神秘的却是那些用翅膀拂过我而又丢下我而去的瞬间；当命运之神召唤我，但我没有看见，当新生命在门槛上颤动了一秒钟；但话没有说，手没有伸，于是那可能的机缘抖了一下就消失了，梦一般的朦胧，湮没在虚无的荒域之中。
>
> 所以，对于日常生活以及其中的会见、言谈和事件，我从来没有不感到它们那种荒诞而危险的魅力。谁知道呢？今天，或是下个星期，我也许听到一个声音，于是收拾好行包，我就随它走向天涯海角。

这里，有荒诞的世界观、生活观、生命观。人的性质、经历、事件、行为，已经不能够用逻辑将之组织起来，还不能用一个什么规律，无论是外在于人的，还是内在于人的，来予以说明，也没有一个意义可以指导人应该如此还是不应如此。荒诞更明显地流淌在许许多多的现代派艺术中：荒诞派戏剧、黑色幽默文学、超现实主义绘画、偶然音乐、新浪潮电影……荒诞派戏剧的经典《等待戈多》中，两个流浪汉爱斯特拉冈和弗拉其米尔在黄昏的荒郊路旁一棵光秃秃的树下等待总是不来的戈多。这情节简单、了无冲突，缺乏故事的戏里，未出场的，总是等不来的戈多成了一个主题中心。然而，戈多是谁？象征什么？上帝？理想？生活的意义？戏中的等待者和戏外的观众甚至剧作者和表演者都不知道。人生、世界、行为、观念的不可理解和荒诞性，从人期待的外在存在是否存在、是否值得等待中表现出来。

然而，在美学之悲的荒诞中，仍内蕴着与悲剧和崇高相同的思想，这就是以个体的本质之是而来的主体性，去勇敢地面对荒诞。这从加缪的《西西弗神话》中体现出来。加缪认为，现代人的命运，犹如希腊神话中西西弗的命运。诸神处罚西西弗把一块巨石推上山顶。由于石头过大的体积和重量，每当西西弗刚把它推到山顶，它就轰轰地滚下山去。西西弗的命运就是一次又一次地把巨石推上山顶，每滚每推，一遍又一遍：

在西西弗身上，我们只能看到这样一幅图画：一个紧张的身体千百次地重复一个动作：搬动巨石，滚动它并把它推至山顶，我们看到的是一张痛苦的扭曲的脸，看到的是紧贴在巨石上的面颊，那落满泥土、抖动的肩膀、沾满泥土的双脚、完全僵直的胳膊，以及那坚实的满是泥土的人的双手，经过被渺渺空间和永恒时间限制着的努力之后，目的就达到了。西西弗于是看到巨石在几秒钟内又向着下面的世界滚去，而他则必须把这巨石重新推向山顶。他于是又向山下走去——以沉重而均匀的脚步走向那无尽的苦难。[①]

然而，加缪认为，由于西西弗完全清楚自己的悲惨境地，清醒地意识到自己的痛苦，他就通过蔑视而达到了自我的超越。西西弗认识到："如果有一种个人的命运，那就不会有更高的命运，当荒诞的人深思他的痛苦时，他就使一切偶像哑然失声"，"荒诞的人知道，他是自己生活的主人，在这微妙的时候，人回归到自己的生活之中，西西弗回身走向巨石，他静观这一系列没有关联而又变成他自己命运的行动，他的命运是他自己创造的"[②]。

最后讲西方之悲的面相之四：恐怖。

如果说，荒诞是西方型的主体在科学–哲学升级之后的理性思考，那么，恐怖则是在科学–哲学升级后的非理性思考。与荒诞主要是面对已知世界的思想范式改变不同，恐怖主要是用面对未知世界的宗教范式转变。1919年弗洛伊德发表文章，讲了恐怖类型的基本要点。20世纪后半期，恐怖成了美学的新热点、新时尚、新类型。简达（Ken Gelder）专门编了《恐怖读本》（*The Horror Reader*，2000），讨论了属于恐怖的十一个类型，呈现了恐怖是现代以来的思想升级使上帝隐匿之后，异教思想回潮，重获高位，与科学、哲学达到一种新的平衡和新的互动，超自然法则成为一种重要因素决定了对象和事件性质，恐怖成为一种带有普遍性的审美类型。恐怖是理性对魔幻世界的失控，又在这一失控中力图去把握这一失控而产生出来的审美类型。

在审美恐怖中的主体，是一个理性世界中的主体，因为人类业已进入到了一个以理性为主导的世界，从而作为恐怖类型的主要表现形式（即恐怖艺术）中的主人公，都是一个理性的主体，这一点区别于原始社会和早期文明中怪的审美类型中的前理性

---

① 加缪：《西西弗神话》，杜小真译，北京：三联书店，1987，第157页。

② 加缪：《西西弗神话》，杜小真译，北京：三联书店，1987，第160–161页。

主体，但这一主体面对一个怪异世界时，不能像怪的类型中可以把握怪的世界，从而能够以一种理性的方式对怪进行一种欣赏，而是面对怪异世界不能把握，这怪异世界就变成了魔幻世界。在恐怖类型中，主体明显地感到两个世界（理性所能把握的真实世界和理性不能把握的魔幻世界）的矛盾。魔幻意象突然撞进日常世界中来，打破了现实的理性秩序，只知道自然法则的主体面临着一个超自然的现象。这时，产生了恐怖的情感反应：震颤、刺痛、惊叫、恶心、反感、厌恶、惊悚、战栗、憎恶……突然出现的魔幻形象可以来自人间、深山、天空、海底，甚至外星，它们的形象是对理性分类和类型本质的一种违反和越界。这些恐怖形象，类型甚多，且举重要的四类如下：

第一类，对理性分类中的严格界线予以打破和违反，形成恐怖形象，如鬼魂、僵尸、吸血鬼、木乃伊、弗兰肯斯坦怪物、漫游者梅尔莫斯这类形象，它们既活而死，死而复活，是生死界线的矛盾和违反，从而呈现为一种恐怖；又如鬼屋、人的恶念、机器人，是对生命与非生命界线的矛盾和违反，本是无生命的物态，却变为一种生命，还具有物的形态，只是这形态显出了恐怖的狰狞，如斯蒂芬·金的《克里斯汀》里的那辆车，这个机械体具有了生命的特点：狼人、昆虫人、爬虫人，显出了一种吓人的恐怖。

第二类，把理性分类中不同的两类或两类以上的物体拼合到一起，形成恐怖形象。史蒂文森笔下最出名的怪物海德，被描述为拥有猿猴的特征，是人与猿的混合；霍华德·霍克斯的经典影片《魔星下凡》（*The Thing*）中，吸血怪物头脑聪明，有两条腿，形似胡萝卜，是运动与植物的混型；斯蒂芬·金的《死光》（*It*）中的怪物能变成任何其他的类型，是多种类型的混合。这一类型以其超越理性分类的方式出现，显示了人类理性的无力。洛夫克拉夫特（Lovecraft）《非常规恐怖》（*The Dunwich Horror*）中的怪物，蛋壳一样的壳子比农舍还巨大，全身都是蠕动的触须，数十条腿像十只大桶，全身像凝胶，好似各个蠕动的东西凑在一块儿，周身都是鼓出的大眼睛，几十个大象鼻子似的嘴巴，个个有烟囱大小，挂满全身，摆来摆去，身体还顶着半张脸，血红眼睛，雪白头发，没有下巴，如章鱼，如蜈蚣，如蜘蛛，又有点像韦特勒巫师……

第三类，以理性分类中的残缺形象出现，但这残缺显出的不是病态和无力，而是魔力和恐怖。脱离身体的肢体成为恐怖类型中常见的怪物，比如砍掉的头和单独的手，莫泊桑（Guy de Maupassant）的《干枯的手》、拉·芬努（Le Fanu）的《鬼手自诉》、戈尔丁（Golding）的《手的召唤》、柯南道尔（Conan Doyle）的《赤鬼手》、奈瓦尔（Nerval）的《魔手》、德莱塞（Dreiser）的《手》、威廉·哈维（William Harvey）的《五指兽》都是这一类形象。克尔特·西奥德马克（Curt Siodmak）的小说《多诺万的大脑》（*Donovan's Brain*）中的那颗装在桶里的大脑，电影《没有面孔的恶魔》（*Fiend Without a Face*）中的怪物是那些拿脊髓当尾巴的人脑，都以残缺的形象呈现出一派恐怖。

第四类，以在理性的分类中不可能是生命的无固定形态或气态或凝胶状等形象出现。洛夫克拉夫特和斯乔布（Straub）就通过模糊、暗示、缺失的方式描述怪物。很多怪物确实都被描述为无形体，如斯蒂芬·金短篇故事《木筏》中的怪物以油的方式出现，詹姆士·贺伯特（James Herbert）《雾》中的怪物以雾的方式出现，同类的形象还出现在马修·菲利普·希尔的《紫云》、约瑟夫·佩恩·布伦南（Joseph Payne Brennan）的中篇《史莱姆》、凯特·威尔赫姆（Kate Wilhelm）和特德·托马斯（Ted Thomas）的《克隆》中，电影《陨星怪物》和《太空先锋》中的怪物也属于这一类型。

以上这些形象之所以是恐怖，在于主体是一个生活于自然法则中的理性的人，理性的人与超理性的怪物相对，就产生了恐怖，在前面所讲怪的范畴中，怪的形象与恐怖中的怪物在本质上并无不同，但在怪的艺术里，当怪物出现时，总有一个比怪物更加大的善的力量来降服那些怪物，如《西游记》里的孙悟空，《聊斋》恶鬼邪狐故事中的和尚道士，而这些善的力量正是人类理性的一种喻体，最后总是理性获得胜利。在恐怖类型里，没有一种比怪物更强大的神力的形象，只有具有现实理性和科技武器的理性的人，面对恐怖形象的主体成了弱势的一方。在恐怖故事里，一是主体的毁灭，让恐怖之云罩在人们的头上，二是主体的胜利，但这一胜利不是必然的，而是偶然的，因此虽然胜利了，人还是感受到人类在面对一种超理性的巨大力量时的无力。

恐怖，正如荒诞一样，反映了人对于自己在宇宙中的位置的一种反思。特别是在这个分为已知和未知的二分世界中，未知的一样具有了妖和怪的性质，而这一性质常常进入到已知世界，这样，恐怖与崇高正好形成了西方美学之悲的两面，崇高是进取的，恐怖是防御的。悲剧、崇高、荒诞、恐怖，正为西方审美之悲的四方面，虽然各自是每一时代的主潮，但又同时存在于每一时代之中，具有一种整体性，都是由西方世界的已知和未知的区分而产生出来的具有西方特色的美学类型。

审美类型统合的当代努力：堪酷之美

自文艺复兴、科学革命、宗教改革、启蒙运动、工业革命以来，世界就从分散的世界史走向了统一的世界史，西方文化与各非西方文化在几百年的互动中，开始走向多元一体的整合，美学分类上也是如此，西方走向现代性进程以来，从现代文化向后现代文化转折，从20世纪五六十年代电视的普及开始，到90年代电脑-互联网的普及而完成，不仅对于西方文化而且对于世界文化，都极为重要。当此之时，一个重要的美学范畴产生了出来，这就是camp（堪酷）。桑塔格（Susan Sontag，1933—2004）在这一转折开始不久的1964年，发表了《堪酷札记》（*Note on Camp*），使这一重要范畴作为美学理论正式登场，并光芒四射，影响全球。克来托（Fabio Cleto）在这一转折完成的1999年，编了《堪酷美学读本》（*Camp：Queer Aesthetics and the Performing Subject：A Reader*），共选了包括桑塔格在内的26位作者的26篇文章，可以说是以桑塔格思想为中心的一次作者阵容的宏大展示和理论结构的全面展开，盖在宣告堪酷这一后现代美学和全球化美学最重要的美学范畴的完成。我们知道，西方的科学和哲学思想从近代向现代并在后现代完成升级，是从洛克、笛卡儿、康德、黑格尔这样逻辑严整的体系方式向散文化的后现代思想编排方式的演进，维特根斯坦、本雅明、德里达代表了这一思想风格，这一思想方式与印度的《奥义书》和中国的《论语》《老子》的方式甚有契合，标志堪酷在西方和世界美学登场的桑塔格用了这一方式，象征堪酷作为理论完成的克来托仍然用了这一方式。本来，堪酷得以出场且必须出场，建立在西方美学的本质性演进规律之中，但这一演进的现象形态使堪酷被包围在众多的因素中，特别是与媚世的浪花共翻互荡，从而使人们对其性质产生了“误解”，同样，堪酷在跨文化传播中进入中文世界，在中国美学与西方美学的各自演进和关联互动中在众多因素的作用下，同样围困在种种“误解”之中。

后一方面的“误解”从中国学人对camp的各类译词中显出。第一类是从风格上译：“矫揉造作”（田晓菲）、“假仙”（王德威，闽南语，指行为上的假装），这些词皆稍带贬义。第二类是从大的归类着眼：“坎普”（程巍）、“媚俗”（董鼎山），将之属于大众文化的审美之喜，我曾经将之译为“堪鄙”，也归入美学之喜一类。第三类是“好玩家”（沈语冰）、“敢曝”（徐贲）[1]，归在属于美学之喜的边缘亚文化。之所以有如此的“误解”，在于camp（堪酷），无论是从语言的字源上，还是从美学的来源上，都与美学之喜相关联。其字源严格地讲有些模糊，大致看去，如1909年的牛津词典所说，指的是把装饰的、夸张的、不自然的、戏剧性的这四个词叠在一起的文化现象，这一现象从社会各边缘文化中产生，比较突出的有由同性恋而来的男人女子气和女人阳刚化之味。更为普遍的是（虽甚有争论）与声名狼藉为主的媚世（Kitsch）相关联，或者就是以此为基础而产生出来，虽然其产生的目的，在桑塔格那里，本就是要将之进行正面提升，但其出身关联着名声已久的Kitsch（媚世）则不容置疑。因此，无论在西方，还是在中国，它都被归到了美学之喜的范围。但桑塔格的目的是将之从美学之喜的低级中提升出来，不仅从美学之喜的既定范围，而且从超越美学之喜的美学整体，成为后现代和全球化的核心观念。明乎此，对于camp，应当作一种新的思考和新的译名。简而言之，桑塔格推出camp的美学雄心，只有从美学史的演进逻辑，方可以得到更深的理解。因此，符合其美学雄心的中文之名，应当予以重译。从美学史讲，当西方美学从文艺复兴到19世纪末的近代向20世纪初以来的现代演进之后，主要有四大范畴，西方世界自古希腊以来，就分为已知世界和未知世界两部分，无论西方思想怎么升级，这一划分不变。在现代思想中，已知世界部分，格林伯格（Clement Greenberg，1909—1994）把美学范畴主要归为两类，大众文化的媚世（Kitsch）和精英文化的“先锋”（Avant-grade）。在对未知世界的思考中，有本雅明（Walter Benjamin，1892—1940）面对现代都市新景而提出的shock（震惊），有沃林格（Wilhelm Worringer，1881—1965）面对原始艺术而提出的abstract（抽象），有存在主义提出的absurd（荒诞）。Camp来自审美之喜，又超越审美之喜，并在超越之后再去看包括审美之喜在内的整个美学，但主要面对已知世界，从这一核心内容出发，camp可以因地因情因景兼音带义地译为多种中文词，在已知世界的两大概念中，当要强调其主要与大众美学的媚世一类的相似，可译为：堪普（堪称普通，贴近大众）、堪鄙（不避俚俗，堪称鄙下）；当要突出其具有精英美学的先锋内容之时，可译为堪哭（孤芳自赏，知音难觅，堪值痛哭）、堪不（独持偏见，一意孤行，坚决说

---

[1] 参陈冠中：《坎普、垃圾、刻奇——给受了过多人文教育的人》，《万象》2004年第4期；张法：《媚世与堪鄙：从美学范畴体系的角度看西方的两个美学新范畴》，《当代文坛》2011年第1期；徐贲：《扮装技艺、表演政治和“敢曝”（camp）美学》，http：//www.aisixiang.com/data/15469-4.html。

不）；然而，camp视野中的大众美学和精英美学，已经与媚世和先锋都有区别，camp对于无论是大众美学型的堪普、堪鄙，还是精英美学型的堪哭、堪不，都需要"点铁成金"，呈现出纯粹审美的cool（酷）来，就是在面对未知世界之时，camp也用了巧妙的审美加括号方式，将震惊、抽象、荒诞等负面心理，"脱胎换骨"为正面审美之cool（酷）来。就这一最后的结果看，将camp中译为堪酷，既可兼顾多面，又可突出核心，使这一新型审美范畴在中文获得正名。Cool（酷）这一因冷而热，融合冷热而来的具有日常普遍性和审美新意的词，又与camp理论强调的重点之一queer（阴阳互渗所呈之酷）在语音上相似，形成了一种来自大众文化又超越大众文化的具有普遍性的后现代美感，用来点明camp作为后现代美学范畴之"新"，较为合适。

（一）堪酷语境：逻辑关联

桑塔格讲堪酷，本就是从审美演进史来讲的，她将之定义为一种美学上的感受力（a sensibility），并从审美范畴的历史演进在当下的存在结构来加以论述。她说，感受力有三种，一是高级文化型的，基本上是道德性，也就是高雅和古典型，可以从亚里士多德的净化理论和贺拉斯的寓教于乐理论加以体会。二是先锋型的，由各种先锋艺术中呈现的情感极端状态体现出来，"靠道德激情与审美激情之间的一种张力来获得感染力"[①]。三即堪酷型"纯粹是审美的"。这一框架内蕴着对审美范畴史的概括性认知，包含西方美学演进的两个方面，第一个方面是西方美学在范畴类型上的主流演进史，第二个方面是西方美学范畴在历史的新变和全球互动中自身的变化。要把这两个方面统一起来，方能对堪酷美学的内容有较好的理解。

先讲第一个方面，西方审美范畴的历史演进。古希腊以来的审美范畴，主要体现为美、悲、喜三种形态。美是主流，从希腊雕塑、建筑、戏剧皆以美的比例为其核心显示出来，以后的演进，无论是中世纪、文艺复兴以后开始的现代性的近代时期所形成的美的艺术，以黄金比率为美的古典美都是核心和主流，虽然生成为各种变体（如数例和分形）。20世纪以来西方思想从近代向现代升级以后，随着电影、摄影、广播

① 本文直接引用桑塔格的文字，全来自桑塔格《反对阐释》（程巍译，上海译文出版社2003年版）第302–321页中苏珊·桑塔格（Susan Sontag）的《堪酷札记》（*Notes on Camp*）的中文译文，同时参照Fabio Cleto. *Camp：Queer Aesthetics and the Performing Subject*（A Reader.- Edinburgh University Press，1999，pp.53–65）所选的桑塔格同一文章的英文原文，只是把文里中文译词"坎普"改为与本文主题相符的"堪酷"，并在重要关键词中引出英文原词。

的出现，大众文化的形成，特别是二战后西方的经济起飞，文化工业的成势，美学形成了大众文化的媚世类型和精英文化的先锋类型的对立。在这一对立中，虽然媚世美学占了生活的普遍性而主导着社会时尚，但先锋美学占了精英的制高点而占据了思想的核心。这样在现代美学的新格局中，古典的高雅美代表悠久的传统美，媚世美学因来自文化工业的"媚钱"，享受生活的"媚俗"，维护现存制度的"媚权"，在精英美学看来，沦为虽有表面俏丽光鲜的"美"而实质内容已是落后于时代精神而令人可笑的"喜"。另外，因为外在的美为媚世美学所占有，精英美学为走在历史的前列，奋而批判大众文化，为了与媚世之美对立，同时为了突出自己的先锋性，而特意让自己成为外形上的丑和怪。这样在媚世与先锋的二元对立中，媚世是外在为美而内在为丑，先锋是外在为丑而内在为美。在现代美学中形成了二者在相互羞辱中的奇特换位。后现代美学把现代美学看成是西方在思想由近代向后现代提升中的过渡阶段，在这一思想提升中达到了新的质点的后现代美学回头再看现代美学之时，要对两者都进行"纠正"，在二者的对立中，媚世美学处在思想上的弱势，因此，桑塔格的"纠正"从媚世出发，将媚世"整容"为堪酷，并以堪酷的新貌去调和媚世美学和先锋美学，以期将二者都送进历史的新阶段，而呈出后现代和全球化时代中的新美学。

再讲第二方面，西方美学萌发于古希腊而成型于近代，在于用西方的实体-区分型思维把真、善、美区别开来。从主体方面来讲，对心理进行知情意的划分，知是逻辑和科学，意是宗教与伦理，情则与美感和艺术相关，美感是一种快感，但不是因功利、因知识、因道德而来的快感，而是与之不同的超功利、非知识、超道德的快感。从客观方面来讲，形成了以建筑、雕塑、绘画、音乐、戏剧、文学为基础的美的艺术，艺术不是现实而是虚构，从而与功利、知识、道德无关，而是纯粹的美的形式。这样，主体的美感与客观的美的艺术相契合，构成了美学或曰艺术哲学。然而，在电影和广播产生之后，二者成为首先需要赢利的工业化的艺术，特别是在西方的经济起飞后，审美与功利紧密地联系在一起，一方面生活的审美化带来了媚世美学的四处生长，另一方面，精英文化为了批判媚世美学又特别强调艺术的思想性，从而把审美与意识形态批判连在一起。媚世美学与现实功利的关联和先锋美学与思想批判的关联，形成两个极心，扩展出形形色色的众多样貌。本来西方美学是在真、善、美的区分的近代产生的，而演进到现代，在西方思想的现代和后现代升级中，同时也是在与非西方文化特别是中国思想和印度思想的互动中，美学上开始了真、善、美的新关联，这一新型关联，除与前面提到的媚世美学与功利的互联和先锋美学与思想的互联，还有很多形式，从今天再回头去看，特别体现在，最先出现的文化工业和大众文化，后来产生的生态美学、生活美学、身体美学，以及这些领域的多维演进上。如果把形形色色与古典美学不同的“关联”定义为一种美学的新转向，那么，桑塔格面对现代以来的种种转向，特别是后现代来临之时的美学上的转向加速和文化上的思想提升，其提出堪酷美学，一方面要把现代以来媚世和先锋的对立，予以理论上的调和，另一方面其调和的方式是坚持近代美学的实体-区分型原则，并在这一实体-区分型原则的基础上，力图把堪酷美学变成一种后现代-全球化时代的美学高地。在桑塔格看来，堪酷美学不仅可以调和已知世界的媚世与先锋，乃至对于现代以来的与未知世界相关联的美学，如震惊、抽象、荒诞、恐怖等，也具有统合作用，从理论上看，堪酷对生态美学、生活美学、身体美学，同样具有展开对话的能力。

（二）堪酷思想：基本要义

桑塔格说：“堪酷纯粹是审美的。”（第315页）这里“纯粹”一词强调的，正是要把堪酷的审美性，建立在自康德以来的近代美学的区分性上，以区别于20世纪以来把美与真、善关联起来的现代美学。直面从近代进入现代以来媚世美学与先锋美学的对立，桑塔格采用与印度美学相契合的“众生平等”思想。用她自己的话来讲，堪酷作为一种审美感受力，就是对自己反感之物，也要带着与旧美学的同情不同的一种新型的而且深深的同情去对待，从而使媚世与先锋的对立，以及各种现代美学的对立，都在堪酷范畴中达到了美学上的统一。用桑塔格的话来讲，面对各类对立，堪酷“以一种稀有的方式来拥有它们”（第317页）。堪酷要义，盖可总结为一个中心，三点运行。一个中心，即美学之喜的世界观；三点运行，一是加引号，二是双意义，三是风格化。

所谓“一个中心”，通过历史比较即可理解。西方古典美学把审美对象分为三类，美、悲、喜。美是对象与人一致，悲是对象高于人，喜是对象低于人。这一分类在于世界的已知和未知二分和历史进步三分，喜的对象低于当今历史水平，从而成为笑的对象。人站在比对象高的角度去俯视对象。堪酷美学的中心点，要求审美者是一个站在历史和宇宙高度的主体，具有与古典美学欣赏喜的对象相同的心态。在这样的审美心态中，无论是媚世对象，还是先锋对象，以及其他对象，都可进入到审美过程之中。这一主体高度，从比较文化的角度看，与西方人在已知未知世界中的站位不同，而与中国的天人合一和印度的梵我合一世界中人的站位相契合。中国和印度的站位方可以在达到人与天地同流中俯视世界，呈现众生平等的思想。因此，桑塔格的所谓美学之喜的世界观，正是把西方美学之喜中人高于对象与中国的天人合一和印度的梵我合一思想结合之后而具有的新型观念。有了这样一种与天合一、与道同化的境界，就可以进行堪酷审美中的“三点运行”了。

第一点是“加引号”（quotation marks）。桑塔格说：“堪酷在引号中看待一切事物。例如，这不是一只灯，而是一只‘灯’；这不是一个女人，而是一个‘女人’。从物和人中感知堪酷，就是去理解其角色扮演的状态。”（第306页）这实际上与20世纪初闵斯特堡的心理抽离说和布洛的心理距离说，以及现象学的悬搁和加括号，在思路上基本相同：人面对现实中的对象，加上引号，使之从现实关联中脱离出来，成为一个与现实的各种关联绝缘，而只与主体的审美之心相关的客体。由此就进入了堪酷三点运行中的下一站。

第二点是“双意义”（a double sense and a double interpretation）。现实中的事物进入堪酷审美进程之后，实际上具有两重意义，一是事物在现实框架中的意义，可以是媚世之美、先锋之丑，或者是精神分析讲的内蕴着本我的戏谑与滑稽，乃至与未知世界关联的荒诞和恐怖。二是堪酷审美之后，其现实关联中的各种属性都被排斥而隐去，只剩下审美属性存在并向主体呈现。更为重要的是堪酷以众生平等的审美之心去看待这些进入审美引号之中的对象。在这里，堪酷之心会因物因情因景而采取不同方式，比如，面对低俗之物，会“以严肃的方式对待轻浮之事”（第316页），面对高雅之物，便“以轻浮的方式对待严肃之事”（第315页），以此类推，在这里，最为重要的是，桑塔格说：“堪酷认同于它所品味的东西。分享这种感受力的人不会嘲笑那些被他们标识为‘堪酷’的东西，他们欣赏它们。堪酷是一种温柔的情感。”（第320页）。或者本质性地讲，“堪酷趣味是一种爱，对人性的爱”（第320页）。各种各样的事物都在堪酷的引号里，一方面，自身原有的关联在退离远逝，另一方面新的审美新质在出现确立。这是一种堪酷主体和堪酷对象在堪酷心理中的双向建构，引导各种具体的双向建构进程的，是众生平等的思想。以前审美心理学的距离、抽离、直觉、内摹仿、移情、同一等理论，处理的都是美、悲、喜中的本就与人同一的美，而堪酷的加引号，却面对着现代社会的千奇百态的审美对象，特别是像媚世型和先锋型这样在一些理论家的眼中属于不共戴天的势不两立的对象。因此，比起距离理论和直觉理论，堪酷型的审美心理运行要复杂得多，由此完全可以理解桑塔格无不伤心地写道：

“我既为堪酷所强烈吸引，又几乎同样强烈地为它所伤害。”（第301页）当然，堪酷之为堪酷，一定要达到自己的审美目的。即使面对甚为困难的非美或反美对象，最后总是在众生平等的指引中，哪怕经过“滑稽的体验”，感受“甜美的愤世嫉俗”，“欣赏粗俗”，用“良好的趣味”去对等“劣等趣味”（第318页和第320页），总是有惊无险地沿着审美的正途，进入三点运行的最后一站。

第三点是“风格化”（stylization）。对象成为审美对象，脱离原有语境和关联，进入堪酷的审美之中，历经除旧布新的转换，成为一种与原来物象不同的新型审美对象，其标志就是风格化。堪酷之美是通过主体心理的审美运行而达到的，其中洋溢着人的努力，因此，从双重意义中纯化出来的堪酷，突显出了不同于原有的在现实物象中的新的风格，成为一件“审美的人工制品”。也可以说，人工制品等于三点运行中作为最后结果的审美风格。强调人工制品和审美风格的堪酷，突出的是堪酷之美与现实物象的差别，一方面它靠着“人工”和“风格”与现实区分开来，另一方面它又应和着20世纪以来美学的新进展，这就是从20世纪初的工艺美术运动的生活审美化，到20世纪80年代在都市、商场、橱窗、庭院、购物中心、步行街全面美化进程中，设计学作为一个重要而宽广的部分进入美学之中，带来的美学新变。当然，堪酷作为新时代的美学，又与一般的生活美学和设计美学不同，它所言说的“风格”，具有新时代美学的新质。虽然堪酷应和着审美的时代演进，但同时又坚持着康德的美学传统。坚持美与真、善的不同，这一不同正是通过堪酷审美的结果即风格体现出来。桑塔格说，在堪酷的审美中，“体现了‘风格’对‘内容’、‘美学’对‘道德’的胜利”（第315页）。堪酷之美是通过风格而实现的，因此，“堪酷是一种以风格表达出来的世界观”（第305页）。因此，什么是风格，真为堪酷之美的核心。

（三）堪酷塑形：两点五巧三内容

现实物象转换为堪酷之美的完成标志是风格化。从布封（Georges Buffon，1707—1788）的艺术理论开始，风格即人成为基本信条，但一个欲造堪酷的主体之心进行的堪酷美学的风格化具有什么样的特点呢？桑塔格讲了两种性质和五类技巧。两种性质即戏剧性（theatricality）和诱惑性（glamour），五种技巧即装饰（decoration）、夸张（exaggeration）、铺张（extravagance）、唯美（aestheticism）、玩笑（play）。

堪酷的两种性质，作为审美对象的堪酷美学之酷，与日常生活中的现实物象有根本的不同，现实物象是平常的、一般的，而堪酷则具有戏剧性，这里的戏剧性不是一般的叙事性，而是西方美学自古希腊以来的戏剧性，包含冲突，而堪酷又与传统的戏剧性不同，要以众生平等的思想，将（比如媚世与先锋的）冲突进行弥合，最后呈为酷的对象。如果说，戏剧讲的是将冲突进行弥合与转换，那么，诱惑性则强调堪酷之美在与日常生活的日去月来的常规感受不同的特殊感受。堪酷是生活中的亮点，这种亮点让人产生强烈的感性冲动，带着冒险的刺激，又内蕴着生命转变的召唤，正是诱惑的冲动、刺激、召唤使堪酷显出审美之酷来。

堪酷之美的两种性质具体地讲以五种技巧体现出来。第一是装饰，装饰意味着不是自然原物，而乃在自然原物之上的增、减、改、变，总之进行变装与修饰，由此，把自然之物变成堪酷的审美之物。这里用“装饰”一词，不仅指的是先锋艺术和流行艺术套路中内蕴的技术，还包括20世纪初的新工艺以来的生活审美化中的种种技巧。第二是夸张，第三是铺张。夸张和铺张是对堪酷型的装饰有怎样的特点进行强调。夸张和铺张与美学之喜在形式上相契合。如果以电影明星的例子来讲夸张，那么，“简纳·曼斯菲尔德、吉娜·洛罗布里基达、简·拉萨尔、弗吉尼亚·梅约的多愁善感、过于浮夸的女人气，斯蒂夫·里夫斯、维克多·马修尔的夸张的男子气”（第306页）使之成为堪酷之酷。如果以时装和美术来讲铺张，那么，“一个身穿由三百万片羽毛织成的上装四处游荡的女人”（第310页）是一种铺张。“卡罗·克里维利的绘画，画中的砖石结构上缀有真正的珠宝，画着栩栩如生的昆虫和裂缝”（第311页）是另一种铺张。夸张是喜剧性的风格化，铺张则是艳俗性的风格化。但夸张和铺张这两种古典喜剧常用的方式，在堪酷中并没有成为古典美学意义上的喜剧性之笑，而升华成为堪酷美学之酷，在于堪酷的宗旨不在于美学之喜的笑，而在于美学之美的唯美。因此堪酷技巧的第四种是唯美。堪酷的唯美具有以王尔德为代表的唯美主义的那种唯美精神，但又有着在新时代（都市社会—富裕社会—后现代社会）中的唯美的新特征。“正如19世纪的纨绔子在文化方面是贵族的替代者，堪酷是现代的纨绔作风”，是“这个大众文化的时代”的“纨绔子”（第317页）。这一比喻，正要对无论是低鄙之物、媚世之物，还是波普艺术、先锋艺术，都以唯美的方式，即当代纨绔子的游戏方式，使其低鄙的、媚世的、世俗的、先锋的内容被忽略，而使堪酷的风格得以彰显。为把堪酷的唯美与其他唯美不同的特点得到突出，堪酷技巧的第五种是玩笑。桑塔格说：“堪酷是玩笑性的。”（第316页）这里的玩笑（play）是一种游戏（play）精神，这一带着“众生平等”胸怀的游戏态度，无论是面对同质于传统之喜的低俗对象、类似雅典之美的严肃对象，还是先锋美学的极端对象，都与之“建立起了一种新的、更为复杂的关系”（第316页）。这一复杂关系的形成，使对象成为堪酷。在高雅对象里，比如政治人物在公共场合和电视屏幕上模式化的设计性作秀，很容易沦为喜剧性的堪酷。例如，“戴高乐在公共场合里的举止和言谈常常是纯粹的堪酷”。在媚世对象里，电影明星表演的“离谱”反而使之成为堪酷。比如，葛丽泰·嘉宝成为“堪酷趣味”的偶像之一，她“在表演方面的不到位（至少，她缺乏深度）反倒增加了她的美”（第313页）。

堪酷的两点（戏剧性和诱惑性）五巧（装饰、夸张、铺张、唯美、玩笑）造就的新型之美，或者说关于美的新型言说，桑塔格讲了三个方面的内容，如果将之放到世界美学的互动中，从比较美学的角度进行论述，这三个内容会显出更多的新意。三内容之一即一物变成他物，“例如，照明设施被制成了开花植物的形状，起居室被制作成了名副其实的岩洞”。这些事实最为重要的是一种心灵的巧思，这里西方语言的change（变），最好按中国美学的“化”（change）去理解（在中国美学中，变是看得见的变化，化是看不见的变化），或者按印度美学的māyā（幻）去领悟（在印度美学中，每一物都在时间的流动中变幻，不断从旧的关联移向新的关联），事物在时间行进和关联转变中成为新的事物，由非美而成美，由非酷而生酷。三个内容之二是：一事物的主（或显）属性中应内蕴着它的次（或隐）属性（epicene beauty）。这里，黑格尔哲学中的对立物已经转变成了荣格心理学中的主次（显隐）物，特别是转到了拉康的实在界之“无”与想象界和象征界之“有”的无有相生和互动关系。桑塔格说：“兼有两性的特征的，女性化的男子或男性化的女子肯定是堪酷感受力的最伟大的意象之一。例如，拉菲尔前派的绘画和诗歌中的那些孱弱、纤细、柔软的人形；被雕刻在灯具和烟灰缸上面的新艺术出版物和招贴画中的那些单薄、平滑、缺乏性感的身体；葛丽泰·嘉宝绝色美貌背后的那种令人难以忘怀的男性化的闲散感觉。一个人的吸引力的最精致的形式（以及性快感的最精致的形式）在于与他的性别相反的东西；在那些颇有男子气概的男子身上，最完美的东西是某种具有女性色彩的东西；在那些颇有女人味的女子身上，最完美的东西是某种具有男性色彩的东西。”（第305-306页）这正是中国美学中“一阴一阳之谓道”和“阴阳互含和转化”的思想，也正是印度美学中灵佳（Linga，男性生殖器）与优尼（Yoni，女性生殖器）合一的象征相，以及印度教的三位最高神之一湿婆半女相（湿婆一半为男一半为女）的内容，还是湿婆之妻迦梨在其身体上舞蹈所体现出来的思想。在中西印美学的互鉴中，对堪酷美学中的因queer（两性兼有之酷）而cool（堪酷之美的酷）的这一内容会有更高的体悟。

三个内容的最后一个是：天真（innocence）。桑塔格说："堪酷有赖于天真。"（第310页）天真就是说，不是蓄意地要堪酷，也不是圆滑地去做堪酷，"知道自己是堪酷的堪酷（'做堪酷'）总是不那么令人满意"，"有意去做堪酷，通常是有害的"；天真是出于本性的、真诚的、朴实的，不经意而做出了堪酷，"爱森斯坦的影片很少是堪酷，因为尽管它们铺张，却没有多余，达到了效果。如果它们多一点'离谱'的话，它们或可成为伟大的堪酷"（第311页）。将之放到中西印美学的比较中，天真，就是中国美学的"俱道适往"，"不知其所以然而然"。就是印度美学的，在"诸行无常""诸法无我"宇宙大化中，主体的眼耳鼻舌身意与客体的色声嗅味触法，在因缘和合中生成之"境"。只是中印美学对于天真，都强调的是宇宙大化中的自然之缘会，而堪酷美学的天真，却是带着"唯美"和"玩笑"，对现实之物进行"装饰""夸张""铺张"的一颗产生最初一念之本心的那种堪酷的童心或曰真心。这是一颗与天地不同的，从现实超离出来的，由人的主体性而来的本心。明乎此，堪酷的西方性突显出来，从而，堪酷对媚世和先锋的整合，以及对其他不同美学观念的整合，所内蕴的西方特色，透露出来。

（四）堪酷美学在后现代-全球化时代的意义

堪酷是西方思想进入后现代层级之后，对现代思想中一些对立的思想进行整合。一方面，它整合着媚世的好好生活和先锋的社会批判，另一方面，人生在世的荒诞感，人面对未知世界的恐怖感，在堪酷的众生平等的主体性的张扬中，有所消退。然而，堪酷美学的整合，仍是在西方思想的基本框架中，在已知未知的二分世界中，人并非生存于客观世界中，而乃符号世界之中（客观世界虽有，但只能以符号世界的方式呈现出来）。因此，堪酷美学的整合，仅是一种突出主体性的整合，即一种与古希腊哲学家普罗泰戈拉（Protagoras，约公元前5世纪）的"人是万物的尺度"型的整合，进而与之相对应的，是生态美学中的整合。生态美学又分为大全生态论和小全生态论，在大全论上，贝特森（Gregory Bateson，1904—1980）感到人所认知的宇宙（小全世界）只是整个宇宙本身（大全世界）的一部分，对大全世界，人只是感知，而无法根本予以认识，科学型的认知只是一种人为模型，而对宇宙本身（大全世界）的认知，超出了科学型的知识方式。贝特森的思想来自希腊的命运悲剧，但在后现代和全球化的中西印思想的互鉴中，又超越了古希腊的悲剧，以及超越了近代的崇高、现代的荒诞、后现代的恐怖，而进入到印度思想的“它不是……它不是……它不是……”的遮诠之思，或曰转换成了中国思想的“是有真迹，如不可知”的体悟。在小全论中，伯林特（Arnold Berleant，1932— ）结合印度美学的是-变-幻-空和中国美学的时空合一，用一种自然本身之动态去修正古希腊的比例之美和文艺复兴的焦点透视之美，以及现代美学和后现代美学的种种对焦点透视之美的激进否定，进入到与印度的“诸行无常”和中国的“俱道适往”相契合的主客互动之“境”中。这样，从更宽广的角度看，桑塔格的堪酷美学与伯林特的生态美学，一道形成了后现代西方美学欲对现代美学进行整合与超越的两极。生态美学重客观之道，堪酷美学重主观之思。虽然，堪酷美学和生态美学都想对整个西方美学进行整合，这里的关键词是“都想”之“想”，在西方美学中有自身的演进规律，因此，无论是媚世美学、先锋美学，还是荒诞美学、恐怖美学，仍在按自己的方式运行，后事如何演进，难说下回分解，不过，堪酷美学已经在影响世界。最后，且以一个中国事例，看堪酷之美的世界影响，同时也算对堪酷美学的基本意味作一说明。这是陈冠中举过的事例，但陈是把堪酷放在美学之喜上去讲的，这里却将之置于美学之美中去讲。要讲的事例就是周星驰的《大话西游》。影片完全离开了《西游记》的原作，对原作进行了堪酷式的重新组合。其中至尊宝（孙悟空）对紫霞仙子的一段话堪称堪酷的经典：

> 曾经有一份真诚的爱情放在我面前，我没有珍惜，等我失去的时候才后悔莫及，人世间最痛苦的事莫过于此。如果上天能够给我一个再来一次的机会，我会对那个女孩子说三个字：我爱你。如果非要在这份爱上加上一个期限，我希望是：一万年。

至尊宝在说这话之前，旁白道，这是他在所有的说谎中说得最漂亮的谎。但这段漂亮的谎话却因其讲得太漂亮（兼有装饰、夸张、铺张、唯美、玩笑的风格化），而受到广大观众的激赏，一时间风靡全国。在这段堪酷妙语被普遍接受之中，说谎的内容完全被忽略，堪酷的风格本身得到了极大彰显和深深玩味。然而，这段话中的说谎之所以会被忽略，又在于谎言与真话被进行了堪酷美学的阴阳互动的运转，从荣格型的精神分析来讲，也许至尊宝在意识层面是要说谎，但在无意识却没有说谎，紫霞仙子（以及广大观众）在至尊宝的谎言的表层下面感到了真实，进而感受到了在谎言与真实的缠绞和互动中的人性深度，这一复杂的人性深度从这一真实的谎言中透露或曰迸射出来。进而言之，堪酷美学的特点，本就是要把真实与谎言从现实之“实”中转移出来，进入一种与现实不同的审美之“虚”中，这里，真实与谎言已经被进行了堪酷美学的点化，而进入到另一种思辨和境界之中。

堪酷美学，已经进入世界美学“美分何类”的“风雨如晦，鸡鸣不已”（《诗经·郑风》）的演进大潮之中，前景如何，尚未可知，犹如欧阳修《踏莎行》的词句：“平芜尽处是春山，行人更在春山外”……

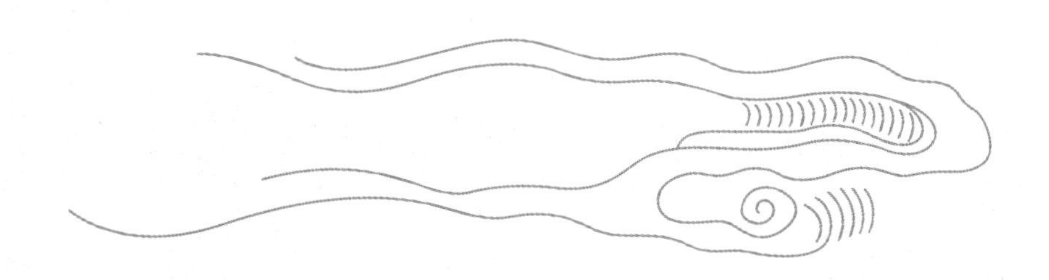

第五讲

美源何处

一

美学上的美源何处

这里的“美源何处”之“源”，是指美的现象后面的最后源头。在现象上，不是单一的，而是关联的，一物之呈现为美，在于人对之感到美，人之有美感，在于所感之物呈现了美，人之美感和物之呈美是共同出现的。物为什么呈为美，人为什么能感到物之美，美为什么在人之感和物之呈中统一起来，是什么使这统一得以出现，这就是美源何处之问的那个源。这个源，不是第二讲中的关于美的产生之源，也不是第三讲中某一美之出现的具体现象美之源，而是美之为美的宇宙之源，即人与宇宙的同一性决定了美的美感在现象上的合一。人之能感美和物之能呈美，归根到底在于人与物皆有内在的同一性，这就是宇宙最初的本来的一。《老子》说：“道生一，一生二，二生三，三生万物。”人和物都来自道之一，因此有内在的同一性，美感和呈美都关联到最初的道之一。西方的基督教讲，世界的一切，都可以归为真善美，而真善美都源于上帝这个一。基督教的上帝在黑格尔那里成为绝对理念，世界上的一切都由绝对理念这个一而生。再往前追溯，黑格尔的绝对理念和基督教的上帝，都来自希腊思想中的Being（世界作为整体的本质之有）。因此，人之美感与物之呈美都来源于上帝或绝对理念或Being（世界的本质的有）这个一。印度教认为，宇宙的一切，都来自三大主神的运行，梵天之生，毗湿奴之住，湿婆之灭。而三大主神又源于梵-我这个一。因此，梵我这个一是人的感美和物之呈美的最后之源。

中西印关于宇宙同一性的思想，Being（世界整体的本体）、梵我、道，是宇宙最初的一。从科学上讲，按近代的星云说，宇宙从一团混沌星云的演化产生群星而来。依新的大爆炸理论讲，宇宙群星由一个统一体的爆炸而生。无论怎样，宇宙现在的“多”，来自最初的“一”，这就构成了宇宙事物的内在的同一性。宇宙的多样性和规律性正是来自宇宙的太初之一。从地球来讲，地球生命的演变也来自地球从太阳系分开之前的“一”。地球上的万物之间的内在同一性也来自地球最初之一。宇宙使地球产生的“一”，构成了地球众物与星空相互关系的内在同一。科学的解说以及由科学所产生的西方关于宇宙同一的Being（宇宙整体本体）的思想，以及印度的梵我和中国的道，在人与宇宙同一的思想，有共性，又有不同特点。

西方的Being（宇宙整体本质），是从确认每一物体是什么的“是”（to be）之问开始，达到这一物体的本质之是（being），宇宙之内每一物体的being（本质之是）都来自宇宙整体的Being（本质之是）。这样，每一物体包括作为审美主体的人和审美对象之物，都是来自Being（宇宙整体的本质之是）并与之有内在关联的具体物体的being（本质之是）。西方宇宙万物的内在同一性，强调的是每一具体多种属性统一的具体之物在本质上的同一。本质意味着排斥了多种非本质属性和非本质关联。物体的本质，是实体（而非虚体），是空间可见（而非无形无象），是可确定（而非模糊难识）的being（能用有-在-是进行观察和确认的本质）。当从审美上对物体进行认知之时，作为审美之物或物的审美呈现，同样具有与Being（宇宙本质）特点相同一的being（物的本质）特点。从审美上看物，美就从物的ιδεα（形）上体现出来。希腊文的ιδεα内蕴两种词义，一是理想（idea），表明其与宇宙本质相连，二是有形（form）的实体。具体之物内蕴的宇宙同一性，从form（形）上体现出来。这里的form内蕴两层含义，就其与宇宙本质相连来讲，是物体的内在之form（式），就内在之式（form）一定要从物体上体现出来来讲，是外在之形（body）。因此，从审美上去把物看作ιδεα（审美之物），包括了三个层次，外在之ιδεα（形）-内在之ιδεα（式）-同一于宇宙本质之ιδεα（理）。由于内在的“理”和“式”一定要从“形”上体现出来，正如希腊阿波罗的雕塑和帕特农神庙所体现的，因此，西方之美，重在“形”。理想之“形”，一定内蕴着美的本质之“式”，契合于宇宙本质之“理”。内蕴着宇宙之“理”和本质之“式”的“形”，最理想的方式就是一种静态，正如希腊雕塑之美和建筑之美，以“静穆的伟大”呈现出来。宇宙的本质之理（Being），物体的本质之式（being），物体的外在之形（image-form），在“形”上统一了起来，构成了西方之美的基础。因此，西方的美源何处之问，在“形”上形成寻源的起点。一物审美之形通向此物的审美本质之“式”，进而通向此物具有的宇宙同一性的宇宙本质之“理”。

中国的宇宙本质之“道”，不是像西方那样从确定一个Being（静态的本体），而是从天地万物的运行中去呈现。天上日月星的运行，进而引起天地互动，产生万物，天地万物都在运行着，各自都有规律的行运轨道，中国之道，就是指的万物的运行之道，万物运行如此有规律，日往月来，昼往夜来，冬去春来，草荣枯循环，人生老病死，王朝兴盛衰亡。宇宙的统一性和同一性从万物有规律的运行中体现出来。中国之道，首先是运行之道，运行之道的后面，有一个本体之道。人在有限时空中，对本体之道，虽无从知晓，但可以从运行之道中去体悟。体悟的对错可进一步由运行之道去验证，在这一过程中不断地坚持对的，改正错的，总之一定要使人与可感可知的运行之道相应和。人与宇宙的同一性，就从人与天地运行之道的合一中体现出来。孔子讲“人能弘道”（《论语·卫灵公》），庄子讲“以天合天”（《庄子·达生》），都是讲人的运行要与天地的运行相符合。中国的宇宙不但呈现出有规律的运行之道，还呈现出宇宙万物在运行中的相互关联。在从运行之道去体察万物如何关联中，中国人认识到，事物由两部分组成，实体之形和虚体之气，万物在运行中的关联，既有实的形体的关联，更有虚体之气的关联，后一种关联更为重要，宇宙的同一性主要体现为气的同一性。万物的运行之道在本质上体现为气化流行。当从审美上对物体进行认知之时，作为审美之物或物的审美呈现，对中国美学来讲，主要在于两点。第一，物体具有实体之形和虚体之气而虚体之气更为重要，因此物体之美，不像西方那样在实体之形，而主要在虚体之气，气韵生动，成为物之为美和物之呈美的本质性因素。万物之间的宇宙同一性也是虚体之气的同一性。气韵生动成为万物的共美。第二，中国之物是在运行中去认识的，因此，对物体之感知和认识，与西方不同，关于物体，中文用了两个词，形和象，形是物的静态的固定的状态，象是物在运行中的状态，人就是站着或坐着不动，其感官和身体也还是随时间的节律而运动。因此，对物体的认识，强调物在自己的本性和与他物及天地的关联中行运着的“象”，具有更为重要的意义。当古人讲“观象”，指的就是观察物在运行中之象，当古人讲“澄怀味象”，指的就是体味物在运行中与他物以及天地整体之间的关联。同样，从审美上去看物体，物象、景象、气象等与象相关之词，成为重要的审美表述。由于中国的宇宙同一性是从运行之道上去认知的，因此，中国的美源何处之问，在“象”上形成寻源的起点。一物的审美之象，通向此物的本质之气，进而通向此物与宇宙同一性相关的宇宙的本质之气。

印度的宇宙本质之梵-我，决定着万物乃至宇宙本身的生灭。宇宙及万物的从生到灭是一个时间过程。时间以刹那为单位不可逆地直线向前，时间的每一刹那决定着万物的存在，刹那过去，在此刹那中之物也随之逝去，逝去为空，万物从生到灭过程中的每一刹那都随即过去为空，因此，从客观上看，物之存在，就是不断地从空到空的进程。但另一方面，物在从生到灭的过程中，在前一刹那逝去为空的同时，新一刹那之生继之而来，又是不断地从一刹那之生到新一刹那之生的物之保持和变化过程，而每一刹那生出的“有”都是实有的、存在的、确是的。因此，全面地看，物从生到灭的过程，是不断呈为存在之有和不断呈为逝去之空的“有”“空”循环和“有”“空”共在的统一。但这只是从物的视点得出的结论，如果从宇宙整体的视点看，物在未生之时，由梵我的大空而来，继生之后，是与空同在，死灭之后，回到梵我的大空。而且，在物从生到灭的有空同在的过程中，有与物的个体相关，空与宇宙的整体相连。这样，整体地看，空是永恒的，有是暂时的，空是本质之真，无时不在，有是现象之假，似实而空。用印度思想的话来讲是“性空假有”。不过，虽然在物的由生到灭之间存在形态的“有空共在”中，空虽然一刹那一刹那地不断出现，但人却感觉不到，有一刹那一刹那地新生，却被实在地感知到，并被感知为原有物的保持和变化。因此，在现象上，有被认为是确在的，真实的，空却要经过理性思考才会被认知到。从而，印度人把物的存在的基本形式即客观上的“有空同在”命名为māyā（幻在），提醒人总是忽略“空”而只肯定“有”。因此，印度之物，不是西方那样重在空间静态的物体之形，也不是中国那样重在运行状态的物之象，而是强调“有-空同在”的幻物。有-空同在是从生灭两个极端去看，物从生到灭之中也有变化，印度人把物在这一变化中的存在称为bhū（是-变），此词即肯定其在刹那间的存在之是，又提醒在肯定其“是”的同时，已经产生着“变”，物体的存在是在时间中以是-变一体的方式运行。时间不会停留，物在从生到灭的运行中，永在是-变一体中行进，实际上是在是-变-空中行进。但是只要此物还存在，空只是局部地出现而总被忽略，只有到物灭时，空才以本质的方式呈现。印度的幻物从生到灭都在是-变一体中演进，是-变一体（bhū）在词性上等于西文的to be（现象之是），只是加上变的内容，但仍是一个定性的判定词。印度人为了更好地不从对物进行判断的角度，而从物本身去呈现物，是-变一体的物被称为rūpa（色）。物之色是在与光线的互动中，不断地变化着，用色来指称物，点出的正是物是在时间的流动中不断地变化着。印度的现象世界因为强调有空同在和是-变一体，从而成为一个“色”的世界。这样，物在从生到灭过程中的“有空同在”和“是-变一体”，用强调物的方式来表达，就成为“色空同在”，即《心经》讲的“色不异空，空不异色。色即是空，空即是色”[①]。从审美上去看物，在印度思想里，物之为美和物之呈美主要以色的方式体现出来。因此，印度的美源何处之问，在“色”上形成寻源的起点。一物的审美之色，通向此物的审美的蕴空之幻，进而通向此物与宇宙同一性相关的宇宙的本质之空。

---

① 鸠摩罗什等：《佛教十三经》，北京：商务印书馆，2012，第3页。

中西印由美源何处而来的寻源起点，各有自己的特色。因西方讲“形”，中国说“象”，印度谈“色”。“形”重在物的空间静态性和明晰性，“象”重在物在时间上由动而形成的物之态，“色”重在物在时间流动中的变。由寻源的起点，西方的形之美，中国的象之美，印度的色之美，沿路而进，会遇上什么呢？中西印在由物的外在的形、象、色，进入物的内在之质时，西方由“形”而进到突显空间性的“式”，中国由象而进到具有时空合一的“气”，印度由色而进到彰显时间性的“幻”。再进一步，由物的内质进到由宇宙同一性而来的宇宙本体上，西方进入实体性Being（宇宙本质之是），中国进入与宇宙之气同在的“道”，印度进入宇宙大空“梵-我”。这样，中西印的寻源之路，虽然各不相同，又都呈现了宇宙同一性的相似结构，在各美其美中，呈现了宇宙的共美。其实，宇宙共美的基本因素存在于各个文化之中，只是不同文化对之强调的重点不同，洞悉此，就可以悟出，三种不同的理论正好可以通过相互补充而成为一种具有人类共性和宇宙共美的理论基础。

在物体的外貌层面，西方的形、中国的象、印度的色，正好较为全面地呈现事物外貌的三个方面。形是固定的，象在固定之形上加上了在时间中的变化，形成静与变相统一的形象。色不仅是静与变的统一，又在形象之上加上了形与象在时间中转瞬即逝的不可留而呈现为幻的性质。西方之形，是把对象本身与对象之外的他物在现象上区别开来（虽然有本质关联，但这一关联在现象上要加括号）。中国的象是要对象本身与对象之外的他物关联起来，印度的色，不但要与他物的实体关联起来，而且强调把物在时间中的转瞬即空的性质也要考虑进去，形成定型的本质参照。另一方面，形、象、色，在现象上又是可以相互补充的，从而使形式美的理论在物体的外貌层面，有了更为丰富的内容。

在物的内在层面，西方强调的是质实性的“式”，体现为一系列强调空间性和实体性的形式美法则，中国在内质上，是时空合一的实与虚的统一，实的一面即事物的内质，而内质又有作为虚的气在运行，从而形成一系列虚实相生且以气为主的气韵生动原理。印度在内质上，强调物的呈现无论在外形上还是在内质上，都为是-变-空的统一之色，色的内质有实的一面，如由地水火风四大元素构成，但四大的本质是空幻。再加上时间流动带来的变，内蕴着本质之空，突出是-变-空合一的“幻”的内质观。西方的“式”，中国的“气”，印度的“幻”，虽不相同，却又互补地体现了物之内质的丰富性。这样中西印的物体的内质可归为三点，一是彰显实体的形式法则，二是突出虚体的气韵生动，三是强调是-变-空合一的幻相本质。最后，事物的内质是与宇宙的本质相关联的，西方的Being，在古典时代强调逻辑性和确定性，而到现代之后，海德格尔特别讲了其不可用语言和逻辑进行证明的“无”的性质。印度的梵我，彰显空无之境，中国的道，突出的也是道可道、非常道的景外之景，象外之象，言外之意，韵外之致。这样，中西印三者的性质，都可以总括为空无之境。

从宇宙的同一性来看审美现象，宇宙的同一性是由西方的Being、中国的道、印度的梵-我所启示的空无之境，这一空无之境，具体地体现在各文化事物中两类相互关联的因素上：重形的形式美法则、重虚的气韵生动原理、重空的象外之象境界。这三类因素相互作用，构成事物之美的内在因子。同样，人用审美态度去观赏事物时，之所以产生美感，正是人与物内有的宇宙同一性。暂时撇开文化的因素，物之呈现为美和人对事物产生美感的审美过程，正是人作为主体的三个层面，主体的知觉层面（中国人的“感”和印度人讲的“粗身”）与事物的形-象-色的合一，可称为表层同一。主体的理性层面（中国人讲的心志和印度讲的细身）与物体内质的式-气-幻的合一，可称为里层同一。主体由宇宙本体而来的（内蕴着梵-我，内蕴着道之性，内蕴着Being的此在）人性，与由宇宙本体而来的（内蕴着Brahman-道-Being）现象世界，演进为最后在空无之境上的合一，可称为本体同一。

由宇宙的同一性而来的审美的三个层次的同一，可以图示如下：

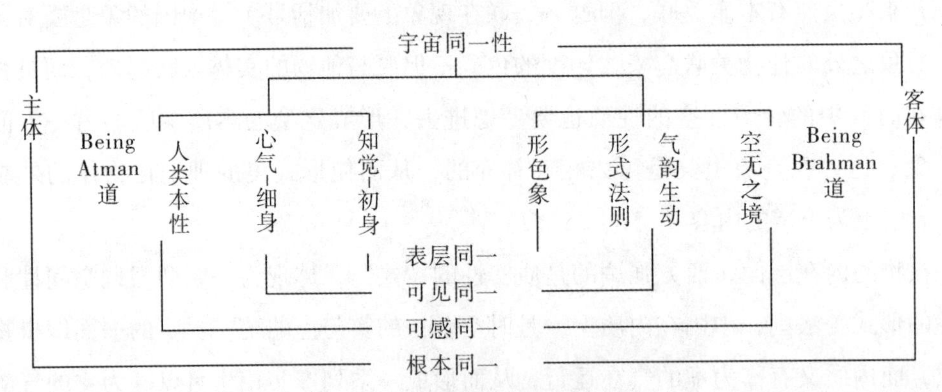

图5-1 宇宙同一性与审美

人与宇宙的同一性，可以从宇宙的高度，理解美之物何以为美和人何以对物产生美感。然而，人与宇宙的同一性，具体到人类的文化演进中，又生成不同文化的具体类型，比如中西印的文化类型。三种类型看似分离，实是互补的，从理论角度，把中西印三种美学的内容按理论本身的需要，进行重组。一方面，可以从宇宙同一性的普遍原则，去看不同文化对这一普遍原则在实施中的具体特色，另一方面，又可以从不同文化的特色中，去体悟宇宙同一性的基本原理。

中西印美学，都有共同结构，都有形的问题，都有形内的本质问题，都有形内的本质与宇宙整体的关联问题，只是在这三个层面上，中西印美学各有自己的理路，西方美学是从形到式到理，形成了以突显空间明晰性的形式美理论。中国美学是从象到气到道，形成了虚实相生的以气为主以悟道的韵外之致的理论。印度美学是从色到幻到空，形成色即是空，空即是色的理论。下面就以中西印三种美学各自的特色为主，关联到其他美学，以美学的基本结构为大背景，讲美源何处在中西印美学中的特色，及其相互关联。

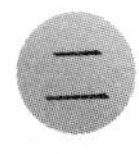

美之形：从西方美学的美之源谈起

西方美学的美源何处，是以形–式–理一体的个体之物的“形”为起点的。物都有具体形象（image），形象是多种属性的统一，也包括审美方面，对西方美学而言，是要从外显的整体形象中，看到既从外在一看即能感到，又呈有美的标准的形（form）。这个“形”就是个体之物在形中的比例。例如就人而言，头与身的比例，双手张开伸直与身高的比例，脚跟到肚脐与整体身高的比例，等等。比例决定着美还是不美或是丑。比例既从外形上就可感到，又从本质上决定着外在之形，为是美是丑的关键，从外在之形看到了比例，就从形看到了形中之“式”（form）。由于“式”是从形中一眼就可看到的，因此，西方语言的form，是形与式的统一或曰“形式一体”。美学上形式一体（form）意味着，从外在之形不是进入功利的思考、知识的考量、道德的判断，而是进入审美的感知和比例的认知，在古希腊，比例就是逻各斯（logos），具有宇宙的普遍性。逻各斯曾是宇宙整体之灵，在轴心时代的理性化中，一方面演进为哲学上的逻辑，另一方面演进为美学上的比例。比例与数关联，毕达哥拉斯认为，数是宇宙的根本规律，其地位与原始时代的逻各斯相似。比例，从历史的渊源上讲，与逻各斯相关，在思想的演进中，与数相关，从美学上讲，成为审美的规律。美的比例就是美的form（形式一体）和美的ιδεα（式理一体），就是美的理想（idea）。希腊人之form（形），内蕴着由形到式到理的逻辑演进，最后形成形–式–理一体之form（形）。此乃西方美学的基本定式。从毕达哥拉斯到柏拉图，形–式–理一体的form，成为美的主流，在从罗马帝国向中世纪的转变中，《约翰福音》讲："上帝就是logos（逻各斯即美的比例）。"文艺复兴，从马萨乔（Masaccio，1401—1428）到皮耶诺（Piero della Francesca，约1410/1420—1492）到达·芬奇（Leonardo da Vinci，1452—1519）和丢勒（Albrecht Dürer，1471—1528）等新型画家，创造了对西方美学来讲具有重要意义的焦点透视法，使形（form）之美达到了现代高峰。随着20世纪的西方之美从近代向现代的转折，英美新批评，俄国形式主义，德国的包豪斯新建筑，共同高举"形式即本体"（form as ontology）的大旗，美学上克罗齐的直觉论讲的也是：直觉即表现即形式。由此可知，形（form）在西方美学中，具有核心的意义。形是美之源，由外在之形到内在之式到宇宙之理，构成西方美学寻源的基本路径。集形-式-理为一体的西方之"形"又成为西方之美的核心思想。

形-式-理一体的"形"有什么样的特点呢？"形"具有明晰的比例结构，在西方美学中，就是以黄金比率（约为0.618：1）为核心而展开来的各种形式美。这一点使西方之美与其他文化之美区别开来。每一个文化都有自己的美的理想之形，但只有西方的美的理想之形以黄金比率为核心，其核心性使之成为西方之美的理想、标志、特色。美的比例，作为形，即可在外形上明晰感知；作为式，可在理性上进行计算；作为理，内蕴着人与宇宙的同一性而具有宇宙的普遍性，由此集中了西方之美的三大特点。第一，形-式-理一体之"理"，以黄金比率显出，也是可以形式化的，使得西方的美学在理论上具有逻辑性和明晰性的特征。其对与错，都可以用明晰的逻辑来进行验证。第二，形-式-理一体之"式"，使黄金比率不仅成为核心而且可丰富地展开，整个西方美学的演进，从古代的美形之比例到近代的数例到现代的分形，把黄金比率的式之美，彰显得分外妖娆。第三，形-式-理一体之"形"，以理与式为基础，由之丰富起来。古希腊的完整之形，中世纪的变形，文艺复兴以后的近代美形，现代和后现代离形，都与黄金比率展开来的多样性的"式"，以及"式"后面的宇宙之"理"，紧密关联。因此，理解黄金比率及其基本之式，成为理解西方之美的关键。

"形"之美，并不是西方文化的特点，每一个文化都有"形"之美，但"形"在各个文化中的位置、关联、功能、定义是不同的。比如埃及的金字塔，其"形"也是形-式-理的一体，而且与西方形式美一样，重在对三种最基本的图形，方、圆、三角，进行审美的组织。埃及金字塔，从外在的显形看，是简洁的三角体，但内在却隐含了圆和正方。

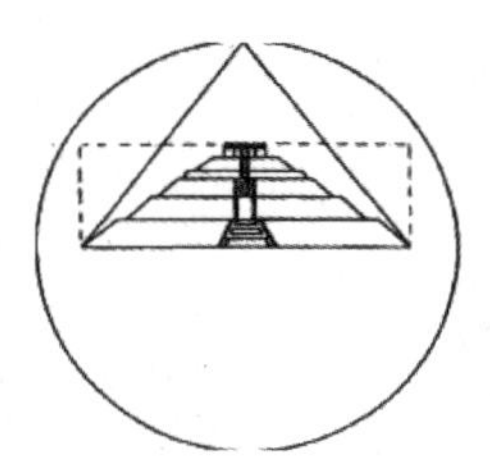

图5-2 胡夫金字塔

金字塔涉及两个基本因素，一是顶端离地面的高度，二是底边的周长。埃及大金字塔的高度（481.3949英尺）和周长（3023.16英尺）之间的比率，正好等于一个圆的半径和圆周之间的比率，即2π。当我们将其高度乘以2π，就能准确地算出周长：481.3949×2×3.14=3023.16，反之，如果我们将其周长除以2π，同样可得到其高度：3023.16÷2÷3.14=481.3949。宇宙中最基本的几何图形，三角、正方、圆在金字塔中得到了智慧、明晰、简洁的表现，形成了埃及型的美的理想之“式”。但这样的式与埃及法老死后升天相关联，因此，要把具有向上升腾的三角形突显出来，而把圆与方隐去。但只要知晓了数理中的美学之式，埃及金字塔之式所通向的宇宙之理，即可得到文化性的理解。

中国文化也有形之美，其中最重要的是远古由立杆测影而来的中的思想，以及与之相关的河图洛书，以及最后由《周易》思想综合而来的九宫图和太极图。但这两种中国的基本图形，无论是从其起源上讲，还是从其定型上看，都不是如埃及和西方型的以静态的明晰的几何图形为基础而来，而是从动态的天地运行中来。先看九宫图。郑玄注《周易·系辞上》和《礼记·月令》讲：一、二、三、四、五是生数，六、七、八、九、十是成数；一、三、五、七、九是天数，二、四、六、八、十是地数。这里，生数和成数，是把数字与天地的运行结合起来，突出其“动”的特点。以生数和成数动态相交，把运行中的斜条按图5-3B运行到十字直条上，并叠加在直条的数字之上，形成突显“十”字的河图（图5-3）。

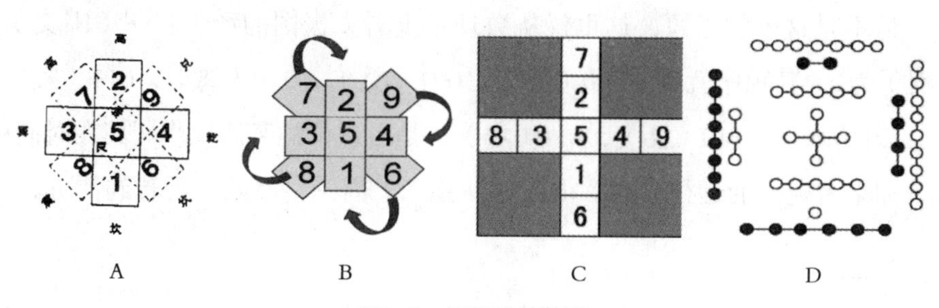

图5-3 河图及其数理

再以天数地数进行动态相交，形成彰显九宫格的洛书（图5–4）：

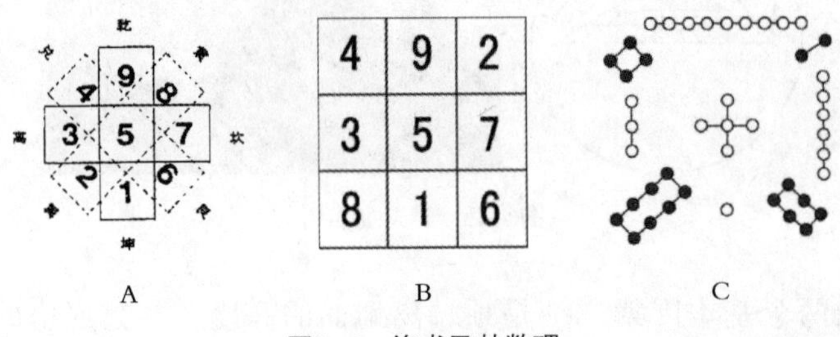

图5–4 洛书及其数理

河图形成“十”字图形（图5–3C），强调方形里中轴线的重要，洛书形成九宫图（图5–4B），彰显相互贯通的整体之重要。九宫图是以表面上的静态，内蕴着本质上的动态，生成数和天地数的圆转流动是重要的。作为平面图形河图洛书强调的是中心、中轴、九宫。这构成了中国建筑从村落到城镇到京城的基本结构，也是一般民居到地标性建筑的基本构图。因此，如按西方的形式美来讲，就是从京城到乡村的建筑之“形”，到九宫图之“式”，到天地运行之“理”。但中国的“式”在本质上不是静态的，而是动态的。因此，中国的建筑，不像希腊的神庙、中世纪的教堂、近代的宫殿以单体为主，而是以平面上展开来的整体为主，要让人在时间的行进中去体悟整体。而且各个建筑还要以象征方式，体现建筑在天地之中的动态。文献中讲，天子住在九宫图形的明堂里，每一月都要换一个房间，以对应天地季节的运行。

最能体现中国文化形式美特征的，是太极图。由八卦图而来的（以圆为主的）太极图，从宋代刘牧、元代张理到清代江永，都讲河图、洛书与八卦图的关系；先天八卦图与后天八卦图的互补互通，为现代学人的热论，本书主要从数理角度讲太极图的产生。《说卦》曰：“天（乾☰）地（坤☷）定位，山（艮☶）泽（兑☱）通气，雷（震☳）风（巽☴）相薄，水（坎☵）火（离☲）不相射。数往者顺，知来者逆，是故易逆数也。”①此话内蕴着天地四方四时的互动和运行的中和原则以及相关的重要思想，但不是这里的主题，这里仅从数理角度看太极图的产生：⚊（阳爻）为0，⚋（阴爻）为1，其顺序就成了000（乾），001（兑），010（离），011（震），100（巽），101（坎），110（艮），111（坤），是二进位的奇偶规律。其在时间中“数往则顺，知来者逆”的运行方向，由乾一，兑二，离三，震四，再转到巽五，坎六，

① 李道平：《周易集解纂疏》，北京：中华书局，1994，第692–693页。

艮七，坤八（图5–5A），运行之线构成了太极曲线（图5–5B），它是被立杆测影一直观察到的和北斗斗柄四季旋转、太阳年回归、月亮的朔望晦循环而来的理论抽象，太极图（图5–5C）在大汶口文化的梳子（图5–6A）上和屈家岭文化的纺轮（图5–6B）上就有出现，太极图白中有黑和黑中有白的阴阳互含在冬季的阴中含阳和夏季的阳中含阴里，已有深刻的体会。因此，从八卦图到太极图，只是一种思维形式的变换。但无论是在变换前的八卦图，还是在变换后的太极图中，突出和强调的都是运行的动态。太极图的S形太极曲线使线两边的白与黑，不是静的图形，而乃动而且有着张力和变化的运行。太极图中，白为虚，黑为实，虚实相生；黑为有，白为无，有无相成。阴阳、虚实、有无的互动性，围绕着一个流动的而无形的中心，这个中，正如远古立杆测影的中杆之中，《说文》释“中”字的“丨”曰：“上下通也。”天地互动之中，太极图并不是西方形式美中的“式”，而成为中国美学中的气化流行之气。太极图之圆，不是图形的圆，而乃天道之圆。S形的太极曲线象征的是天地互动的规律。它引导着白所象征的天之阳气，黑所象征的地之阴气，在天地互动中进退转化、互含圆转。白中有黑，黑中有白，阴阳互含。黑白两鱼，一边这尾渐缩渐小，化为另一方面，在圆的规范下形成互为进退，相互换位，具有阴阳、虚实、有无特点的宇宙和万物的互动的圆转特点。这一特点可以谓之为：圆，这圆是动中之圆。太极图中的阴阳和互动，都在圆的规范下以太极曲线的方式进行，透出宇宙万物在日、月、季、年中的运行特点，同时也透出万物、个人、家庭、族群、王朝的运行特点。太极曲线是以圆而

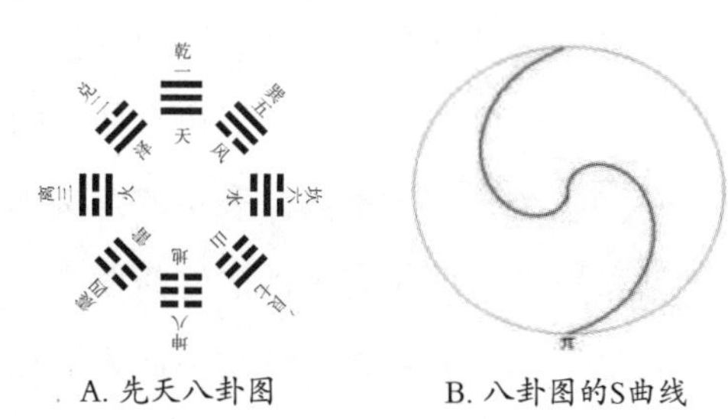

A. 先天八卦图　B. 八卦图的S曲线

C. 太极图

图5–5　太极图的形成

A. 大汶口S形梳

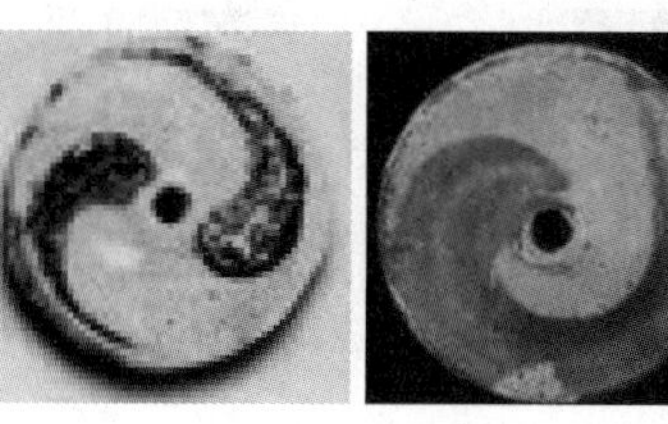

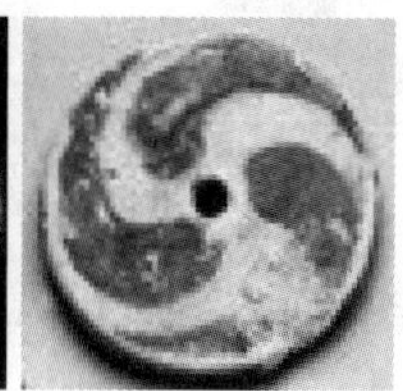

B. 屈家岭纺轮三形

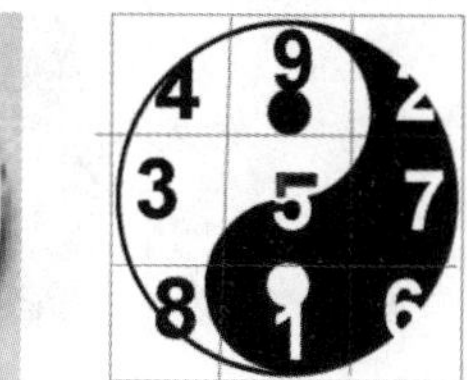

C.太极九宫图

图5–6　几种太极图

形成，又以圆为旨归。这一特点可以谓之为：曲，是天地互动之曲。中、圆、曲彰显的都是太极图作为动态之气化的流动。因此，太极图并不是作为西方式的静态图形看，而是作为中国式的动态运行观。九宫图看起来是静态的，但对中国人来讲，知晓其第一是来自图5–4A的动态，第二明白帝王每月各居一室以法天地季节之动，第三最为重要，九宫图应与太极图合为一图，成为太极九宫图（如图5–6C），以彰显其动的本质。太极九宫图把九宫图本蕴含着的动突显了出来。因此，太极九宫图所体现的，不是西方的形式美，不是西方美学由形而式而理的审美进路，而乃在形上，就有着动的形与气的关系，正如《老子》（第十一章）讲的："凿户牖以为室，当其无，有室之用。"建筑的门（户）和窗（牖）与昼夜、四季的运行相关。因此，建筑之形同时包含时间运行相关之象，不仅从建筑之形，还要从冬暖夏凉之气的运行而形成建筑之象，再进入建筑之"有"通过门窗与天地之气互动形成的室内之气的运行而来的建筑的审美品质，最后把建筑的外在之形与内在之气的整体，与天地运行的整体之气关联起来，体悟天地的运行之道。因此，中国之美，看似与西方形式美之形相同，实则有异。

印度文化也有形之美。其中最重要的就是曼荼罗图形以及由之而来的室利圣符图。印度的图形，也不是西方形式美的由形而式而理的审美进路，而是按宇宙万物在一维时间中并由之形成的"色空一体"和"是变一体"。因为有宇宙本空的本体作用和刹那即变的现象作用，因此，曼荼罗图形并不固定在某一典型图上，而乃千变万化，有以几何图形为主的曼荼罗图，有以字为核心的曼荼罗图，众多的图形，要突出的是"是变一体"之"变"，以及由"变"而来的"动"，以"动"而突显"色空一体"之"空"。如果按西方形式美的"形"去看，印度的曼荼罗图形也有西方的三大基本图形：三角、方、圆。但三大图形的意义不同，组合方式不同，表示的意义也是不同的。更主要的是，图形多样，以人物为主的曼荼罗图，不仅有平面的曼荼罗图形，还有立体的曼荼罗塑形。图形的多样，彰显着宇宙之动的多姿多彩，就是与西方形式美相合的三角、方、圆三大基形，印度之形与西方之形也大不相同。且看图5–7曼荼罗图五形：

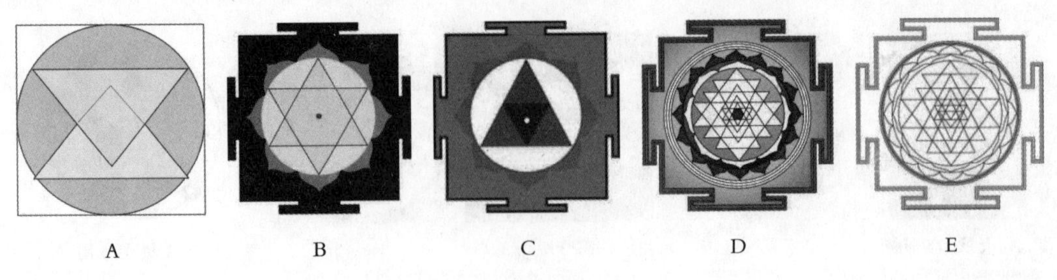

图5–7　曼荼罗图五形

图5-7A是三角、方、圆的基本形，按印度思想，方为天，圆为地，正三角是阳性能量，倒三角是阴性能量，两三角的阴阳交合是宇宙运行的基本结构。此图中方、圆与西方之形，虽寓意不同，但形上相同，两三角的相交，突出了印度宇宙之“动”的特色。图5-7B，用“亞”形的方，显示天之八方的运行之“动”，圆边成为与八方相对应的八朵莲瓣，显示四面八方生命的盛开。象征阴阳能量的正倒满溢相交，中间有红点象征满满的溢出的圆满与阴阳交合运行的圆满。图5-7C，方与圆与上图相同，但倒三角在正三角之内，为正三角所包孕，显示阴阳交合中的另一种圆满。从图A到图B到图C，也可看到宇宙间阴阳能量互动交合的三种状态，从初始之动到相合之舞到互动高潮。如果把正倒三角看作在天地运转之中的具体之物，呈现为以典型之物为视点体现宇宙之多彩而和谐的运行。图5-7D中，“亞”形之方依旧，方中之圆却由一变二，圆边上的莲瓣由内圈的八增加到外圈的十六，之外还有三圈显示着莲花盛开的无限。最主要的是，正倒三角由二变多，重重叠叠，有秩序地弥漫开来，象征着宇宙的无比丰富和运行之无比多样。重重叠叠正倒三角中心的红点，既是宇宙的本质之śūnya（空），又是具体能量在时间之流中不断地逝去为void（空无），又不断出现为充溢之满，还是万物在阴阳能量的推动下合成整体上的fullness（圆满）。图5-7D是有色彩的，同样的图形还可以呈为千种万种不同的色彩，代表着宇宙运行的无比丰富，但还可以用无色之图，如图5-7E所示。形成由无色而多色（空即是色）和由多色返无色（色即是空）的宇宙运行之道。由以上图形的初步分析，也可以感到，印度的图形，是无法按西方形式美来套的。最主要的是，西方由“形”到“式”之“式”是实的，而印度的方、圆、三角，都显示着“动”和内蕴着“空”。特别是“空”是不能按“实”来理解的。因此，印度美学虽然有“形”，但并没有形式美理论，或者说，即使有形式美理论，也在美学中不占核心位置。印度的美源何处，应另有路径。

在中西印美学的比较中，透出了美之“形”应为西方美学美源何处的特色。从“形”即可进入西方美学的深处，并由之理解西方美学的丰富展开的内在逻辑。前面已讲，黄金比率是西方之“形”的核心。西方思想以几何学为基础，柏拉图学院门口大牌标明：不懂几何，切莫入内。在形式美上也是如此。几何学由点成线，由线成面，由面成体，由体而成宇宙万物。宇宙中美的法则，由点而成线，就显出黄金比率。如图5-8A所示，把一条线段分割为两部分a和b，使其中一部分a与全长（a+b）之比等于另一部分a与这部分b之比。这就是黄金比率，约等于0.618：1。宇宙万物中的线，只要按黄金线呈现，就是美的。

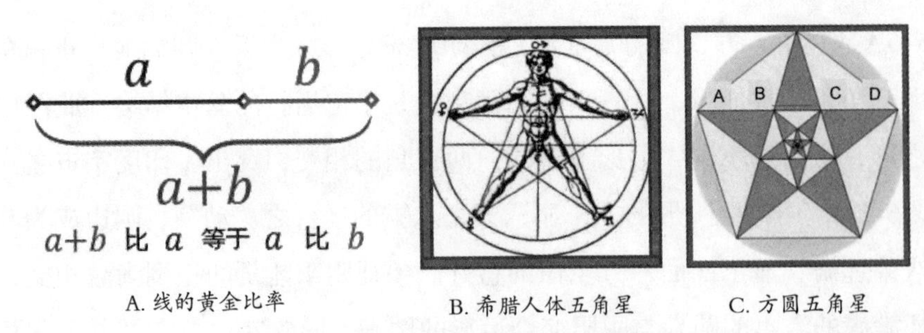

A. 线的黄金比率　　B. 希腊人体五角星　　C. 方圆五角星

图5–8　西方形式美的基本图形

几何学由线成面，面的基本形是方、圆、三角。三种图形都内蕴黄金比率，是宇宙万物中的基本图形，各种各样的美的图形都由三者演化而来。对于古代的地中海文化来讲，如何组织三角、方、圆，却各有自己的思路，希腊人在方圆内用三角形成的五角星，最具有美学的典型性。人把双手和双脚伸开，就形成一个方圆三角的组合（图5–8B）。一方面，从具体的人之"形"可以进入美之为美的"式"。更重要的是，方圆中的五角星，充满了黄金比率。每一条线中间两点都是这条线的黄金分割点。比如，图5–8C中，B和C都是AD的黄金点。五角星充满黄金比率，人体也充满黄金比率。人体与五角星的同形，使人体之"形"进入五角星之"式"。二者的同构透出了宇宙之美的黄金比率之"理"。五角星不仅是美学之式，还关联着更多的文化内容。比如，从毕达哥拉斯的数的象征体系来讲，5=3+2，是男性数字（3）和女性数字（2）的结合而代表爱与婚姻。又比如，五角星下角左为土，右为火，上角左为气，右为水，最上是灵魂，从而象征着物质与精神的统一。从希腊神话来讲，五角星与希腊健康女神的符号相同而代表健康。从后来产生的基督教来看，五角星是耶稣出生地伯利恒的标志，同时也象征指引并保护亡灵进入极乐世界，此外还代表耶稣受难时身上留下的五处圣痕。五角星之所以可以向四面八方扩展，正在于内蕴其中的黄金比率。图5–8B的人体五角星，重在强调人体之"形"与五角星之"式"的关联，在图5–8C的方圆五角星中，却揭示了五角星之"式"的内容：五角星内中又含一小五角星，以此类推，可以小至无限，同样每一五角星又可外扩一个五角星，以此类推，大至无限。正是这一五角星无限地变大和变小，以及与之相随的方和圆可以无限地变大和变小，五角星内蕴的黄金比率的宇宙之美的"理"，彰显了出来。西方形式美的从"形"到"式"到"理"的进路，得到了典型的体现。

黄金比率在古代经典地体现于五角星，在近代则转变为另一种形式，体现在斐波那契（Leonardo Fibonacci，1175—1250）的数列。斐氏在《计算之书》（1202）里用生殖加时间，精彩地呈现了数列问题。在好多神话中，生殖问题与兔子相关，中国的生殖与月亮相关，月亮又与兔子相关。强调月亮，彰显的是盈虚循环，只讲兔子，生殖意义得到强化。在兔子加时间中强调时间，从现在向未来的无限性突显了出来，西方近代对无限的追求由之而大显。回到斐氏数列上来。一对兔子第一月诞生，宛如作为逻各斯的道生一，一生二。第二个月之后这对兔子开始生育，自此以后，每月每对可生育的兔子都会生下一对兔子，如果兔子永不死去（象征宇宙规律永存），且时间一直无穷向前（隐喻宇宙无限）。从最初开始一月一月地依次数下去，每月（原有的加上新出生的）有多少对兔子？这一答案形成如下数列：

1，1，2，3，5，8，13，21，34，55，89，144，233、377、610、987……

这个数列从第三项开始，每一项都等于前两项之和（1+2=3、2+3=5、2+5=8……），无论这一数列怎样向前演进，这一规律始终不变。初看起来，数列呈现了时间的永远前进，再一细看，这一数列中的每两个连续数字之比，在波动中，越来越趋向黄金比率。[①]原来这永远前进的后面，是稳定的黄金比率。五角星之静和数列之动，五角星的空间感的稳定和数列的时间感的无限，后面的原理为一。数列在演进，进一步展开为天体力学，曲线之美，自相似原则。曲线中的对数螺旋具有更实际的美学意义。对数螺旋形成的曲线不仅仅是在几何图形中，而且普遍存在于植物生长之中，动物行动之中，天体演化之中。且以植物为例。正如马里奥·利维奥《Φ的故事——解读黄金比率》一书中所讲的，在植物的花中，最常见的花瓣数目是5枚（如蔷薇科的桃、李、杏、苹果、梨），其他常见的有3（如鸢尾花、百合花，此花看似6枚，实为两轮3枚），有8（如飞燕草），有13（如瓜叶菊）；一些植物的花瓣有多形，向日葵有21和34两型，雏菊有34、55、89三型。想一想这些数：3、5、8、13、21、34、55、89，正好是近代的斐氏数列。这样，面对这些在数列规律下的形态生动的植物，西方形式美的规律又一次呈现出来，由植物之“形”到数列之“式”到具有宇宙普遍性的黄金比率之“理”。

黄金比率在现代又转变为曼德勃罗（Benoît B. Mandelbrot）的fractal（分形）理

---

① 参马里奥·利维奥：《Φ的故事——解读黄金比率》，刘军译，长春：长春出版社，2003，第116页。

论。如果说，数列体现的是向宏大上的广与远的无限前进，那么，分形彰显的是向细微的深与幽的无限隐去。以植物中的树木为例。树木的生长，主要特点就是分枝。从分形模型来说，先找出单位长的枝干，呈120度分成两枝，长度为原长度的1/2，每枝再按照同样方式继续往下分，如此反复，分枝之间的空间就会减少，直到最后分枝重叠，如图5-9。这时，从理论上去追问，究竟在简缩因数为多少时，那些分枝刚好接触到对方，开始重叠？结果是：刚好在简缩因数大于黄金比例1 / Φ=0.618……时，会发生这种情况。因此这样的图形被称为黄金树。

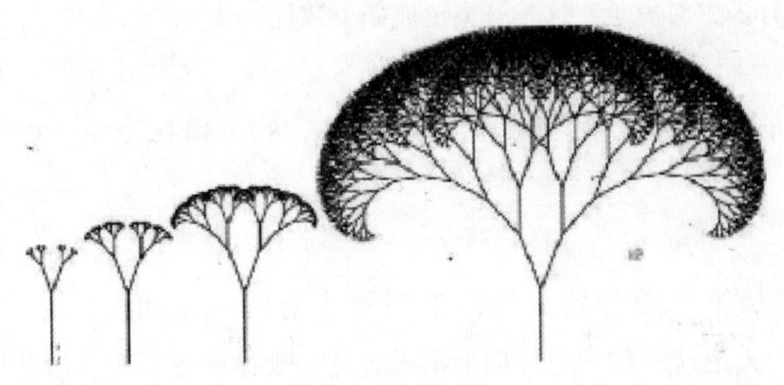

图5-9　植物分形图

从分形理论的角度看，其分数维大约是1.4404。其实分形还在继续，只是已经小到看不见，是在“无”之中进行。如果说，在数列的由小向大的行进中，可以一直扩大下去，以至达到最宏最大的无限，无限体现为“无”，但仍在黄金比率之中运行。那么，在分形的由大向小的行进中，也可以一直不断地缩小下去，以至达到最细最微的无限，细微体现为“空”，但仍在黄金比率之中运行。这样，面对这些在分形规律下的形态生动的植物，西方形式美的规律又一次呈现出来，由植物之“形”到数列之“式”到具有宇宙普遍性的黄金比率之“理”。其实，在古希腊的五角星中，本内蕴了扩大和缩小的无限，只是不明显，而数列将其扩大到其大无外的无限之“无”，分形将其缩小到其小无内的无限之“空”，突显了出来。在这里，西方的形-式-理一体之“理”已经类似于中国的气和印度的空了，但却仍有西方形式美固有的明晰性和可说性。这，应是西方从美源何处之问走向形式美的路径所呈现的西方美学特色。

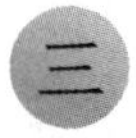

美之色：从印度美学的美之源谈起

印度美学的美源何处，是以色空一体的具体之物之“色”为起点。印度人以rūpa（色）来指具体之物，是要强调，物始终处在时间之流的是-变一体之中，就是有着固有色之物，如赤马的固有色为红，青蛙的固有色为绿，但在昼夜四季的时间运行中，其固有色的显现，每一刹那都因光线的变化而变化。在万物中，形是相对固定的，色是每时每变的。这一点正好最能体现印度人关于物体为何及宇宙为何的观念。因此，“色”之一词，不仅用来指物之颜色，也用来指物本身，以色代物，正好突出了物的“是-变一体”的性质，还可用来指现象界的万物全体。以色代现象世界，正好突出了现象界万物全有是-变一体的性质。从美学上看，审美是以现象上物之“色”作为起点，然后进入物之现象之色是如何成为这样的，在印度人看来，物呈现为何种色，是由时间流动的大背景中的主客互动而呈现的，这一呈现被称为viṣaya（境）。“境”具有让时间在刹那中停顿下来的作用，因此境可以称为lakṣaṇa（相）。境-相的固定是相对的，其在时间之流中的由固定之“是”到流动之“变”是绝对，变即原有之“是”逝去为“空”，但物色的过去之空因与现在之“是”相续相连，而被认为是实，物色的过去一定要被现在包括进来形成一个整体，被印度人在理性上称为māyā（幻）。认识到物色之“幻”就认识到了客观真相。而“幻”之必然为“幻”，是因为宇宙的本质之śūnya（空）。因此，印度美学的美源何处，是从物的具体所呈的“色”之美，进入天地关联和主客关联的“境”（或“相”）之美，到对物色本身性质的“幻”之美，识幻的同时也就悟到了宇宙的本质之“空”，幻之美同时即空之美。重在现象的客观性，为“幻”，重在与宇宙本质的关联性，为“空”。因此，印度美学的美源何处呈现为，由物的现象之“色”到关联之“境”到宇宙之“空”的演进。也可说，印度之美，是色-境-空一体之色。

色在世界之中是一样的，但各个文化对色的本质理解和结构安放却大不相同，因此，在中西印美学之色的比较中，更能突显印度美学以色为起点的美学进路之特色。世界上的物体，在现象上，形是稳定的，色是变化的。西方文化面对固有色的事物在不同光照中呈现的不同颜色，用实体-区分型方式，难以把握。芝诺的“飞箭之动”，可以将飞速前行的箭分为每一时点而加以总括起来，得出本质性认知，但飞箭飞奔时在每一点上色都不同，却不可以将每一点之色总括起来，得出箭在飞的本质性之色。虽然，恩培多克列和德谟克利特都把四元素（土气水火）与四基色（黑白红绿）对应起来，但这一理论如何把色的现象与色的本质关联起来，却甚为困难，倘若箭是红色，但箭的红色在飞动中会产生多种多样的色，却不能由箭的固有红色来加以说明，超出了一个分科的色彩理论所能讲的范围。与之对照，箭的形始终未变，箭飞动的力学轨迹始终在力的理论范围之内。因此，西方理论自古希腊以来的一个奇特现象就是对色避而不谈。西方的形式美理论从古希腊的比例到斐氏数列到曼氏分形，都是形的理论，与色无关。近代科学，从哥白尼、伽利略到开普勒的系列重大发现，也与色无关。色的理论，在文艺复兴，由于这一新时代的油画，以焦点透视把光与色固定在一个有包孕性的时点，让时间停顿下来，从而可以呈现色的具体状态，把色的某一时点的丰富变化细腻地表现出来。这一排斥时间流动的变化而将之完全转为无时间的空间，乃实体-区分思维达到的一项具有西方独特性的成就，正是在这巨大的成就中，琴尼诺（Cennino Cennini，1360—1427）和阿尔贝蒂（Leon Battista Alberti，1404—1472）以两种不同的方式在绘画之色的技术理论上达到光辉成就，前者的《艺匠手册》（1390）和后者的《论绘画》（1435）是其理论体现，卡拉瓦乔、米开朗琪罗、达·芬奇、提香的绘画实践，展现了实体-区分思维在绘画所能达到的最完美的色彩效果。由绘画开始的色彩技术理论与整个文化一道共同推进，终于在牛顿的光学理论中上升到了科学和哲学高度。牛顿通过科学实验室让时间停止，光被集中于一块透镜中，从而把白光分解成各种颜色的光谱，用与古希腊让飞箭“不动”和文艺复兴以焦点让时间不动相同的方式，建立起了色彩的科学。按牛顿的光谱，色彩由波长形成，如下表所示[①]：

波长（mn）	800 ~ 650	640 ~ 590	580 ~ 550	530 ~ 490	480 ~ 460	450 ~ 440	430 ~ 390
色彩	红	橙	黄	绿	青	蓝	紫

由光波而来的七色理论，经得起实验室的重复验证和现实中的经验实证，由绘画颜料实践形成的技术体系也因之被提升到科学理论的高度。从科学理论进行色彩研究，一个色彩学体系由之产生。这个体系可呈现为：由三原色——红、黄、蓝到七色

① 约翰内斯·伊顿：《色彩艺术：色彩的主观体验与客观原理》，杨继梅译，北京：中国科学技术出版社，2021，第12页。

到多色的体系。[①]这个西方近代体系（区别于其他文化体系）形成了对色彩本身的纯色彩研究，它把色首先分为两类，七色是彩色系统，黑、白、灰是无色系统。彩色系统的体系性，是3—6—12—多的层级关系。

三原色：红、黄、蓝；构成三角形，黄在顶，红在右下角，蓝在左下角。

三角形外接圆，圆内呈等边六角形，邻边空位正好由原色相加而出3间色：

黄＋红=橙

黄＋蓝=绿

红＋蓝=紫

圆外再画圆，两圆之间分12等分的扇形，原色与间色相加而出6复色：

黄＋橙=黄橙

红＋橙=红橙

红＋紫=红紫

蓝＋紫=蓝紫

蓝＋绿=蓝绿

黄＋绿=黄绿

将12色填在12扇形中，就是有规律的12色相的色轮。西方音乐是7音阶，7音阶又分成严整的12半音，西方色彩是7，7色又展为严整的12色相。与之相应，无色系中黑白是两种极端，中间的灰色有很多层次，理论家们也把从黑经过灰到白排出12层次。黑与白相混，是灰色，7色相混，也是灰色，可以说，灰色把彩色系统和无色系统连成一个整体系统。

牛顿开创的色彩理论，进入美学，仍然是一个由物之“色”到色之“式”到宇宙之“理”的路径。这一路径在西方思想的进一步升级中，由于宇宙之理的变化而再一次起了变化。

西方的色彩理论，在实体-区分型思维中，重要的是抓住一个确定性的本质之是

---

① 光谱从红到紫是连续不断的，牛顿将之定为7色，因其相信光的振动与声的振动相似，从而基色的数目应与全音阶的7个音调对应一致。在这一意义上，西方7音阶的结构和音乐和谐的思想，决定了牛顿在对光谱进行分段时，把每一谱段的宽度对应于音阶中7个整数的比率。约翰·巴罗《艺术与宇宙》（上海：上海科学技术出版社，2001，第247页注）：牛顿在1669年有关颜色的讲座和文章中，只描写了5种基色：红、黄、绿、蓝、紫，1671年才引进了合成色。橙与青似为后加上去的，目的是使颜色的总数达到7。他选择青作为一种独特的光谱色彩，无疑受到当时商业中某些突出事件的影响，印度染料（青色）在16世纪引入欧洲，此后得到了广泛应用。今天大部分科学家只有在色谱一览表中才会碰到“青”这个术语。

（substance），终于在牛顿的棱镜中实现了：色是由光波决定的。然而，牛顿认为光是实体性的粒子。这样，光粒子达到了西方思维要求的色的空间存在的实体性、不依人的客观独立性、超越现象的本质性。然而，另有科学家在实验室中发现，光不是空间性的实体之粒，而乃时间性流动之波。光为波的理论，在惠更斯（Christiaan Huygens，1629—1695）开始的科学家的连续努力下，由弱而强，最后到爱因斯坦（Albert Einstein，1879—1955）把波与粒子统一了起来：光波同时具有波和粒子的双重性质。进而德布罗意（Louis Victor de Broglie，1892—1987）提出一切物质都同时具有波与粒的特质。波粒二象性的理论把光提到了与形一样的高位。可以说光的理论也是西方科学由近代思想向现代思想的重要转折之一。光不仅是空间性的粒子，还是时间性的波，那么，色既为流动的波，古典画家所画出的固定性的色，就与客观事物不完全相符合，在追求色究竟为何的本质之是（substance）的过程中，西方画坛产生了不同于古典绘画的印象派。印象派并不仅如其命名者所贬低的那样，用画反映色在一时点中的具体性，如莫奈（Claude Monet，1840—1926）反复画同一地点（自然物）的干草堆（图5-10A）和（文化物的）鲁昂大教堂在不同光照中显出的不同色彩，而是更在于通过同一物体反映在不同时点的光照中色的本来面貌，更主要的是，任一色相以及任一色点，都是多种色的混一。古典派画家画的色是色的现象，印象派画家画的色，才是色的本质。这一色的本质在所有印象派画家中都得到了体现，特别是修拉（Georges Seurat，1859—1891）的画中，点彩这一色彩的本质，得到了鲜明的体现（图5-10B）。古典绘画在焦点透视中把一幅画中所有细部的色都进行了细腻的呈现，而实际中人眼聚焦一点观看对象色彩时，应当是在同一瞬间时点中，眼聚焦处清楚，焦点周围模糊，正如德加（Edgar Degas，1834—1917）所画的《舞台上的舞女》（图5-10C）和雷诺阿（Pierre-Auguste Renoir，1841—1919）画的《萨玛丽夫人像》（图5-10D）那样，形成眼光不动的凝视时产生的色象。

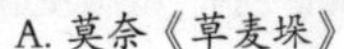
A. 莫奈《草麦垛》　B. 修拉《阿尼埃浴者》　C. 德加《舞台上的舞女》　D. 雷诺阿《萨玛丽夫人像》

图5-10　印象派画中的色彩

总之，印象派在两大点上，物体上之色（本质上）是怎样的和物体之色在人去看时（本质上）是怎样的，画出了完全不同于古典画的新观念。不过这两点基本上是从焦点透视的空间结构中表现出来的。如果说光本质上是一种波，具有时间性，波粒在二象互换中也会使光粒子内蕴着时间性，那么，色在画面上的呈现中也应有时间性。从古希腊以来一直追求并在文艺复兴得到完成的空间性的绘画，一旦引入时间，画就完全变了，这就是绘画史论家讲的从印象派到后期印象派的转变，这一转变为西方绘画划出一条分界线，以前是焦点透视的西方古典画，而今是走向了无焦点的西方现代画。这是一个无比多样、异常丰富、至今仍没有结束的演进。这里只从色彩的角度去看。一是构图上的时间化和色彩上的平面化。画面引进时间，人物可以变形，物体可以变体，同时要在时间中保持色的固定性，如印度画和中国画那样的平面色彩，就在后期印度派出现得越来越多。从长时段和逻辑链看，特别耀眼地呈现为从高更（Paul Gauguin，1848—1903）到马蒂斯（Henri Matisse，1869—1954）的演进。高更画作《戏笔自画像》《两个塔希提女人》《亚各与天使搏斗》，平面色彩的意味极其浓厚，到马蒂斯，从《生活的欢乐》《红色中的和谐》到《舞蹈》《伊斯洛斯》《蔬菜》《蓝色裸女》等画作中，完成了从色的晕染到完全为色的平面的演进。时间一方面以晕染色和平面色的两种方式在画中突显，另一方面也使画中形象出现与焦点透视不同的变形，这在塞尚（Henri Matisse，1869—1954）的画作中已经出现，如《转到路上》中的房屋，《同一线的浴者与渔夫》中的人物，《汤碗》中承载篮中水果的桌子，这在以后的各类现代派画中成为常态且“变本加厉”。但对于色彩来讲，因时间加入而使人、物、景产生多样变化，这一变化除了人、物、景本身之外，就是人的情感，色彩不仅是因在时间的不同点上出现而起变化，也因人看物的情感不同而起变化，这一点从塞尚、高更到凡·高，达到了风格的高峰，凡·高的《星空》《向日葵》《柏树中的麦田》《夜晚露天咖啡店》等画作中，形状的变异和随形所赋的色彩，散发出强烈

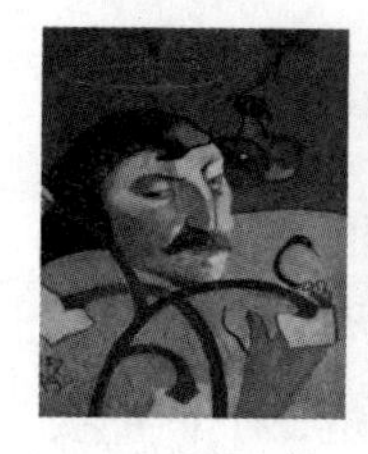
A. 高更《戏笔自画像》

B. 马蒂斯《舞蹈》

C. 塞尚《带黑奴的那不勒斯下午》

D. 凡·高《星空》

图5-11 后期印象派画作中的色彩

的情感。

总之，色来源于光，光为波，波是时间的流动，这一科学的定论，使得西方绘画在色上发生了根本性的变化，主要体现为上面讲的四大特点，点彩之色、凝视之色、平面之色、主观之色。但这一变化又是在实体区分性中产生的，一些画家专注于色本身，从色之为色去追问色的意义，体现在从蒙德里安（Piet Mondrian，1872—1944）到罗斯科（Mark Rothko，1903—1970）到克莱因（Yves Klein，1928—1962）和纽曼（Barnett Newman，1905—1970）的演进。蒙德里安迷恋于色本身的构成，如《黄蓝构成》《蓝黑构成》《红黄蓝构成》，还用纯粹的色的构成去想象一种色之外的东西，如《特拉法加广场》《百老汇爵士乐》……在罗斯科和克莱因的画中，从标题就知其为色本身，如罗斯科的《橙红黄》《白色中心》《蓝色中的白色和绿色》，克莱因的《无题　蓝色单色画》《无题　玫瑰红和金色单色画》《滑动》……两人也都有把颜色指向了具体事物的画作，如克莱因的《克莱因奉献给圣-玛利的还愿物》和罗斯科的《科尔马利的蓝色窗子》。罗斯科还用不少的《无题》去让人任意想象颜色之外的东西。纽曼不仅有一体性的单色，并让人去感受色本身，矩形单幅红色叫《安娜之光》，在矩形单幅红色中间加几条线，叫《英勇而崇高的人》，以多种色彩进行组合，叫《不再害怕红黄蓝》，绿色底加一竖红杠，曰《野外》……这种以色求色的方向，应为西方实体-区分型思维在色的科学升级后而必然要产生的带着迷思的演进方向，似可名曰：为色而色。

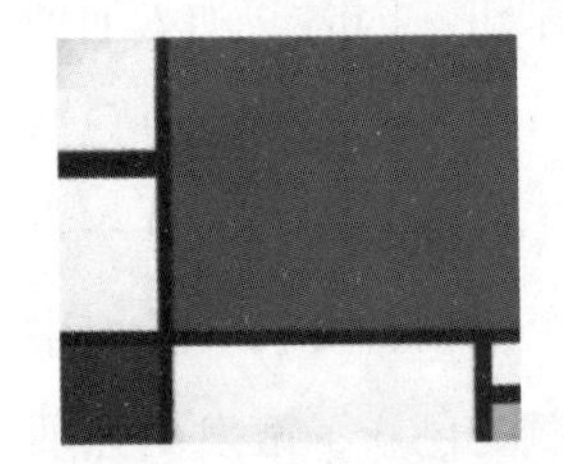

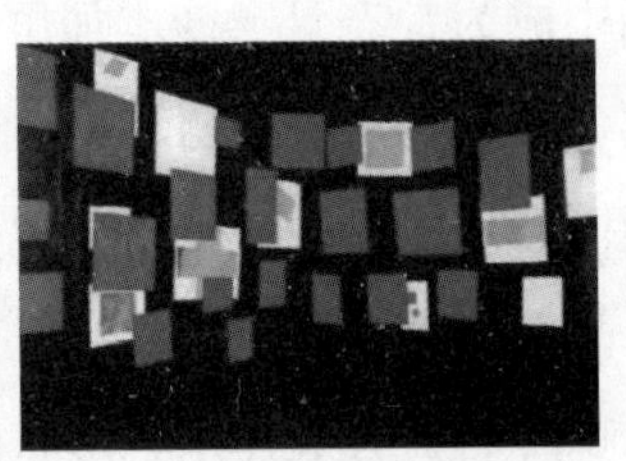

A. 蒙德里安《红黄蓝构成》 B. 罗斯科《白色中心》 C. 克莱因《滑动》 D. 纽曼《不再害怕红黄蓝》

图5-12　西方现代派画中的“为色而色”

除了以上色的五种演进方向之外，色还产生了两种与科学理论相呼应的演进。一是把光与相对论关联起来的何为基本色的变化，二是把光与科学实验进展关联起来的何为冷暖色的变化。对此伦纳德·史莱因《艺术与物理学》讲得甚为清楚，下面简要复述此书关于这两点的讲述。

先看第一种变化。光是在时间中流动的波，当光的时间之“动”接近光速时会怎样呢？当一个人在一辆以接近光的速度行进的火车上看事物之时，随着速度接近光速，物体在他看来带有何种色彩取决于相对运动。从接近光速的火车尾部看出去，远离而去的草会呈红色而非绿色，反之，迎面而来的草看上去会带上蓝色，至于在侧面，草色则会呈现位于光谱中段的黄、橙、绿诸色调。所有这些色彩上的变化，都是由于速度的增加导致空间发生严重收缩。当达到光速时，前与后变成一体，故所有的色彩都将合聚到一起，我们不妨再信马由缰地让想象驰骋一番，设想一下在这个无限薄的扁片上，实在该呈现什么色彩。白光中带有光谱中的所有色彩，因此有理由设定在光速这一数值上，色调只会是清一色的一片白。不过，从小我们便知道，如果把所有的色彩掺和到一起，得到的会是乌突突的灰褐色，因此也有理由认为此时的空间会呈现这种色彩，黑色表示没有光，它是唯一不会因速度达到光速而变化的色调。那么，在光速情况下可能呈现的色彩只有白、黑、灰、褐这几种中性色调，看不出与彩虹包含的色彩有任何关联。立体画家毕加索和波洛克（Paul Jackson Pollock，1912—1956）虽然不知道这一科学性极强的内容，但他们在绘画创作中，减少了色彩的数量，不像野兽派那样色彩斑斓，而基本上只用“土色”表现自己的新空间；这四种颜色就是白、黑、褐与灰，正是以光速运动的观者可能看到的色调。立体派把阴影的一致性也给消除了。按照牛顿力学的范式，物体的阴影必然要位于光源的对面；对这一法则的任何改动，都将带来绝对空间、绝对时间和相对性的光三者是否正确的问题。如今立体派不考虑光源位于何处，径自将阴影或东或西地涂布在各个小图块上，这让观者重新考虑“光投下影子”这句话是否真的有什么意义。绘画中有一种光色立体感技法，其表现原理是基于光色强的物体看上去要比光色暗的物体显得近些。波洛克在自己的不少画作里却反其道而行之，比如画一个苹果，文艺复兴时期的画家会在苹果最临近观者的位置上添一点白色，然后使苹果的光色在移向边缘时逐渐减弱；波洛克则在应当点白的位置上点些黑，然后让光色在移向外缘时不断加强。阴影变得无序，长度变短（图5-13A）。这些表现都忠实地表述了物体阴影在观者接近光速时大概会呈现的样子。在正常时速里，由光而来的基本色是红、黄、蓝，整个古典绘画是建立在这一色彩体系上的，在光速里，由光而来的基本色是黑、白、灰、褐，不少现代派绘画是与这一色彩体系相符合的。这一演进可称为：光变之色。

再来看色彩的冷暖。牛顿《光学》（1704）认为，在光带诸色照向物体之时，最暗而力量最弱且最容易被折射面偏折的是紫色，紧靠紫色的蓝色性质略同。最大而力强且偏折度最轻的是红色，棱镜对它们的偏折程度最轻。自此以后，蓝冷红暖成为知识定论。然而，19世纪中叶时本生灯①的出现开始改变这一观念。本生灯能产生带有红、橙、黄、蓝等色调的火苗，蓝色火苗最为炽热，从而火苗中能量最高的是蓝而不是红。在此之前，里特尔（Johann Wilhelm Ritter，1776—1810）发现"黑光"，位于光谱的蓝紫一端（因此又称为紫外光），其热会升高水温，灼伤皮肤。在麦克斯韦（James Clerk Maxwell，1831—1879）的电磁波座次表上，一端是高能量的伽马射线，另一端是长蜿蜒的无线电波，电磁波的波长越短，能量就越高，恰恰与传统的光色能量座次相左。紫外光邻近蓝而波长更短，因此有比邻近红光而波长更长的红外光更强的能量。天文学上呈现了与麦克斯韦公式一样的现象：最炽热的恒星年轻而光色白中透蓝，如黄道十二宫的金牛座的昴星团内就有一大批这样的星星。另一方面，像参宿四（猎户座a星）这类红巨星光色发红，却是老而冷的星体。多普勒效应②与爱因斯坦相对论性速度结合的结果告诉人们，当物体以接近光的速度冲向观测者时，其光色要带上蓝色调，远去时则带上红色调。从而红色代表膨胀，代表远离，蓝色则代表收缩，代表接近。正如星系的红移确凿地告诉人们，宇宙正处于膨胀之中。这样一来，在新物理学中，蓝色乃火的光色，红色属冰的光色，正好与古典光色理论相反。当欧洲大大小小的化学实验室都装上了本生灯时，法国印象派也发现了蓝色有令人兴奋的力量。在科学与艺术的结合上，新的蓝颜料也在化学实验室里被制造出来了。因此，无论在艺术领域还是在科学领域，蓝色一跃而成为艺术中的主色。蓝色在被莫奈、高更和凡·高用来表现高能量状态之后，逐渐占据了一幅又一幅19世纪末叶画作的中心地位，蓝色占领画布的趋势虽然开始艰难，但很快就使德加画中的轻快旋转的舞女，显得漂亮而骄傲，蓝色以巨大的活力在野兽派作品中迸泻而出，表现在树上、面孔上、草地上，或其他任何物体上。毕加索甚至选了这一具有高能量的蓝色作为自己整整一个艺术时期的色调（图5-13B）。在20世纪中期凯利（Ellsworth Kelly，1923—2015）发表了绘画作品《蓝绿黄橙红》（1966），以人们熟知的彩虹为主题，但其排

① 此灯为德国化学家本生（Robert Wilhelm）装备海德堡大学化学实验室而发明的以煤气为燃料的加热器。先让煤气和空气在灯内充分混合，从而使煤气完全燃烧，得到无光高温火焰。火焰分三层：内层为水蒸气、一氧化碳、氢、二氧化碳和氮、氧的混合物，温度约300℃，称为焰心。中层煤气开始燃烧，但燃烧不完全，火焰呈淡蓝色，温度约500℃，称还原焰。外层煤气燃烧完全，火焰呈淡紫色，温度可达800℃～900℃，称为氧化焰，此处的温度最高，故加热时利用氧化焰。该灯以本生而命名。

② 多普勒效应是由奥地利物理学家及数学家多普勒（Christian Johann Doppler）提出（1842）而命名。这一理论的主要内容为：物体辐射的波长因为光源和观测者的相对运动而产生变化。

序却是蓝色在先而红色在最后（图5-13C），与古典光学和画学中的排序正好相反。

A. 波洛克《炼金术》　B. 毕加索《自画像》

C. 凯利《蓝绿黄橙红》

图5-13　西方现代绘画中的“光变之色”

西方色彩学无论由近代光学产生的体系，还是由现代光学引出的体系，虽然演出不同风格的审美对象，但在美源何处的进路上又有相同，都是由现象之“色”而色彩学之“式”而宇宙之“理”。

中国的色彩理论，不像西方那样由科学实验之光来形成，以焦点透视让时间停顿来呈现，也不像印度那样，固定色处在天地互动和主客互动的影响中不断地变化，而是时空兼顾，形成本体上的由宇宙之气产生的基本色，基本色在时空的运行中产生现象上的千色万色。中国的色彩理论，在《左传》（昭公元年）及《礼记·礼运》《周礼·考工记》三句话中体现出来。《左传》的话，讲了色的宇宙来源：“天有六气，降生五味，发为五色，征为五声。”[①]这里，六气即天地四方之气，五色是中国的基本色：青红黄白黑。《礼记》的话，讲了五个基本色在一年四季十二月的运行中各不相同又周而复始：“五行四时十二月，还相为本也……五色六章十二衣，还相为质也。”[②]基本色在时间的运行中具体是怎样的呢？《考工记》把宇宙之色与绘画之事结合起来，讲了五点，形成了中国的色彩理论体系：

（一）画缋之事，杂五色，东方谓之青，南方谓之赤，西方谓之白，北

① 杨伯峻编著：《春秋左传注》，北京：中华书局，1981，第1222页。

② 郑玄注，孔颖达疏：《礼记正义》，北京：北京大学出版社，1999，第691页。

方谓之黑，天谓之玄，地谓之黄。（二）青与白相次也，赤与黑相次也，玄与黄相次也。（三）青与赤谓之文，赤与白谓之章，白与黑谓之黼，黑与青谓之黻，五采备谓之绣。（四）土以黄，其象方，天时变，火以圜，山以章，鸟兽蛇。（五）杂四时五色之位以章之，谓之巧。凡画缋之事，后素功。[①]

第一段讲色彩的总体系，中国色彩是由天地四方之气的性质决定的，天之色是玄，地之色是黄，东南西北四方之色为青赤白黑。这里要注意的是，天之玄是从春之青到冬之黑的运行后进行的总结，可共为基本色之黑（夜晚之气和光所呈之色），地之黄是青赤白黑的一个综合，可共为基本色之白（白天之气和光所呈之色）。第二段讲天地四方的基本色相配，从具体一天到整体一年着眼，看色彩变化的共同规律。方位同时又是时间，一天中太阳的运行是从东到西，使色彩从东方青到西方白有了交会变化，一年太阳的运行是南北往还，使色彩从南方赤到北方黑有了交会变化，天月季年都反复着日夜交替，天之玄与地之黄有了交会变化。天地万色正是在天地运转中由基本色产生出来。第三段讲季节顺序进行，春夏秋冬，之后又是春……给色彩带来的交会变化：春之青与夏之赤、夏之赤与秋之白、秋之白与冬之黑，然后又是冬之黑与春之青……在这一青赤白黑的变化中还包括了天玄地黄，这一自然色的自然变化在法天的朝廷冕服中以色彩为亮点体现出来，这就是以亮色为主的文、章和以暗色为主的黼、黻，在对春夏秋冬四色加以分别组织后，还要把地之黄和天之玄加进去，形成色彩体系的"五彩"。这里的五彩，就是青赤白黑加黄构成的以阴为主之色和青赤白黑加玄构成的以阳为主之色，天地阴阳共汇成整体性的五彩。第四段讲的是色彩与形状（方圆）的互动，以及可以体现在各类具体的形象（山鸟兽蛇）上，即由基本色到具体色，到天地中色的具体形象。最后第五段，回到用绘画去表现天地的色彩规律和天地间的具体的形象，强调了如何按天地规律去使用色彩："杂四时五色之位以章之，谓之巧。"这一讲巧的色彩体系在汉代因气阴阳五行思想的合一而有了体系性的表述。其核心是按天地五行规律而来的五行相生（木生火，火生土，土生金，金生水，水生木）和相克（金克木，木克土，土克水，水克火，火克金）规律。这一规律体现在色彩上，五行的木（东）火（南）土（中）金（西）水（白）产生（本质性的）正

---

① 郑玄注，贾公彦疏：《周礼注疏》，北京：北京大学出版社，1999，第1114–1117页。

色：青、赤、黄、白、黑。正色在运行中相生相克产生间色。具体为：克是以克者之色为主、被克之色为辅的混合色，生是以生出之色为主、催生之色为辅的混合色，和是二者等量相加产生的平衡之色。具体来讲如下：

木（青）生火（赤）为赤主青辅之色。
火（赤）生土（黄）为黄主赤辅之色。
土（黄）生金（白）为白主黄辅之色。
金（白）生水（黑）为黑主白辅之色。
水（青）生木（青）为青主黑辅之色。
金（白）克木（青）为白主青辅之色。
木（青）克土（黄）为青主黄辅之色。
土（黄）克火（赤）为黄主赤辅之色。
火（赤）克水（黑）为赤主黑辅之色。
水（黑）克金（白）为黑主白辅之色。
……

在这十种间色中要关注的是，“生”要有在前渐弱到后渐强的动态趋势，“克”要有前者渐强后者渐弱的动态趋势。色要生动，就要把生与克这两字的动态体现出来。依上面之理，平衡色即为：木（青）与火（赤）等量相加成为青赤调和之色，其他以此类推。但这只是理论，五基色的相克相生具体成为怎样的色，细看又有差别。比如同样是白，在不同的物体上，各不相同，以《说文》中关于各物体之白为例：人之白曰皙，老人之白为皤，鸟之白叫皠（也可叫翯，《说文》“鸟白肥泽貌”段注：“翯与皠音义皆同”），霜雪之白称皑，草萼之白称皅，玉石之白称皦，太阳之白叫皢，月之白称皎……这些事物之白，或因物体本身的性质（如玉石、霜雪），或因与他物的互动（如太阳、草萼）而呈出白来，前者为本色，但因物之质不同而有差异；后者为间色，也因本色和互动因素不同，草为白中有绿或有黄，日为白中有红。据赵晓池《隋前汉语颜色词研究》（博士论文）统计，在先秦文献中，关于白类的词汇有单音节词19个：白、素、缟、皓（皜、暠）、皎（皦）、皙、皤（蕃、繁）、顠、的、皠、斯、颢、翯、翰、瑳、皑、鹤、皭、皏；复音节词31个：皎皎、颢颢、皓皓（皜皜）、鹤鹤、翯翯、皭皭、皓（皜、暠）然、缟然、皠然、皭然、皏然、皤如、缟素、斑白、皓白、白皙、白素、素白、白皓、交白、洁白、素缟、青白、白色、白采、正白、纯白、精白、粹白、大白、窃脂。[①]由此可知，中国色彩体系中，由本质之色到具体之色，到具体的本质之色和间色，是非常丰富的，而且把现象与本质结合在一起考虑。但是当颜色运用于礼制，用以区别等级，除了一个朝代把色与天道运行结合起来之外，就是区分正色和间色。正色因与本质相关，位高，间色由本色产生，位低。正色是清楚的，体现在具体物体（如服饰上）也是清楚的，但间色，则因为具体的呈现不同，在本质上不设定论，在现象上却有标准。文献上的间色，主要有两说，一是晋代学人环济《礼服要略》曰：间色有五：绀、红、缥、紫、流黄。二是梁代学人皇侃疏《礼记·玉藻》讲的：绿、红、碧、紫、骝黄，但这只适合针对某一具体物体（如冕服体系而言）的现象之色，而非本质上的定论。实际上，只要五行生克及相加相和产生的色，都为间色，这就是《考工记》的色彩理论只讲本色间色的基本原则，并不讲何为间色，而要讲本质具体地在现象上的呈现，就如第四段，把色彩理论具体到冕服的十二章图案上，但不是就十二章图案本身讲，而是将之关联到宇宙规律来讲，特别强调了“天时变”。冕服图案之色彩，不是凝固的，而是要从已经固定的色上，体会到天地中不断变幻之色和不变的本质之色，更要体会到气之流行，与物色变化之中的不变之道，以及十二章对天地之道的象征意义。正是在这一意义上，最后一段特别强调“杂四时五色之位以章之，谓之巧”。这里不讲“六合四方”，而讲四时五色，就是东西南北中的框架中，强调“四时”的“时变”。在时变中，每一物之色，都在天地四方的整体运行中呈现特别的面貌，而每一“时现”后面都有本质之色运行的规律。“十二章”正是对中国型色彩关系的典型体现，对于色彩本身来说，是如何理解色彩的本质与现象及其运行之道，对画缋来讲，是如何体会十二章的用色方式，并能准确而灵活地运用在每一类色彩之中，方称之为色彩运用之“巧”。“后素功”讲的是十二章体系中的留白之虚与图案之实的关系，以及这一关系对宇宙规律的象征性体现。当色彩的演进汇成五色之时，中国的色彩体系如下：黑与白是体现天地的阴阳之气的根本性的第一层次之色，先秦文献的“绘事后素”之素，就是根本性的白。唐宋以后墨分五彩之墨，就是根本性的黑。这根本性的黑与白，就是太极图中的黑与白。与天地的五行运行相连的青赤黄白黑中的黑白是由阴阳黑白而生五行基本色，这里的黑白是第二层次的，可以说就是九宫格中的四方之色。正如太极图与九宫

---

① 赵晓池：《隋前汉语颜色词研究》，博士论文，苏州大学，2010，第100–105页。

图叠合，构成中国的太极九宫图一样，把阴阳的黑白与五行的青赤黄白黑叠合起来，就构成了中国色彩理论中的基本色，如图5-14所示。

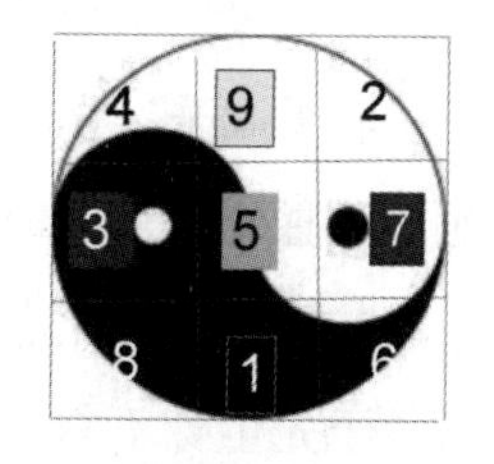

A. 太极图与黑白二色　B. 九宫中图与基本色　C. 太极九宫图与色彩体系

图5-14　太极九宫图与中国色彩体系①

由此可知，中国美学的美源何处，倘要从物之色开始，也是从物所呈色进入物之色与天地互动和主客互动的关联之中，体会到中国型的色彩体系之理，最后进入色彩体系何以如此运行的天地之气。或者讲，是一个由具体的物之色，到物色得以产生的气之运行之道，到宇宙本质之气的本体之道。

色，在西方和中国，只是物之一面，而在印度却可以代表整个物。因此，色的概念，其内容要远比西方和中国为多。理解梵文中色的范围，对于印度美学的美源何处的路径，会有更好的理解。弥勒讲述和无著（Asanga，公元4—5世纪）记录的《瑜伽师地论》（*Yogācāra-bhūmi-śāstra*）卷三讲，色可因需要分为一色、二色、三色直到十色。②其中卷一详述的三色论，基本可以显示印度色论的特点。任一rūpa（色即事物）可分为三个方面：显色（varna rūpa），形色（saṃsthānam），表色（vijṇāpti-rūpa）。形色即物的形状，有“长短方圆精细”等区别。任一物，有形状必有色彩，形与色，一是在客观上不能分开，二是形之状会影响到色的呈现，比如一个立体，正对和背对阳光，所显之色是不同的。形色正是要强调二者的关联。显色即物的色彩，但在印度人看来，显色不仅是色彩，而且包含色彩以及使色彩发生变化的因素，因此有十三种类，即“显色者，谓青黄赤白，影光明暗，云烟尘雾，及空”③。第一是以四基色“青黄赤白”代表颜色本身，第二是决定颜色具体呈现的“云烟尘雾”的天气四因素，第三是天气因素在运行中产生的四种功能“影光明暗”决定了颜色的具体呈现。十二因

① 上图九宫图的方位数字配色，考虑到五行体系中的1和6为水，2和7为火，3和8为木，4和9为金，5和10为土。九宫图中的方位与数、色在配位上强调的是动态关系。

② 弥勒论师：《瑜伽师地论》（壹），杨航、康晓红整理，西安：西北大学出版社，2005，第37页。

③ 弥勒论师：《瑜伽师地论》（壹），杨航、康晓红整理，西安：西北大学出版社，2005，第2页。

素作为色的整体，决定了色一定是动态的变化的。要对本处在动态变化中之色作一总的特点概括，就是：空。十二因素的结合一定是在时间中进行的，考虑到时间，时间流动中的色空一体，决定了色不断地变化和转瞬为空之空不断地出现。每一刹那之空都与宇宙之空关联了起来。以上十三因素作为一个整体，就是显色。显者，人面对事物时最明显地可以感到的东西。空还是从以颜色为主的显色讲，表色则是把显色和形色都结合在一起的事物总体之色（rūpa），从物在时间流动中的本质来讲："生灭相续，由变异因，于先生处不复重生，转于异处，或无间或有间，或近或远差别生，或即于此处变异而生，是名表色。"[①]物之色在时间之流中，表现为不断变化。这样，由色的变化性来为物命名，不仅突出印度物体的色空一体和是变相续的特点，而且从显色、形色、表色三色的合一，彰显了色的印度特点。

《瑜伽师地论》又讲了：一切显色、形色、表色"是眼所行"[②]，即在与人的视觉互动中呈现的。在现象中，人之眼与物之色相接触，形成具体的色之viṣaya（境），同一物体，在具体环境（时间、光线等）中，其色的呈现，有所不同；人在具体时空的条件（位置、距离等）中，对色之所见，有所不同，这一具体的不同，可称为"境"。"境"是主客互动的结果。人为同一人，物为同一物，人与物互动而呈现的"境"却是不同的。色在"境"中呈现，色成为viṣaya（境）之中色，即主体在具体时点中所见之色。境中之色，体现的正是印度物体在时间之流中具有的色空一体和是变一体之动态。总之，显色、形色、表色要加上"境"，才全面地彰显出印度色彩理论的基本特点。

虽然色的世界是一个不断变化的世界，一个色空一体中的幻相世界，是变一体中的变的世界，但一物在固定的时段中，是相对稳定的，在不断的变化中又有自己的固定色，特别是要用绘画把世界之色用艺术的方式表现出来之时，色的体系就成为固有的领域。《毗湿奴往世书》（*Visṇudharmottarapurāṇa*）第三部分《画经》（*Citrasūtra*）的第四十章第16颂中讲，世界的千色万色中，有五种色是基本的：白、黄、红、蓝、黑，是基本色（mūlaraṅga）。《大日经疏》在讲运用颜色营造曼荼罗的圣境时，也是这五种基本色，只是在次第上，因不同的象征体系，次序可白黄赤青黑，也可白赤黄青黑。在这五基色中，除了来自白昼的白和来自夜晚的黑，正好是西

---

① 弥勒论师：《瑜伽师地论》（壹），杨航、康晓红整理，西安：西北大学出版社，2005，第2页。

② 弥勒论师：《瑜伽师地论》（壹），杨航、康晓红整理，西安：西北大学出版社，2005，第2页。

方色彩学中的三原色：黄、红、蓝。可以说，在对色彩的规律的把握上，印度与西方有共通性，但在色彩性质的理解上有所不同。西方的色彩学是要为一个实体–区分型世界服务，并按实体–区分的方式来进行组织工作，其最经典的体现，就是焦点透视的油画，让色彩服务于不见时间因素的纯空间呈现，并在让时间停留的那一瞬间，呈现色彩的丰富性和细腻感。但色的丰富和细腻又是建立在每一色的确实上的，特别是基本色中每一色与另一色有区别。印度的基本色却更强调在色与色之间的互渗和转换之中，在基本色中，印度的蓝色常常被等同于黑色，两种都可用“深色”（śyāma）去指涉[①]，强调的是二者的互通。印度的黄色，正如爱娃·海勒在《色彩的性格》中讲，主要体现为橙色，并且把近似于红的番红花也认为是黄色。[②]这种黄、橙、红的互通要从色彩的变幻角度去理解。印度的绘画要体现一个在时间一维中不断变化着的世界。当然不断流动的时间在每一瞬间又是停顿的，这种流动中的停顿，构成印度思想的lakṣaṇa（相）。相在印度思想中有两种含义，一是前面讲的在时间中的停顿，二是事物在一定时空中存在着的固有特征。正如色都与空相连一样，相在视觉艺术中，既突显事物在一个时点中的停顿，又体现事物在一定时空中固有的特色，还要体现时点和特征与本质之空的关联。这三者的合一，构成了印度绘画艺术的特点。最初，这体现为由阿旃陀石窟前期壁画（前1世纪到公元200年）呈现出来的animonnata（平面画法）。一人一物其固有色为什么，整个人或人都用此色平涂填满即可，根据绘画的二维空间，把现实流动之色转为停顿之相，突出固定色，然后通过构图上的时间流动，强调固定色本在变化之中，由此形成时间一瞬之是与整段事件之变的统一，并以二者的张力，体现世界的色空一体。随后，当印度的平面画法与来自希腊的立体光影画法互动，而产生具有立体色影效果的nimonnata（凹凸画法），体现在阿旃陀石窟后期（450—650年）的壁画中，即把时间在本质上流动与瞬间的停顿结合起来，形成一新型的印度绘画之相。在凹凸法的诸方法中，主要有两法甚为重要，一是晕染法，以色彩的明暗深浅的层次变化，来强调时间瞬间的停顿之相；二是高光法，统筹画面结构的时段整体，强调时段变化形成的故事整体中色的重点。如果说前法显出了与西方画法的相似，那么，后者则彰显了与西方画法的不同。这一不同的根本在于，西方是时间的绝对停顿后的空间画面，印度是时间变化（画的整体结构）与时间不变（画中某

---

① 段南：《再论印度绘画的“凹凸法”》，《西域研究》2019年第1期。

② 爱娃·海勒：《色彩的性格》，吴彤译，北京：中央编译出版社，2013，第390页。

具体人或物）的统一。再后来莫卧儿的阿巴克时代（1556—1605），印度画与伊斯兰和伊朗的细密画互动，产生了印度细密画。一方面回到原来的平面画法的一物着固定色，另一方面在画面结构上把印度的时间变化，作了一种印伊之间的新结合。总体而言，印度的三种画法，都围绕着把绘画平面空间转换成瞬间之相与时段之变为一体的印度观念，其中的色彩安排，体现了五基色在是-变-幻-空中的印度特点。

印度之“色”独具特色的是，第一，物之“色”把整个物关联起来，从而成为美学美源何处的起点。第二，用色指物将色与天地人物在时间中流动关联了起来，色的每一呈现既是独特的，又是关联着主客和天地的，这种关联以“境”的统一性呈现出来。第三，境中之色，既是主客和天地在一刹那中的呈现，呈现的独特性同时突出了其在时间流动中的色空同在的空性，而且具体之空与宇宙的本质之空的关联也恰好在这一刹那中突显出来。印度的美源何处的路径和深入，由色而境而空，审美中的色空一体与刹那永恒关联了起来。

美之气：以中国美学的美之源为中心

西方的美之形和印度的美之色，都是从具体之物讲起，中国的具体之物，有形的一面，有色的一面，还有前面讲的象的一面，但面对具体之物，中国人也看形，也观色，还观象，但更看重的不是形、色、象，而是具体之物的气。中国的具体物，属性众多，从与本讲的关联来说，可突出四个特质：形、色、象、气。在中西印的比较中，物中有气，而且气在形、色、象中明显地呈现出来，明显可感，而又处于最为重要的地位，是一大特点，这在中西印的比较中特别突出。西方的世界构成，是实体的，任何一物，无论是实体，还是虚体，最后都归结到由最小的不可分的实体（在古希腊就是不可再分的原子）。气也被看成实体之一，可以从气分子中去理解和掌握。这样，在实体的世界和实体的物体中，物体的性质首先从形体上体现出来。因此，实体性的形显得重要起来。印度的世界是由在时间流动中的物体和宇宙之空所组成的。在天地互动和时间流动中的物体，突显其关联和变化的“色”显得重要起来。中国的物体，因宇宙的气化流行而成物，有气而产生，因气成生长，无气而衰亡，气在物中具有根本性的意义。中国的物体，从静态上看，是形，但形内有气，且气显于形，因此，要从静态精练地讲一物，中国人用的是形气。气与形紧密相连，不可分割。从动态上看，印度为色，与印象之色更相合的是中国的象，但就色论，色内有气，且气显于色，从象看，象内有气，且气显于象。从动的角度看，要动态生动地讲一物，中国人用的是气色或气象。更为重要的是，物之气，把此物与他物、与环境、与宇宙紧密地、内在地关联起来。因此，对于中国美学的美源何处的问题，拈出了气，就呈出了怎样呈美和怎样寻美的根本。

中国文化在远古的立杆测影，通过以“昼观日影，夜观极星”为核心的整体天文观测，思考天体运行、天地互动、万物生长的总体规律，并在原始时代、早期文明、轴心时代的演进中，把宇宙归结为有规律运行的气的宇宙。气，即是宇宙的本体，《庄子·知北游》讲“通天下一气耳”，《老子》（第四十二章）讲“道生一，一生二，二生三，三生万物”，具体来讲，就是“气化万物”，如张载《正蒙》讲的“太虚无形，气之本体，其聚其散，变化之客形尔”。《论语·阳货》中孔子说“天何言哉，四时行焉，百物生焉”，描述的就是后来董仲舒《春秋繁露·五行相生》讲的“天地之气，合而为一，分为阴阳，判为四时，列为五行，行者行也”的运行规律。总而言之，气有如下的特点。

第一，气是宇宙的本体，气生万物，物亡又回归于气。

第二，气是宇宙中一切的根本，宇宙本身为气，宇宙分为阴阳，阴阳的本质也是气，由阴阳二气产生属阴属阳或与之相关的万物，阴阳再分五行，五行也是气，由五行之气而生属于五行各行或与之相关的万物。

第三，气的永动性、循环性、多样性。气是动的，这与西方实体世界中的实体在根本上是静态不同，也与印度色空一体世界的空，在根本上的非动非静，不可描述，只能为本质之静不同。西方的实体为静，可感可分析；印度的本体为空，不可感不可分析；中国的气为虚，可感可把握。气之动为时间之动，时间是循环的，昼往夜来，冬去春来，天干地支六十循环，其动是有整体性的可把握的。气之动又是空间之动，北极–极星–北斗，引导日月星的运行，又“气注天下”产生天地互动和四方互动。气化流行，又是多样的，在时间上，年去年来的二十四节气，是气一年中在各节气中运行。每一节气中的气是不同的。在空间上，东南西北，山河原野，各有其气，每一地之气又有不同，但这些多样性的不同又形成宇宙之气的运行规律整体。

第四，气是虚与实的统一。气未成物，为宇宙中的流行之气，气已成物，成为物体内之气、形内之气和色内之气。宇宙之中有虚体之气，如风云烟霭，其为气之形明显，有实体之气，如山河动植，气内于实体之中，以形气一体的方式存在。

第五，气是宇宙万物的普遍关联，不能像西方的实体世界那样，用实体的外形作为界线，使一物与另一物区别开来，也不能如印度的色空一体世界那样，实体之色与空有一个界线，气始终是互通的。《老子》（第十一章）把车轮中间之空，算成车轮不可分的一部分，把陶器的器内之空，算成陶器的不可分的部分，把房屋门窗的空，算成房屋不可分的部分，要体现的正是车轮、陶器、房屋内的气，通过空，而相互关联。因此，中国万物之间的根本关联是各物之气的相互关联。

第六，气是一物中的根本。物由气而生而成，最简单之物，也由形气两部分构成，在形气中，气是根本的。复杂之物，如人，是多种属性的统一，用刘劭《人物志》的话讲，人“含元一（气）以为质，禀阴阳以立性，体五行而著形”[①]，进而展开为生理上的骨、气、肌、筋、血，性格上的弘毅、文理、贞固、勇敢、通徵，品质上的仁、义、礼、信、智。在由形气展开的复杂体中，刘劭《人物志》讲了九个方面：神、精、筋、骨、气、色、仪、容、言。这里，气有两层，一是与宇宙关联的根本之气，二是这一关联在现象上体现为呼吸之气。因此，九征中放气于中，表现其可以运行在其他八类之中。九类可分为三层，气、精、神可为内在之神，筋与骨可为结构之骨，色、仪、容、言可为外形之肉。神这一层，包括所有物中的虚体，如气、精、神、韵、味、致、态、情等。总之，对中国文化中物的把握，简约地讲可为形神或形气，具体些，可用神骨肉或气骨肉，展开地讲，可多，具体而言，可六可八可九可十二可二十四等，这是一个可伸可缩可简可繁的灵动圆转结构。但本质地讲，气在内，为根本，又显于外，可感到，任何一物，任何一实体，都可以加上气，会显得更全面和更根本，天有天气，地有地气，春夏秋冬有春之气、夏之气、秋之气、冬之气；东西北南有东方之气、西方之气、南方之气、北方之气；各等级阶层有等级阶层之气，有帝王之气、富贵之气、士人之气、农夫之气、工匠之气、商贾之气，等等；各种性格气质有各类之气、阳刚之气、阴柔之气、清雅之气、秀媚之气、粗俗之气，等等；具体之物，气可以在每一外形上体现出来，比如讲文章，有文气、语气、段气、句气、笔气、墨气，等等。由此可知，中国的审美，面对一物，重要的不是形以及其他属于实的方面，而是形中显出之气，色中显出之气，以及其他外在之形所显出之气，因此，曹丕《典论·论文》说“文以气为主”。谢赫《古画品录》论画，以

---

① 刘劭：《人物志》，侯书生、朱杰军评析，西宁：青海人民出版社，1998，第1页。

“气韵生动”为第一。萧衍《答陶隐居论书》论书法说：“肥瘦相和，骨力相称……棱棱凛凛，常有生气。”白居易《长恨歌》写杨贵妃之美，是“回眸一笑百媚生，六宫粉黛无颜色”，这里的虚体的媚态，是主要从眼眸中传出的，但有的时候，不是物的某一点，而在整体，因此，王夫之《姜斋诗话》评诗，讲“无字处皆其意”。笪重光《画筌》讲画，说“无画处皆成妙境”。因此，中国美学的美源何处的起点，面对一物时，可以由形，也可以由色，但更主要的是气，要从形中从色中感受到气，气使形不是固定不动之形，使色不成为停留在一刹之相，而成为生动之形和生动之色。因此，气是审美的起点。气虽显于外，而又是在内的，从而必然把审美的运行由外到内，由体现在形色上的外显之气进入物之本质的内蕴之气，以及由内蕴之气所主导的本质上的各属性各方面，即心性之气。气又是关联的，物之气一定关联到与之相关的他物、环境，最终关联到宇宙整体。因此，审美进路的继续，一定是由物的本质之气到与物内在相连的时代之气和宇宙整体之气，使人生天地间的形上之韵呈现出来。

美源何处：中西印的美学互鉴

美源何处，中西印各有不同，业已呈现，这里试作总结。

西方的审美，是从外在的实体之形，进入内在之式，最后关联到宇宙之理，呈现为一条形–式–理的理路。这里，第一步的外在之形，是具体的、可感的、丰富的实体的形象。要对丰富形象有正确的审美，应是将之以一理想的角度作静态化的呈现，如为画，站在一个理想的焦点，如为雕塑和建筑，环视后停到一个最佳的视点。总之是以飞箭不动的方式，或以形式逻辑的方式和实验科学的方式，找理想视点，进行理想静观。第二步，进入内在之式，可离具体之形而只对形中之式进行等同于思量计算的直觉，发现其数的比例，只要是理想之美，其比例之式，一定与黄金比率的每一具体之式相符合，合之则美，不合非美，反之则丑。比例之式还是实体的、形式的、明晰的。最后，美的比例之式作为宇宙之美的普遍规律和一般法则，被感受到了。具体审美对象中的比例之式，成为宇宙之理的具体体现。具体之美的宇宙本质关联了起来，审美对象与宇宙本质的同一得到了明证，人从中体会到了人与宇宙的同一。人性的深邃和宇宙的深邃的同一在这一具体的审美中得到实现。

印度的审美，是从外在的物体之色，进入关联而合一之境，最后悟出宇宙本质之空，呈现一条色-境-空的理路。这里，第一步的物体外在具体之色，强调的不是物的静态，而是原生的是变一体的活泼泼动态，可以寻找理想角度，但不要静下来，而要在时间流动的本身中去看。因此不能讲形，只能讲色，形是要求静看，色需要动观。色的动观本身指向了使色变化的天地之光和附近物之光，以及引入了进行看的主体。只有这些都关联起来，色才成为色。当这些关联按理想完成之后，就进入了第二步，即关联之境。境是在一物与他物关联以及与天地关联中的主客合一之色，境与西方的形和式一样，要求对时间进行组织而形成"相"，使在关联中的色成为可以静观之色，但静是不能让时间和动停顿下来的，而是要把色成为如此之色的关联突显出来。这就是境的词义。由于境虽然划了一个色得以呈现的无形之界，但并不能停止时间，因此，在境之中，各种关联的突出，同时突出是-变一体之"变"和色空一体之"空"。特别是色空一体之空被突出，而境之界仍在是-变一体中流动，境中之空与境外之空的关联不断地被突出，这就必然地把审美之境引向了第三步，宇宙本质之空。在由境中的是-变一体透出之空与宇宙本质之空，不断地关联起来之时，审美之境就走向了境外之境的意义，宇宙的本质之空。宇宙的本质之空又使人悟出了人的本质之空。因此，在最后空的突显中，人与宇宙的同一性，就在人性的深邃之空和宇宙的深邃之空中，得到了体悟。

中国的审美，是从外在的物体的形色象的可感之气，到内在的物体本质之气，最后进入宇宙的本质之气，呈现的是由（外在之）气到（内在之）气到（宇宙之）气的理路，不像西方的形-式-理和印度的色-境-空，而是从第一到最后皆为"气"，突显了中国审美的圆转的整体性和内在的同一性。这里，第一步，物体外在的形色象所透出之气，强调了中国物体的实虚关联。形、色、象虽有动静之分，但都是实体，气则是实体上外显之虚，形显之气、色显之气、象显之气是可感的、生动的，已经隐含了外在之形色象与内在之性的关联、与外在之物的关联，以及与时空和宇宙本质的关联。只是这一关联是以虚实显隐中的虚的隐的方式存在，形色象之气是具体物体的形色象之气，因此这外在之气首先引向的是第二步，物体的内在之气，倘为人体，就进入了人的气质之气，心性之气，品德之气，即以气、精神为主的人的个性之美。个体生活在地域之中、时代之中、天地之中，个性之气与地域之气、时代之气、天地之气有着这样或那样的内在关联。从而由人的内在之气必然引向地域、时代、天地之气，即个体之人达到了宇宙之人，多层次的象外之象、景外之景、言外之意、韵外之致由之而生，人与宇宙的同一性，在人“与天地同流”的审美感受中得到了体认。

中西印文化的性质不同，从而美学上美源何处，从起点到终点都有所不同，但其内在又有相同，这同就是都要通过审美去达到人与宇宙的同一，从而其表面上的不同，其实又是可以互鉴和互补的。这一不同与互补，由下表呈现：

	西方	印度	中国
第一步（起点）	物体的外在之形	物体的内在之色	物体的外显之气
第二步（深入）	物体的内在之式	物体的关联之境	物体的内在之气
第三步（终点）	宇宙的本质之理	宇宙的本质之空	宇宙的本质之气
人与宇宙的同一			

从上表可以看出，在第一步中，形、色、外在之气，可互鉴和互补。在第二步中，式、境、内在之气，可互鉴和互补。在第三步中，本质之理、本质之空、本质之气，可互鉴和互补。在这三个层面的互鉴互补后，再去望美源何处，所看到的，应当不是“岭树重遮千里目，江流曲似九回肠”（柳宗元《登柳州城楼寄漳汀封连四州》），而会有如“锦江春色来天地，玉垒浮云变古今”（杜甫《登楼》）的景象和体悟。

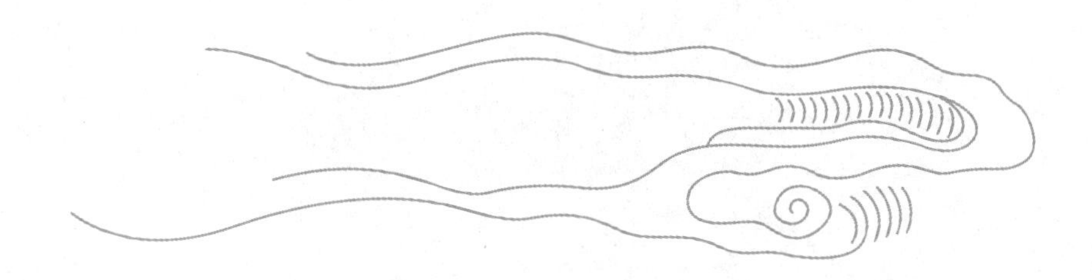

第六讲

美关深邃

一

何为美之深邃

美之深邃，专门要讲的是，人在日常审美中，在感到个人之美的独特趣味、时代之美的时代趣味、文化之美的文化趣味的同时，还感受到比这些趣味更多的东西，而且这更多，还不是关联到其他人、其他时代、其他文化之美，而是超乎个人美、时代美、文化美的更深邃的东西。这深邃关系到人性的深处和宇宙的深处，时而体现为"只在此山中，云深不知处"（贾岛《寻隐者不遇》），时而感受为"此中有真意，欲辨已忘言"（陶潜《饮酒》其五）。

要讲清这种深邃，关联到从审美深度来讲美的四种基本之美，时代之美、个人之美、文化之美、宇宙之美的类别特点。这四种美，前面提到过多次，未曾细讲，因不是美关深邃的主题，而要讲美关深邃，则需进入这四种美的特点及其关联之中，下面按美关深邃的逻辑顺序来讲这四种美。

第一，时代之美。这是人生在世，时常感受到的美，是人所在的时代建立起来的一整套美的体系。如果人的一生处在时代的不断变化中，自己的美感也会随之不断变化。任何时代，都会对与自己时代相关的方面进行重组，建立符合时代的政治制度、知识体系、信仰体系，以及与之相应的审美体系，形成时代之美。如果人一生主要在这样的时代之美中生活和审美，引起美感与获得美感，就意味着他基本上在时代美感之中。这种时代美感，中国美学家袁宏道在《与徐汉明》中将之称为"谐世"，认为谐世是古代社会中那些跟着时代主流走，并以此获取自己利益的人，这些谐世者"立定脚跟，讲道德仁义者是也。学问亦切近人情，但粘带处多，不能迥脱蹊径之外，所以用世有余，超乘不足"[①]。西方的理论家，将之称为kitsch（媚世）。布来赫（Hermann Broch，1885—1951）、阿多诺（Theodor Adorno，1903—1969）、格林伯格（Clement Greenberg，1909—1994）等理论家对媚世有着非常尖锐的批判，认为媚世是发达资本主义社会中，与现实认同的大众文化的美学特征。媚世的人们在富裕的消费

① 《袁宏道集笺校》，钱伯城笺校，上海：上海古籍出版社，2008，第217-218页。

社会的日常生活审美化和政治生活审美化涌现的审美场景中获得美感：他们快乐地欣赏着画着蒙娜丽莎的烟灰缸，发着荧光的圣母玛利亚雕像，有着美丽自然风光的明信片，大小商场里播放的古典音乐；他们每逢节日，在手机信息里来来往往，发出转发再转发由专业写手写出的温馨的祝福话语；在年去年来的生活中，他们欣赏着美女型的月份牌，吉祥型的年画，红光亮的宣传画，倾诉深情的软歌，流行性的情歌，歌颂领袖的圣歌；他们乐于看到帅哥美女明星做画面的电视广告，兴奋着重大节庆里大型游行中的庄严、欢庆、绚丽场面和游行队伍中的大彩车和大标语；他们欢喜着以红白绿作装饰的意大利餐馆，也喜欢服务员穿民俗服饰的风味食肆，以及仿古中式装潢的茶艺馆；他们也喜欢老外穿唐衫旗袍，中国人家里放仿意法宫廷家具，门前有罗马柱的别墅；他们还喜欢在一流装修的客厅里挂着从商业画廊中买回来的还算漂亮的流行画……然而，人这样跟着时代主流走、跟着大众趣味走而获得的美感，在中国学人看来是由"粘带处"而来的美感，在西方学人看来是由kitsch（庸俗）而来的美感，对于这些人自己来讲是愉快的。总之，时代美感基本上是以时代之感为感，以时代之美为美，顺从着时代美育的规训，而自己的经历际遇又正好适合这一规训，从而以时代的美为美，与时相谐，其乐融融。

第二，个人之美。人作为单个人，不在于与他人共同的一面，如人人皆欲成尧舜，人人欲有好工作高收入，人人希望有美好家庭，父母慈爱、夫妇和好、儿女孝顺，人人都想有智慧、见多识广，尝过美食，游过美景，生活舒畅，如此等等，而是作为独特的个人与其他所有的人不同的一面，具有个人性的家庭出生、经历遭遇，只有因个人性才出现的远远近近的朋友，个人（无论因主动或被动）选择的工作单位，由个人的独特气质和生活经历而来的兴趣爱好和生活习惯，个人进入社会后独特的成败，只对个人有特殊意义的欢乐场景的独特感知，如石涛说的"我之为我，自有我在"[①]，只对个人才会感受到的一些特别的眼神和身姿，如此等等，都是只因他这一个人才会产生出来的独特的感知，这种个人感知中的美感，就是个人性的，与他人的美感不同，乃至与大众的美感、公共的美感都不同，甚至他人、大众、公共都不认为美的，但对他来讲，确为美感，甚至是最大、最高、最美的美感，如殷浩说的"我与我周旋，宁作我"[②]。美学最大的特点，就是美的自由性，就是承认个人与他人乃至与所

① 石涛：《苦瓜和尚画语录》，济南：山东书画出版社，2007，第13页。

② 刘义庆：《世说新语》，余嘉锡笺，北京：中华书局，1983，第521页。

有人都不同的美感。美学上一直讲趣味无争辩，要维护的就是个人美感和个人之美的权利。正是一个个独特的个人美感的特殊性，构成美的丰富性。个人美感，从整体上讲，又是与前面讲过的时代美感，以及接着要讲的文化美感和宇宙美感，一直处在互动的复杂关系之中，但从个人美感来讲，重点在于，以个人美感去“重新组织”时代美感、文化美感、宇宙美感。这种“重新组织”是个性化的，使时代、文化、宇宙三种美感，都以个性化的方式进入个人美感之中，成为个人美感的组成部分，并打上个人美感的独特烙印。

第三，文化之美。文化在形成之时就建构起了与文化性质相合的文化之美，并在文化的演进中不断地扩展和深化。比如西方的文化之美，从古希腊建立起在实体-区分型思想上的以逻各斯即比例为核心的西方之美后，经中世纪、文艺复兴开始的近代，到科学和哲学升级的现代，到与各非西方文化进行多元互动的全球一体的后现代，西方文化之美不断地多样展开和丰富深入，但其西方特色非常鲜明，体现在维纳斯的雕像、基督在十字架上的图像、拉斐尔画的《柏拉图学园》、贝多芬的《命运交响曲》、巴尔扎克的《高老头》、普鲁斯特《追忆逝水年华》等文艺作品上。又比如中国的文化之美，从夏商周到春秋战国，建立起在虚实关联型思想基础上的以运行之道为核心的文化之美后，经秦汉魏晋南北朝隋唐五代宋辽金元明清，不断地多样扩展和丰富深入，但其中国之美的特色一直彰显，体现在《诗经》《楚辞》、王羲之和颜真卿的书法、顾恺之和倪瓒的绘画、陆羽《茶经》和余怀《茶史补》、宋代四大官窑、元青花、雍正瓷器、昆曲和京剧等与审美相关的文艺和言说中。再比如印度文化之美，从吠陀时代到奥义书、佛教、耆那教的出现而形成了印度文化之美，经十六国时期、孔雀王朝、贵霜王朝、笈多王朝，乃至德里苏丹、莫卧儿帝国及英属殖民地时代，印度之美不断地多样扩展和丰富深入，但其印度之美的特色堪为辉耀，体现在《舞论》《画像度量经》《诗境》《文镜》《情光》《味花蕾》等著述中，体现在各地石窟和神庙的美术作品中，体现在宫殿和陵墓建筑中，还体现在各类祭祀整体装饰和仪式过程中。文化之美中的各种类型，虽然因时代的变化更替而有升降伸缩，乃至生灭轮回，但内蕴在各类审美对象中的精神和结构是不变的，积淀在生活于该文化中的主体心灵的审美心理结构是不变的，无论怎样多彩发展而内在精神如一。

第四，宇宙之美。人的产生和文化的产生，一开始就与宇宙观念的产生紧密地联系在一起。把宇宙想象并认知为什么样，决定了文化的性质、时代的性质。各种原始时代的宇宙之灵，各个早期文明的宇宙之神，各个轴心时代关于宇宙整体本质的观念，决定了各个时代中文化的性质。一方面，不同文化不同时代的人都住在同一个地球，在地球上观天，会看到大致相同的日月星，会体会到日月星运行的共同规律；另一方面，不同文化不同时代在观察相同的日月星的运行规律，以及审视这些运行规律对地上万物的影响时，对天地互动和天人互动究竟有怎样的结果，在理论上的总结又是不同的，从而形成了各异的宇宙观念。这从不同文化关于宇宙整体本质而使用的词汇，就可看出其差异。宇宙，在西方最初用cosmos一词来表达，在中国最初用“天地”一词来表达，在印度最有特点的词是saṁśara，三大文化中三个不同的词，彰显了不同的宇宙观念，以及由这样的宇宙观念而来的审美观念。

希腊人表示宇宙的词cosmos，含义是秩序（order）和美形（ornament）。人在仰观天俯察地的观测思想中，从茫茫的混沌（chaos）中形成秩序，这应是人所认识的宇宙。这一秩序的宇宙是美的。西方的实体-区分型思想，正是与从混沌中显出秩序的宇宙这一观念相适应。西方对宇宙秩序的强调，又是与用几何学的方式观天有关。希腊人用几何学的点线面的方式去观察日月星辰，日月星为点，日与月、日月与星、星与星之间的关联为线，一组星构成一个星座为面。几何学构成了天空的秩序和秩序之美，天与地互动又形成地上的秩序和人的秩序，以及文化秩序之美。柏拉图追求美是什么的时候，设想的美的本质，也是在秩序的基础上产生出来的美的ιδεα（idea-form，理想形式）。

与西方把宇宙总结为秩序的cosmos（宇宙）不同，中国的宇宙最初称为“天地”。《周易·序卦》讲“有天地，然后有万物”[①]。与西方的cosmos（宇宙）主要强调现象后面的抽象性和理想性的秩序不同，中国的天地是现象和本质的统一，天是包括日月星风云雷雨在内的一切，地是包括山河动植在内的一切。对天地的认识既从天地万物运行中去总结出抽象的原理，但抽象的原理不能仅抽象地推论和在概念中演进，而是在得出抽象概念之后也不脱离现象，并时刻要用现象来进行验证。宇宙之所以用天地一词，就在于宇宙是直观性和理论性的统一。这种中国型的统一被称为道，西方宇宙的秩序在中国被称为天地之道。西方的秩序是要静态化，如几何学的概念，如亚里士多德的逻辑，中国的天地之道强调的是运行，太阳是怎么运行的，月亮是怎么运行的，各类个星和由个星组成的星宿是怎么运行的，运行之道，才是中国之天的核心。现象和本质的统一也从运行之道中去体现，正因为运行之道不是静态的而是动

---

① 李道平：《周易集解纂疏》，潘雨廷点校，北京：中华书局，1994，第719页。

态的，人不能像对静态的东西下定义那样，给动态的东西下定义，而整个天地是复杂系统，不但要把握太阳、月亮、星辰，还要对之关联起来进行把握。太阳的年周期和月亮的月周期的不对等，需加进闰月进行统一，要把整个天上日月众星的运行进行总体把握，是一个复杂过程，中国古人并不像海森堡的不确定性原理、哥德尔的不完全性定理、德布罗意的波立二象性等那样从理论角度，而是从人生天地间的现象角度看，要在整体上进行精确陈述，是不可能的。今天得到的陈述，还要由明天、明年以及更长时段来验证，因此对于中国人来讲，天地的运行是规律的而且是美的，但这一规律以及其显现的美，都是不能用定义来表述的。这就是《庄子·知北游》讲的“天地有大美而不言”，也是孔子在《论语·阳货》中讲的“天何言哉？四时行焉，百物生焉”。总之，中国以“天地”为词汇（以及后来以“宇宙”“世界”）来表示的宇宙，强调的是运行，在运行中呈现自己的规律和美。人也是在天人互动的运行中去感受和体会宇宙的规律和美。与西方的宇宙主要体现为实体性的观念和概念不同，中国的宇宙主要体现为虚体之气，天地的运行也主要是天地之气的运行。正如董仲舒《春秋繁露·五行》讲的：“天地之气，合而为一，分为阴阳，判为四时，列为五行。行者行也。”天地之美也正是在气的运行中体现出来，正如钟嵘《诗品序》讲的：“气之动物，物之感人，故摇荡性情，形诸舞咏。照烛三才，晖丽万有。”

印度表示宇宙的词有好些，saṁśara最具印度特色，此词包含三重意思，一是宇宙是客观的（objective universe），重在一个确定如此之“是”。二是宇宙是在时间之流中变化的（the flow of the world），重在一个确实存在的“变”。三是宇宙的变化是按生死轮回运行的（the wheel of birth and death）。[①]在印度教、佛教、耆那教的美术中，常可见一法轮，作为saṁśara型宇宙的象征。由宇宙的第三点，显出了印度的宇宙与西方、中国只有一个宇宙不同，而是多个复数的，用印度神话的例子来讲，当创造主神梵天清晨从睡梦中醒来，睁开双眼，宇宙和一切事物就在这一刻产生，到黄昏梵天入睡而闭上双眼，宇宙就进入毁灭，不过梵天的一天等于世上的千万亿年。宇宙不断地变化轮回，要准确地表达人们所在的宇宙，印度用了loka，此词表示任何个体所感知的某一整体。两词的核心词义为一，都是指宇宙，但saṁśara指的是宇宙本身，无论目前的宇宙还是以前的宇宙或未来的宇宙，都是宇宙，都是在轮回之中，loka是

① John Crimes. *A Concise dictionsary of Indian Philosophy*: *Sanscrik Terms in Defined in English*. Albany: State University of New York Press, 1996, p.276.

指由任何宇宙中的任何个体所见所感所识的宇宙。可以说loka是saṁśara在个人之感中的存在。由于人在时间中不断变动，loka也显出不同的样貌。你在天界，可说天的宇宙，在地界，可说地的宇宙，在空界，可说空的宇宙，经历了天地空，你要将之作一总结，可说三loka。总之，saṁśara一词是讲宇宙本身，loka一词是讲宇宙的具体呈现。对印度人来讲，最重要的，不是第一点即宇宙是客观存在的，也不是第三点，宇宙是本体（saṁśara）和现象呈现（loka）的统一，而是第二点，宇宙是在时间中流动的。这样，宇宙的具体呈现和我们对宇宙的所见，都是转瞬即逝，永不再回的。就宇宙的过去已逝，现在将逝，未来的也将变成现在，也将变成过去，要作一理论上的把握，就是māyā（幻）。在神话时代，幻来自世界主神（如伐楼那或因陀罗），是主神具有的法术；在理性时代，幻，在印度教思想中，是宇宙整体本质之梵的显现，在佛教思想中，是宇宙整体本质之空的显现。幻，包含四义，一是幻（建立在宇宙是在时间中流动的基础上，因而）是宇宙规律，是梵与空的必然显现。二是幻现，即一个世界或一事物的开始，但对主体来讲，是他看见这一世界和这一物在他眼前展现的开始。三是幻象和幻相，即世界或一物从生到灭这段时间中的存在。幻象指物在时间动态不断为空成幻的呈现，包括以一时点为中心，向前向后延伸并将之作一（相对）长时段的把握（类似于中国文化中的"象"）。幻相指幻物在某一时点停顿下来，有一清晰的呈现（类似于西方把物放在实验室中，使其某一方面呈现）。四是幻归，即一个世界或一事物的消亡结束，在神话中是被主神收回，在理性思想中是回归到宇宙本质之梵或之空。因此，印度强调时间之流对宇宙的绝对作用，从而宇宙在客观上成为一个以幻为特征的世界。同样，宇宙之美也是一种在宇宙本质之梵的美或之空的美决定中的幻象或幻相之美。在印度的宇宙和宇宙之美中，还得补充一下，正因为人生在由时间之流而来的幻中，世界在由时间之流而来的幻中，印度对人和世界特别强调"一期一会"的珍贵，即每一次相遇，在人生中都只有一次，不会再来。也因此，印度雕塑特别看重典型性在最本质也最精彩时点上停顿下来的"相"。

宇宙只有一个，但中西印却建构起了三个不同的宇宙。自轴心时代以来，三大文化都认为人是一个小宇宙，应当与大宇宙和谐共振，天人和合，但实际上各个文化要与之和谐的，都是自己文化所建立起来的文化宇宙而非客观宇宙本身。自世界现代性进程以来，三大文化开始在互动中重思自己文化的宇宙，也重思其他文化的宇宙，并重思现在尚未能完全把握的客观宇宙。但无论三大文化的宇宙有怎样的不同，最初都以为自己建构的宇宙是客观宇宙，现在都知晓自己所建构的宇宙，虽然建立在众多的客观事实上，但把已知事物进行整体总结时，受到文化思维的支配，而成为文化宇宙。虽然现在对客观宇宙的探求，各文化都在信息共享下进行，都在调整着各自的宇宙，一个共有宇宙的信念开始出现，因此，人类的宇宙之美正在以一种新的形态展现。就目前来讲，中西印在客观宇宙为何上，是有共识的，在西方，这就是海德格尔讲的，（宇宙整体本质之）Being（存在–有–是）是存在的，但不能用任何科学和逻辑讲出来，因为任何一个去讲的人都处在有限时空之内，一旦讲出来，就变成了beings（存在者，或具体存在的宇宙所呈现的本质，而非宇宙本质本身）。这正如《老子》一开始就讲的："（宇宙的呈现之）道可道，（但并）非（宇宙的永恒之）常道。"宇宙的本质之道是讲不出来的，一讲就变成了讲宇宙本质之道的具体呈现和运行。呈现和运行虽反映本质但不是本质本身。总之，（宇宙整体的本质之）道存在，却不可言说。在印度，就体现为，对于宇宙整体本质之梵，要讲，只能用遮诠方式，就是不能讲梵是什么，一讲是什么，就把梵本身讲成了梵的具体呈现；只能讲不是什么，因为梵的每一种呈现都只是呈现，而非使之呈现者。因此，对于梵，我们只能讲：梵不是……梵不是……梵不是……[1]总之，（宇宙整体之）梵存在，但不能肯定地讲梵是什么。

从美的四种形态，个人之美、时代之美、文化之美、宇宙之美，可以知晓，美在深邃所关联的，主要是宇宙之美。人在审美中，如何从个人之美、时代之美、文化之美中体悟到本蕴含其中以及尚未蕴含其中的宇宙之美，就体会到美的深蕴。如西方诗人马拉美的诗《交感》中对宇宙深邃的感受：

大自然是座庙宇

有生命的柱子

不时发出隐约的语声……[2]

面对自然，可以把眼光集聚在一个小小的点上，但却关联宇宙的深邃，如布莱克在《天真的预言》中讲的"一粒沙里呈世界，一朵花中显天国"（To see the world in a grain of sand, and a heaven in the wild flower）[3]。如常建《江上琴兴》呈现的"江上调玉

---

① 参黄宝生译：《奥义书》，北京：商务印书馆，2012，第45页，See S. Radhakrishnan. *The Principal Unpaniṣads*（英梵对照本），New York：Humanities Press INC. 1953，p.194.

② 引自赵乐甡、车成安、王林主编：《西方现代派文学与艺术》，长春：时代文艺出版社，1986，第59页。

③ David V. Erdman，ed. *The Complete Poetry and Prose of William Blake*，New York：Anchor Book，1988，p.490.

琴，一弦清一心。泠泠七弦遍，万木澄幽阴。能使江月白，又令江水深……”也可放眼纵观，展望壮阔的景色，并从中感受到宇宙的深邃，如王维在《夏日过青龙寺谒操禅师》所体验的：“山河天眼里，世界法身中。”如杜甫在《春日江村》所感受的：“乾坤万里眼，时序百年心。”以上中西诗人都是在日常中看世界，但又不是用日常之眼去看，或者说，是在用日常之眼去看去感的同时，又超越了日常之看和日常之感，从眼前之景进入到宇宙的深邃之中。泰戈尔在《集外集》（二十）中，把这一走向宇宙深邃的心呈现得更清楚：

我的心，仿佛雨天里的一只孔雀，

展开它那染上思想的狂喜色彩的瓴毛，

在心醉神迷里向天空寻找幻象——

渴望见到一个它所不认识的人。

我心在跳舞。[①]

美关深邃的意义

美的深邃，其核心在宇宙的深邃。宇宙的深邃类似于中国哲学讲的“无”，印度哲学讲的“空”，西方海德格尔讲的与无、空同韵的Being（存在本身）。然而这本体存在-空-无，虽然超绝言象，但又是通过宇宙本身的运行体现出来，即通过文化宇宙之美、文化之美、时代之美、个人之美体现出来。从而五者的关系如图6-1所示：

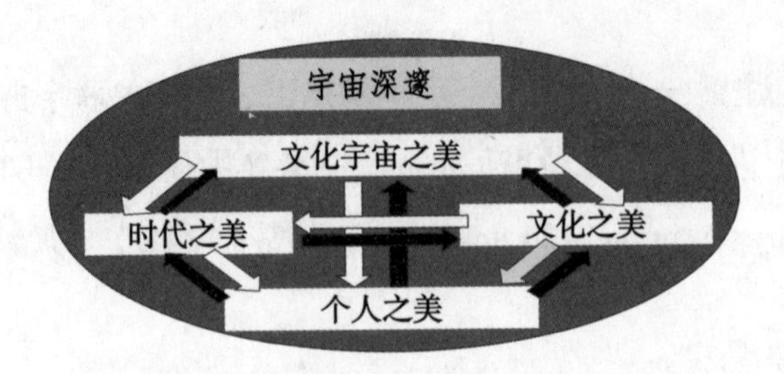

图6-1　美的互动

① 泰戈尔：《飞鸟集》，吴岩译，北京：中国文联出版社，2015，第145页。

图6–1中，白色箭头为正向影响，黑色箭头为反向影响。文化宇宙之美、文化之美、时代之美、个人之美四者形成多向往还的互动关系，而宇宙深邃在四者的后面以有形无形的方式影响着四者的运行。文化、时代、个人，在对宇宙运行的观察、思考、验证中建立起文化宇宙之美，这一文化宇宙之美影响着文化、时代、个人之美，但宇宙本体又并不等于文化宇宙。文化宇宙是文化、时代、个人面对包括宇宙的已知部分和未知部分（图6–2）建构起来的，其对宇宙整体的建构只能根据已知部分进行，而对（关联着未知部分的）已知部分的把握，又是在轴心时代初建立的认知模式上进行的，这两个方面结合而建构起来的宇宙整体，只能是一个文化宇宙。每一文化宇宙，既有与客观宇宙相符的一面，又有与客观宇宙不相符的一面，因此，人们随着对未知部分认识的扩展而不断地修正所建立的文化宇宙。其修正的剧烈性从世界文化的范围看，在玛雅文化和西方文化中特别突出。玛雅文化从北纬地区迁到赤道附近，文化宇宙需要作全面修正，从以北极为中心的文化宇宙，变成以银河为中心的文化宇宙。西方文化在知识积累到一个质点，就会重新修正自己的文化宇宙，古代建立的是亚里士多德–托勒密的宇宙，近代的科学革命，建立起来的是哥白尼–牛顿的宇宙，现代科学升级到相对论–量子论，修正成爱因斯坦型的宇宙。但无论怎么修正，由于未知的存在，再怎么修正的宇宙也仍是与客观宇宙有差异的文化宇宙。一个文化的宇宙得以建立和修正，不但要与对宇宙运行的经验观察相符合，还要与文化、时代、个人的需要和认知模式相一致。这样，不但文化宇宙与客观宇宙有相合的一面，不同的文化宇宙又呈现各不相同的特色。重点在于，客观宇宙存在着，文化、时代、个人对其非常巨大的未知部分是无知的，这未知部分存在着，并且与已知部分紧密关联，一定也要对文化、时代、个人产生影响。这种影响在现象上就体现为：宇宙的深邃。

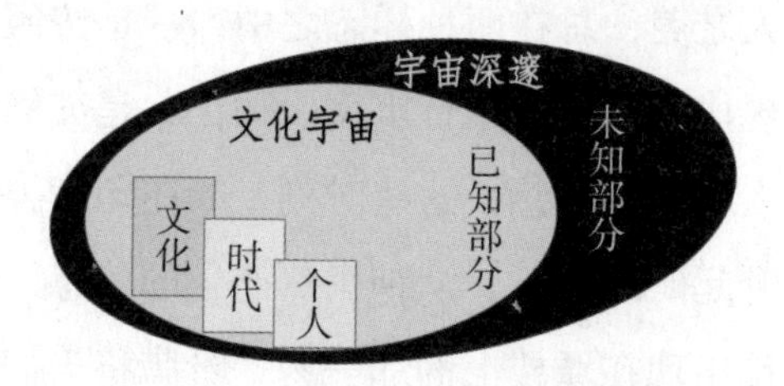

图6–2　文化宇宙与客观宇宙

美的四项中的三项，文化、时代、个人之美，一旦建立起来，就形成一种模式、习惯，一方面满足着文化、时代、个人的审美需要，一方面在三者的互动以及在与宇宙深邃（空、无、超言象的本质存在）的互动中，从容地修正更新着自己的审美模式、习惯，从而文化、时代、个人的审美，基本上是在美学法则和艺术法则的引领下进行。然而，由宇宙深邃而来的美的深邃，是超越法则的，因此，文化、时代、个人之美都会出现超越法则的时刻，这一时刻的产生，具体来讲，原因很多，但宇宙深邃对其的影响，每每成为最重要的原因。对文化来讲，在这样的时刻，文化之美产生本质转变，如西方文化之美，从希腊罗马时代到中世纪的转变，从中世纪向文艺复兴的转变，以及19世纪末从近代西方之美向现代西方之美的转变。对时代来讲，特别体现在一个时代的开创期和衰亡期，一种新型的美以异于过去时代之美的方式产生出来，并与现存的各种美进行新的组合，形成新型之美，并迅速扩展开来，成为新时代的主流之美。旧时代衰亡之时，原来的主流之美，被怀旧者反思，以一种隐逸和怀旧的模式，反而对旧时之美有了新的转换和开启，而这种开启，往往汇入新时代之美中，成为文化的一个持久部分。如中国的陶渊明在晋宋的改朝换代之际，开创了新的田园隐逸之美，以及其中的菊花所象征的隐逸之美，两种美都成为六朝时代美的创造，并在中国文化中有深远的影响。如西方的哥特小说，在近代的新旧转变中，沃波尔（Horace Walpole，1717—1797）在对中世纪哥特美学的怀旧中，以《奥特兰托城堡》（1764）开始，创立集神秘、恐怖、超自然元素为一体的哥特小说，这一新的美学类型，从近代到现代到后现代，不但普遍到英国，而且扩展到西方，成为西方之美的一种类型。宇宙的深邃对个人来讲，比对文化和时代还要具有意义。宇宙深邃对文化和时代的影响，都是通过个人，特别是一批天才的个人而突显出来。更主要的是，文化和时代受宇宙深邃的影响，只在一些关键时点上，方突显出来，而且这一突显受历史演进规律所支配。个人与宇宙深邃的关系，则不仅在文化和时代的转变时期，而且存在于每一个时刻之可能之中，往往会超出文化范式、时代原则、生活习惯的有规律运行，而突然产生出来。因此，个人之美，总在两种样态之中，一是按照文化、时代以及个人与文化、时代关联着的有规律习惯地去进行审美活动，二是突然性地产生一些不同于、超越于文化、时代、个人习惯的美感，这些时刻，如在印度神话中，当室利女神从海水的美丽浪花的泡沫中升起的那一刻，众神突然产生的美感，一种电击般的感受。又如《荷马史诗》中，海伦出现在城楼上的那一刻，希腊将士们突然产生的美感，他们觉得自己为之而战，经历如此的艰辛与死亡是值得的。也如唐明皇第一眼见杨玉环的美感，那种惊艳之感使得“六宫粉黛无颜色”。还如张生一见崔莺莺时的心灵震撼，而且张生之感，不只有初见时的意外惊诧，“谁想这里遇神仙”，不只有细赏时对其面容、身材、姿态、声调的赞叹，而且还有离去那一时刻，突然冒出的心灵震撼：

“怎经她临别时秋波那一转！”这从个人的审美经历讲出人意料的时刻，都内在地关联着宇宙的深邃。这里的意外，就是超出了文化、时代、个人的基本法则、设定、习惯而突然出现的，如袁枚《续诗品三十二首·精思》所讲的“人居屋中，我来天外”[①]之感。这里的“屋中”就是文化、时代、个人一直在运行熟知之美，这里的“天外”即完全在熟知之外的从未见过而又具有冲击性的美。这美与宇宙的深邃相关。个人中的“我来天外”的美感冲动，不仅发生在对美女的欣赏上，也发生在对俊男的欣赏上，从《世说新语》讲东晋的女人看见卫玠和潘岳时表现出来的疯狂，可知这一“我来天外”内在于人心灵深处，只是平时在文化、时代、个人理性的压抑中，别人看不到，自己不自知而已。这一个人的“我来天外”之美感冲动，不仅发生在对人物美的欣赏上，也产生在自然美的欣赏中，前面讲过的，周敦颐、程颢观阶前青草、盆中金鱼的态度与之相似。还有，从苏轼《海棠》诗可知，他看红海棠，看了一天还不够，天晚了还要点着蜡烛继续看：“只恐夜深花睡去，故烧高烛照红妆。”这是两宋士人常有的痴迷，如梅尧臣写海棠“朝看不足暮秉烛，何暇更寻桃与杏”，陆游《海棠》“贪看不辞持夜烛，倚狂直欲擅春风”。李渔爱花，在《闲情偶记·种植部》里把四季中自己喜欢的花，看成自己的命，自称“四命”：“春以水仙、兰花为命，夏以莲为命，秋以海棠为命，冬以蜡梅为命”，并痴痴地宣告：“无此四花，是无命也；一季夺予一花，是夺予一季之命也。”[②]这里无论是苏轼等人对海棠，还是李渔对水仙、兰花、荷花、海棠、梅花的痴情，都内蕴着一种区别于他人的独特的个人之美，并在自己的心灵建构起一种独特的个人审美内容。再回到古代士人们对海棠的日看夜看上来，唐人郑谷《海棠》在写这一共同点时，也表明了自己对海棠深情厚爱的个人特点：“春风用意匀颜色，销得携觞与赋诗。秾丽最宜新著雨，娇娆全在欲开时。莫愁粉黛临窗懒，梁广丹青点笔迟。朝醉暮吟看不足，羡他蝴蝶宿深枝。”在朝醉暮吟的共同点上，最后一句讲了自己欣赏中的痴情的独特想象，而第一句把海棠之美与宇宙深邃关联了起来。在文化之美的共性上加上个人审美的独特性，在古代是不断出现的，还是讲对花的欣赏，如高濂《苏堤看桃花》亦为一例：

> 六桥桃花争艳，赏其幽趣数种，赏或未尽也。若桃花妙观，其趣有六：

---

① 郭绍虞主编：《中国历代文论选》（第三册），上海：上海古籍出版社，1980，第476页。

② 李渔：《闲情偶寄》，上海：上海古籍出版社，2000，第317页。

其一，在晓烟初破，霞彩影红，微露轻匀，风姿潇洒，若美人初起，娇怯新妆；其二，明月浮花，影笼香雾，色态嫣然，夜容芳润，若美人步月，丰致幽闲；其三，夕阳在山，红影花艳，酣春力倦，妩媚不胜，若美人微醉，风度羞涩；其四，细雨湿花，粉容细腻，鲜洁华滋，色更烟润，若美人浴罢，暖艳融酥；其五，高烧庭燎，把酒看花，瓣影红绡，争艳弄色，若美人晚妆，容冶波俏；其六，花事将阑，残红零落，辞条未脱，半落半望，兼之封家姨无情，高下陡作，使万点残红，纷纷飘泊，或扑面撩人，或浮尊沾席，意恍萧骚，若美人病怯，铅花消减。六者，惟真赏者得之。[①]

把桃花比美人，是中国文化的审美惯例，但比成这样六点，则只是高濂的个人美感。高濂还因自己的这种独特的花痴达到相当的迷境。他说当桃花正落，翠茵堆锦之时，“我当醉眠席地，放歌咏怀，使花片历乱满衣，残香隐隐扑鼻，梦与花神携手，巫阳思逐，彩云飞动，幽欢流畅，此乐何幽”[②]，明显地把这个人之美与宇宙深邃关联了起来。

个人美感产生出来之后，又契合于时代的要求和文化的需要，就会得到广泛回应，进而被提升为时代之美。然而其产生，是因个人独创，而其独创是与宇宙深邃相连的。个人独创，当与其文化、时代之美中的最要项相连，而与文化或时代之美有明显的共振时，如中国古代对花的欣赏，其个人性以及其中的宇宙深邃往往被文化、时代之美所遮蔽，当其并不与文化、时代之美相违，而并非文化、时代的兴奋点时，就以一种个人之美流动在文化、时代众多的江河湖海之中，虽然林林总总的个人之美，到处显现，“滟滟随波千万里，何处春江无月明”，到一定的时点，就会按自己的规律掀起时潮的浪花，向蓝蓝的文化星空升起一轮轮十五般的明月。然而，由于这些个人美感的独特，以及与宇宙深邃的关联，在与文化、时代之美交融一体时，往往被忽视了，虽被忽略，却一直美丽地存在着，使星星点点的个人之美，在文化之美和时代之美的浩茫星空中闪亮。只有当个人把自己的个人之美用艺术表达出来，而且这些个人之美又与文化、时代之美有明显的不同，这时个人之美的独特性，以及与宇宙深邃的关联，才会得到突出和放大。这，在美学中，体现为灵感理论。

---

① 高濂：《遵生八笺》，兰州：甘肃文化出版社，2004，第85–86页。

② 高濂：《遵生八笺》，兰州：甘肃文化出版社，2004，第86页。

当个人之美与文化、时代之美完全符合时，按模式、套路、习惯运行，就会得到审美的愉快，是没有也无需灵感的。只有当个人之美与既定的模式、套路、习惯不同，甚至相反时，审美的灵感，艺术创造的灵感就会产生出来，个人为什么会感到别人都没有感到过，文化、时代都没有存在过的美，并创造出美的艺术来呢？是靠灵感。柏拉图说，灵感是艺术家进入迷狂之中，这时神附到艺术家身上，艺术家感到的不是自己所感，而是神所感，从而使自己创造出了不是自己要创造的，而是神要创造的艺术作品。柏拉图说的神，就是宇宙深邃，灵感中的迷狂，就是个人摆脱了文化、时代的惯常方式，与宇宙深邃有了突然性的联结，感受到平时尚未感受到的美，创作出了他人不能创造，个人平时也无法创造的美的艺术。印度最早的美学和艺术著作《舞论》也讲，合舞乐诗剧一体的戏剧，是创造主神梵天所创，之后讲给天神们听，天神再传给那些聪明、灵巧、果敢、勤奋的人，于是人间有了戏剧，在中国有江郎神助之说，江淹之所以写出这些好诗，是因为梦中一位美丈夫给了他一支五彩笔，后来，还是在梦中，这位美丈夫把这支神笔收了回去，从此之后，他再也写不出好诗，于是“江郎才尽”。中国古人一般是不信神的，但知道艺术创作的灵感与神助在现象上完全相通，皎然《诗式》讲诗人在创作中“有时意静神王，佳句纵横，若不可遏宛如神助”[①]。杜甫《奉赠韦左丞丈二十二韵》也讲“读书破万卷，下笔如有神”。虽然要用理性去讲创造时的灵感来源于平时多读书，但谈到灵感来时的现象，仍然呈现为与神赐论相同。西方在近代以来，也不相信神赐，但却相信天才，尽管把神赐换成天才，但对灵感现象的定义和描述，却与神赐是一样的。康德《判断力批判》列了专节来讲天才。他说：“天才就是那天赋才能。”[②]由于天才非一般人，因此康德指称作者为作者时用一般人的“他”，指称作者为天才时用非常人的“它”。谈到灵感现象时，康德说：“它怎样创造出它的作品来，它自身却不能科学地加以说明……作品有赖于作者的天才，作者自己不知晓诸观念是怎样在他内心里成立的，也不受他控制，以便由他随意或按照规划想出来，并且在规范形式里传达给别人。”[③]雪莱是写高尚的东西，因此，他从天才论讲灵感时，呈现了高尚的境界。他在《为诗辩护》中说：“诗是神圣的东西”，它“高飞到筹划能力架着枭翼所不能翱翔的那永恒的境界，从

① 郭绍虞主编：《中国历代文论选》（第二册），上海：上海古籍出版社，1979，第77页。

② 伍蠡甫主编：《西方文论选》上卷，上海：上海译文出版社，1982，第410页。

③ 伍蠡甫主编：《西方文论选》上卷，上海：上海译文出版社，1982，第410–411页。

那儿把光明与火焰带下来”，“诗独能战胜那迫使我们屈服于周围印象中的偶然事件的诅咒，无论它展开它自己那张斑斓的帐幔，或者拉开那悬在万物景象面前的生命之黑幕，它都能在我们的人生中替我们创造另一种人生，它使我们成为另一世界的居民”[①]。与雪莱写高风绝尘的诗歌相反，巴尔扎克多写现实中的凡人，从而他在呈现灵感现象时表现为一种相反的感受。他在《论艺术家》中说：艺术家“习惯使自己的心灵成为另一面明镜，它能烛见整个宇宙，随己所欲反映出各个地域及其风俗，形形色色的人物及其欲念，这样的人必然缺少我们称之为品格的那种逻辑的固执，他多少有点像那种卖私的女人（原谅我用语粗鲁）。什么都能假设，什么他都能体验”[②]。总之，艺术家在灵感的迷狂中，完全失去自我，忘却身处的世界，变成另外一个人，走进另外一个世界。要创造仙境的仙人，雅室的雅人，浊世的俗人，皆随意而成。正是这样，宇宙的深邃呈现出来，这种深邃既与未知世界相连，也与已知世界相连，用一种新的眼光透照和呈现一个新的艺术世界。西方人讲天才而中国人讲人品，创作灵感来自不同于别人、超然于世俗的人品。中国绘画讲究六法：气韵生动、骨法用笔、应物象形、经营位置、随类赋彩、传移模写。郭若虚《图画见闻志》说：“六法精论，万古不移，然骨法用笔以下五法可学，如其气韵，必在生知，固不可以巧密得，复不可以岁月到。默契神会，不知其然而然也。”[③]他讲了两点，生而知之的气韵，突然而至的灵感，而气韵关联到人品：“人品既高矣，气韵不得不高，气韵既高矣，生动不得不至。”[④]因此，气韵之高，一在生而知之与宇宙深邃的必然关联；二在“不知其然而然”中与宇宙深邃的偶然性相连。而人品的关键在于从文化和时代的尘俗之见和尘俗之美中摆脱出来。董其昌《画禅室随笔》说：“画家六法，一曰气韵生动，气韵不可学，此生而知之，自然天授。然亦有学得处，读万卷书，行万里路，胸中脱去尘浊，自然丘壑内营，立成鄄鄂，随手写出，皆为山水传神。”[⑤]这里，“脱去尘浊”是通向宇宙深邃“为山水传神”的关键。周亮工强调的也是这一点，他在《读画录》中说：“大都古人不可及处，全在灵明洒脱，不挂一丝，而义理融通，备有万物。断

---

① 刘若瑞编：《十九世纪英国诗人论诗》，北京：人民文学出版社，1984，第153页。

② 马奇主编：《西方美学史资料选编》，上海：上海人民出版社，1987，第475页。

③ 俞剑华编著：《中国历代画论大观（宋代画论）》，南京：江苏凤凰美术出版社，2016，第13页。

④ 俞剑华编著：《中国历代画论大观（宋代画论）》，南京：江苏凤凰美术出版社，2016，第13页。

⑤ 董其昌：《画禅室随笔》，济南：山东画报出版社，2007，第5页。

非尘襟俗韵所能摹肖而得者。”[1]这里的“尘襟俗韵”应包括整个文化和时代的思维方式和流行见解，以及一切有碍宇宙深邃透露出来的东西。正如袁枚《随园诗话》所讲的：“人闲居时，不可一刻无古人；落笔时，不可一刻有古人。平居有古人，而学力方深；落笔无古人，而精神始出。”[2]平常生活与文化、时代紧密相连，审美与艺术独创，则一定要忘掉文化和时代的一切，用自己来自宇宙深邃之初心，与宇宙的深邃互动，方能创造出与文化和时代已有之美不同的、独具新意的个人之美。在一些特定的时期，灵感的到来还要求艺术家要对文化和时代进行彻底的否定，晚明和清初的艺术家，很多都曾有过这样的决心：

> 宁使见闻都切齿咬牙，欲杀欲割，而终不忍藏之名山，投之水火。
>
> ——李质《杂说》

> 盖惊世骇俗之言，非今之地上所宜也。
>
> ——黄宗羲《缩斋文集序》

> 众人所忽余独详，众人所旨余独唾。
>
> ——徐渭《西厢记序》

> 一世不可余，余亦不可一世。
>
> ——汤显祖《艳异编序》

> 随其意之所欲言，以求自适，而毁誉是非，一切不问。
>
> ——袁中道《妙高山法寺碑》

对于灵感来讲，在否定或忘掉文化之美和时代之美以及平时的个人之美的时候，就是个人由常人变为天才而灵感来到之时。雪莱《为诗辩护》讲到，诗人只有在灵感来之时才是天才，“在诗的灵感过去了时——这是常有的，虽然不是永久的——诗人

---

① 转引自郭奕：《周亮工〈读画录〉及其画事研究》，天津美术学院硕士学位论文，2010，第29页。

② 袁枚：《随园诗话》上，北京：人民文学出版社，1982，第352页。

重又变为常人”[①]。巴尔扎克《论艺术家》也说了，灵感逝去之后“纵有最高的爵位，最多的资财也都不足以吸引他去拿起画笔，塑蜡制模，或是写出一行文章来”[②]。灵感与宇宙深邃相连，而与文化和时代的已知不同乃至相反，从而具有突然性的特点。李德裕《文章论》说：“文之为物，自然灵气，惚恍而来，不思而至。”陆机《文赋》讲：“若夫感应之会，通塞之际，来不可遏，去不可止。”灵感是在与宇宙深邃互动中而产生的，这一互动在文化和时代的中介和阻隔中，本来广阔的通道变得且狭且小且细且微常掩常遮常盖常蔽，如戴复古《石屏集》说：“诗本无形在窈冥（是与宇宙深邃相关的），网罗天地运吟情（个人与之互动而达到其深邃甚为不易）。有时忽得惊人句（只在灵感时刻有所通透），费尽心机做不成（按常规常理是无法去沟通的）。”灵感是有的，也是会来的，但自己无法把控，艺术家只有以各种方式，希望着灵感的到来，顾恺之画人，人的所有部分都画好了，但眼睛一直没有画，等灵感来临，一等就等了三年，他知道只有灵感来了，这一双眼睛才画得好，这人的精神风貌才可以呈现出来。刘勰《文心雕龙·总术》说，写文章也是一样：“若夫善奕之文，则术有恒数，按部整伍，以待情会。”神来之笔在于灵感时的情状，灵感无法掌控，只有做好准备进行等待。灵感不来时无法掌控，去时也无法阻止，而且灵感一旦来临，就会有自己也完全想象不到的酣畅淋漓的效果：

> 吾文如万斛泉源，不择地而出。在平地滔滔汩汩，虽一日千里无难。及其与山石曲折，随物赋形而不可知也。所可知者，常行于所当行，常止于不可不止，如是而已矣！
>
> ——苏轼《文说》

> 一旦见景生情，触目兴叹；夺他人之酒杯，浇自己之垒块，诉心中之不平，感数奇于千载。既已喷玉唾珠，昭回云汉，为章于天矣。遂亦自负，发狂大叫，流涕恸哭，不能自止。
>
> ——李质《杂说》

---

① 刘若瑞编：《十九世纪英国诗人论诗》，北京：人民文学出版社，1984，第157页。

② 马奇主编：《西方美学史资料选编》，上海：上海人民出版社，1987，第475页。

独抒性灵，不拘格套，非从自己胸臆流出，不肯下笔。有时情与境会，顷刻千言，如水东注，令人夺魄。

——袁宏道《序小修诗》

某一天晚上，走在街心，或当清晨起身，或在狂饮作乐之际，巧逢一团热火触及这个脑门，这双手，这条舌头，顿时，一字唤起了一整套意念；从这些意念的滋长、发育和酝酿中，诞生了显露匕首的悲剧、富于色彩的画幅、线条分明的塑像、风趣横溢的喜剧。

——巴尔扎克《论艺术家》[1]

灵感之来，让艺术家们无比惊喜，但他们又都知道，灵感既来，一定要马上抓住，不然灵感会像一阵风一样很快过去。这是艺术家们常常有的感受：

朝来庭树有鸣禽，红绿扶春上远林。忽有好诗生眼底，安排句法已难寻。

——陈与义诗，载《诗人玉屑》卷五

觅句先须莫苦心，从来瓦注胜如金。见成若不拈来使，箭已离弦做么寻。

——张镃《觅句》

兹游淡薄欢有余，到家恍如梦蘧蘧。作诗火急追亡逋，清景一失后难摹。

——苏轼《腊日游孤山访惠勤惠思二僧》

灵感的来不可遏、去不可止、稍纵即逝的特点，正是体现了文化之美和时代之美与宇宙深邃的关系，任何文化之美和时代之美都是在人与宇宙的互动中建立起来的在已知的范围内自认为最好的审美体系，虽然宇宙存在未知部分，使这一已知部分不断变化和不断进步，然而一个体系一旦建立起来，就有其固、定、执、住的一面，从而与其内在活力产生对立，美学上的灵感理论正是文化之美、时代之美以及与之相合的个人之美与宇宙深邃相对立一面的曲折反映，把灵感归结为神赐，神与常人的对立，

---

① 马奇主编：《西方美学资料选编》，上海：上海人民出版社，1987，第445页。

正是与文化之美、时代之美以及与之相合的个人之美的对立，神进入常人之心，使之与自己的平常之心断裂开来，进入灵感之心，正是要使之与平时隔开了的宇宙深邃进行短暂沟通，进入与平常所见所感所做的文化之美和时代之美不同的新型美境中去。当文化进入理性时代，普遍不相信神之后，灵感理论以天才论面貌出现，灵感中人不是被神附体，不是成为神的代言，而是人自己由常人变为天才，作为天才的艺术家在短暂的时间中，跳出文化之美和时代之美，自己升腾上思想的高峰，进入与宇宙深邃相关的真境。可以说，天才论与神赐论有共同的理论结构，隐喻着同样的基本问题。在20世纪到来的现代以及20世纪60—90年代以来的后现代，西方思想由科学和哲学引领进行了新的升级，在社会的大众化和同质化的运行中，人们也不相信天才了，于是灵感理论转换成了直觉论和无意识论。在直觉论中，柏格森和克罗齐都讲，直觉是与理性对立的，这样，理性与文化之美和时代之美相连，直觉与宇宙深邃和个人的主动一面相关。直觉能够感受到非抽象的形象，非局部的全体，这里，直觉还是有天才论的明显痕迹在其中。无意识论则完全否定了天才论。在精神分析的开创者弗洛伊德（Schlomo Freud，1856—1939）那里，无意识的内容是人的本能欲望，称为本我，是人最本真的真实。本我按照人本来的自然节律运行，与无意识相对的意识代表的却是社会和文化的规则，是人存在于社会和文化之中，要按社会和文化的要求来管理自己的自我，自我希望人的本能欲望一定要按照社会和文化规定的规则运行，因此，本我之中与社会和文化的规定相矛盾冲突的欲望，就被意识强制地压抑下去，成为无意识，这里的无，即人内蕴着无意识的本能内容连自己都不知道。无意识的内容虽然不被人意识到，却一直在心中运行，意识和无意识一直在人的内心中进行着人自己都看不见和感觉不到的斗智斗勇的厮杀。人为了增强压制无意识的能力，又按社会的文化的要求树立起绝不允许无意识内容存在的人生理想，形成超我。这样，本我-自我-超我，或者说，本我的无意识、自我的意识、超我的意识，构成了个人心理的基本结构。如图6-3所示：

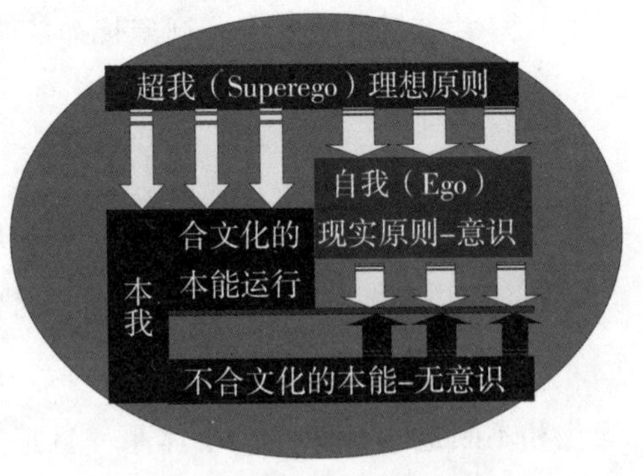

图6-3　精神分析心理结构

人内心中不符合文化之美的无意识的内容是人的真实，如果被过分压抑而得不到缓解，人就会得精神疾病，怎样使之不被压抑而以符合文化规范的方式出来，除了生本能的性欲以爱情婚姻的方式出现，死本能的杀欲以战争的方式出现，还不能正常出现而又存在着骚动着的无意识，就只有在自我意识和超我理想松懈之时，以梦的方式、玩笑方式、游戏方式、艺术方式出现。前三种方式中，人都会因无意识的出现呈复杂感受：愉快但带着羞愧（因为无意的宣泄和释放与文化规定和个人理想是对立的）。只有在艺术中，以美的形式出现，才能得到完全正面的快感。虽然无意识可以因艺术而出现，但无意识与意识的对立内蕴的是文化和时代之美与个人心中反文化和时代之美的对立，因此，无意识在艺术中是以灵感的方式出现。弗洛伊德的理论，给灵感增加了一些具体的内容，比如，灵感的方式为了要隐藏无意识的内容，而让艺术采用了梦的法则，如凝缩（把无意识的内容凝缩成一个看不出有这一内容的形象）与置换（把无意识的内容转换成一个似乎与这一内容完全无关的形式）等，使无意识的内容“改头换面”地出现。但最主要的是弗洛伊德把无意识的内容只与人的深邃相关联，变成以人的本能和人的理智-理想的冲突，以及由之代表的个人之美与文化之美、时代之美的冲突。这样，灵感所表现的深邃，不是宇宙的深邃，而是个人心理的深邃（图6-4）。个人内心，体现着非文化的无意识本我与代表文化的意识自我的对立冲突。灵感所产生的艺术之美，使这一冲突得到缓解，使被压抑的无意识本能，以艺术方式出现，为文化、时代所允许，从而得到现实中的升华。三种美，与文化、时代一致的理想美、现实美，以及由无意识升华而来的个人美，一道构成文化、时代的美的整体。

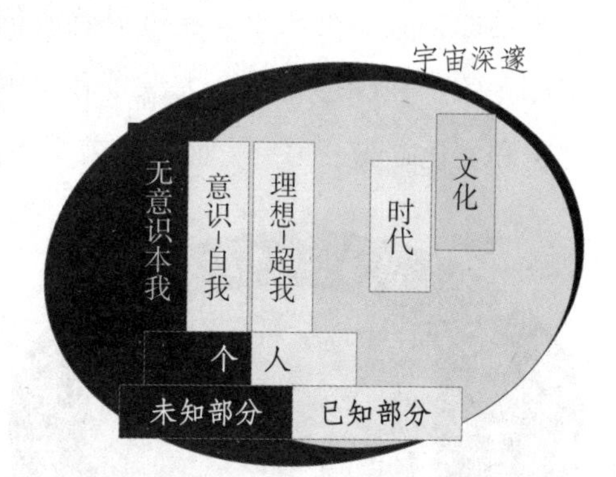

图6-4 弗洛伊德的心理宇宙

荣格（Carl Gustav Jung，1875—1961）赞成弗洛伊德的意识和无意识的二分，但他与之不同的在两方面，一是在意识上认为区分意识自我和理想超我意义不大，二者都代表具体文化和具体时代对无意识的压制。二是无意识不仅是与人的生物性相关的个体无意识，而且还有在个体意识的下面代表人类的集体无意识。集体无意识不但超出个人经验，而且与人类的集体经验联系了起来。这样荣格的心理图式如图6-5所示。人类的集体经验又内蕴

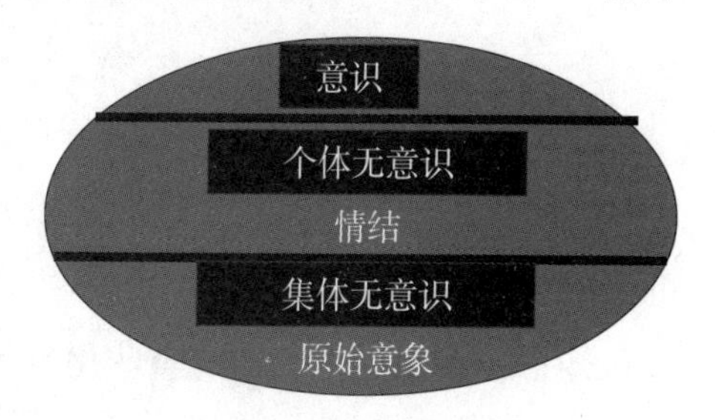

图6-5 荣格的心理结构

人与宇宙互动所体会的宇宙的整体。这样，在荣格的理论中，个人的深邃与宇宙的深邃关联了起来，如图6–6所示。

当无意识在个人之美的创造灵感中透露出来之时，灵感的内容不仅是与文化之美和时代之美不同的个人的深邃，同时也是宇宙的深邃。再把整个灵感理论结合起来，灵感为神赐起作用时，主要关联到宇宙深邃，灵感为天才起作用时，既可以与宇宙深邃相连，如在雪莱的灵感理论中，也可以与个体的深邃相连；如在巴尔扎克的灵感理论中，灵感与无意识相连；在弗洛伊德那里，主要与个人深邃相连；在荣格那里，则既关联到个人深邃，又关联到宇宙深邃。这里，人类的无意识原型，内蕴着宇宙的深邃，荣格一再讲各个时代各个文化的艺术在深层结构是相通的。因此，整个灵感理论要表达的，其实是在个人通过灵感所创造的个人之美，在表面，与时代之美和文化之美相一致；在深层，与个人深邃和宇宙深邃相契合。从而个人之美一方面关联着时代之美和文化之美，另一方面内蕴着个人深邃和宇宙深邃。这一关联如图6–7所示。

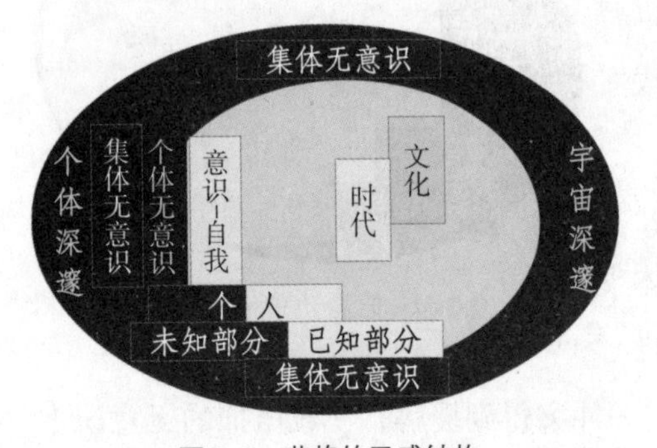

图6–6　荣格的灵感结构

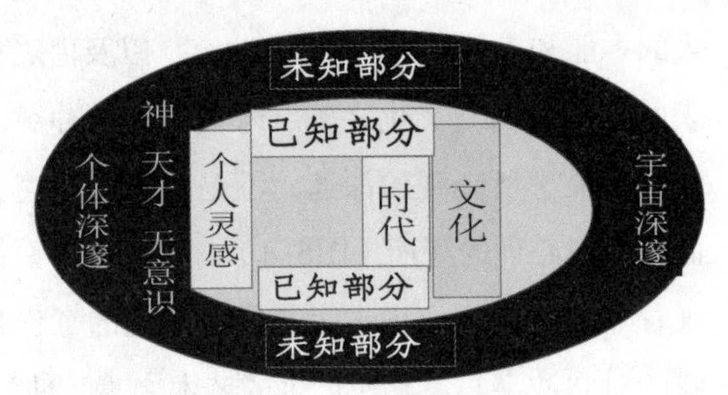

图6–7　个人灵感的基本结构

可以说，理解了上面的图，就可体悟到各个方面的美及其显隐关联。

怎样走向美的深邃

知晓了美的深邃及其与各种美的关系，对于审美来讲，就是如何认识各种美之中的美的深邃，以及如何在具体的审美中去体悟美的深邃，最后是明晓美的深邃而进一步认知，在多元一体互动的全球化时代，由美的深邃而使人进一步认知到美对人和文化的意义。

（一）怎样认知美的深邃

在审美中对美的深邃的认知，在现实审美中较为复杂，而在艺术审美中则相对清楚。而且理解了艺术审美中的美的深邃，同时也就清楚了如何认知现实中的美的深邃。艺术作品在审美的欣赏中，呈现为四个层级，一是材料层。在文学中是语言文字，在绘画中是形与色，在音乐中是音响。二是形象层。首先把物质材料转为艺术质料，在文学上，语言文字不是用于实用和学术之意义，而是走向文学之美的语言；在绘画上，形和色不构成实用图画，而是走向绘画之美的形色；在音乐上，音响不是实用的声音，而是按音乐之美的方式走向有组织的乐音。然后，从文学语言中形成文学形象，在绘画的形和色中形成绘画形象，在乐音的组合中形成音乐形象。形象的呈现是艺术作品从物质材料到艺术之美的转变完成。三是主题层。无论是文学、绘画、音乐，还是其他艺术，所呈现的形象总是有主题的，主题把形象的各个方面组织起来，主题与个人的意识、时代的思想、文化的结构紧密相关，主题把艺术作品之美与个人和时代之美、文化之美的思想关联了起来，并可以从意识上认识到。主题不仅仅是个人、时代、文化的美的理念，而且是把这些美的理念以一定的美学结构、类型、风格呈现出来。四是意蕴层。这是当前一般美学理论的用词，先姑且用之。此层是超出形象的不能由形象所能穷尽的美，是超出主题的不能由主题所能道尽的美。用中国美学的话来讲，就是景外之景，象外之象，言外之意，韵外之致。在中文里，景是对多种物按美的方式进行组织，而形成一个整体形象之景，在艺术作品中，就是对作品中所有因素组合起来而形成的整体形象之景。景外之景，即作品中整体形象之景不仅是这一整体形象之景本身，还内蕴着多于这一整体形象之景，而且明显地是在这一整体形象之景以外的景。这一景外之景就关系到人的深邃和宇宙的深邃。在中文里，象，与形不同，形重在一物的静态，象则重在一物的动态，是从时间之动去看一个活动之物。在艺术作品中，象，是各种因素组合起来的活的形象，是一个动态的形象整体之象。象外之象，即作品中形象的整体动态之象不仅是这一动态之象本身，还内蕴着多于这一整体动态之象的内容，而且明显是在这一整体之象以外的象。这一象外之象就关系到人的深邃和宇宙的深邃。言外之意的言，是对艺术作品进行包括材料、形象、主题等全面审美总结后的语言表述。一般来讲，通过这一语言表述，人理解和掌握了这一艺术作品。言外之意是，艺术作品中还有这总结之言所不能表达出来的东西，即在总结之言以外的意思。这一言外之意就关系到个人的深邃和宇宙的深邃。韵外之致的韵，是指艺术作品的总结特质，很多时候，对一个艺术作品的整体感受，在用语言表达时，形成的是要点和基本结构，虽然要点和基本结构可以概括整个感受，但还不是整个感受的全体。韵，就是指对艺术作品感受的全体，既有整体感受的核心，还有核心在作品各处的鲜活律动，以及每一个生动的细节，总之是美的全部感受的整体。韵外之致，是指作品中还有这一全部感受整体不能穷尽而在这一整体之外的东西。这一整体感受之外的东西，不在那里又在那面，如司空图《诗品·缜密》讲的"是有真迹，如不可知，意象欲生，造化已奇"。韵外之致关系到个人深邃和宇宙深邃。

艺术作品有如上四个层次，前面三层都与美的深邃无关，最后一个层次即意蕴层关系到个人深邃与宇宙深邃，因此可以称为深邃层。意蕴一词，按西方实体-区分型思维，应当或只是内蕴在作品之中，而按中国的虚实关联型思维和印度的是-变-幻-空型思维，景外之景、象外之象、言外之意、韵外之致，不仅在之中，也在之外，从其根源来讲，更应在之外，正如印度思想强调瓶内之空与瓶外之空本为一个空。中国思想从四个方面强调美的深邃，都用了"外"字，就是彰显美之深邃既在内又在外，一体不二。因此，正面地讲，艺术作品四层，前三层主要与个人意识之美、时代之美、文化之美相关，第四层则与个人深邃中的无意识之美和宇宙深邃之美相关。因此，欣赏艺术作品，就看其有无景外之景、象外之象、言外之意、韵外之致。有，则深邃之美在；无，则深邃之美缺。当从艺术欣赏中知晓深邃之美，再运用于现实审美，在现实的事物和景物处可以感受到深邃之美，正如嵇康在《赠秀才入军》（其十四）写自己的现实感受："目送归鸿，手挥五弦，俯仰自得，游心太玄。"

（二）怎样进入美的深邃

在审美中，个人、时代、文化之美是易知的，而深邃之美则相对难知，特别是当深邃之美与时代、文化之美相抵牾之时，但深邃之美又确实是存在的，正如人内心中确实存在意识所未曾意识到的无意识，宇宙中确实存在着已知世界之外的未知世界。当艺术家在优秀艺术作品中于有意无意间于灵感之中织进了深邃之美时，身在有限时空的人们如何去体会内蕴在作品中，同时也本就内蕴在人心深处的深邃之美的，作为美学理论，应当提供让明月呈现在眼前的妙手一指。虽指向月亮的手指并非月亮本身，但人们却可以顺着手指的方向，去望，并看见那轮明月。

在一个多元文化互动的时代，各种各样的文化思想，既给体悟深邃之美带来助力，同时也给体认深邃之美带来阻滞。特别是，文化宇宙和客观宇宙的多重交织，个体无意识与集体无意识的多重交织，客观宇宙的深邃织进文化宇宙的深邃之中，集体无意识的深邃织进个体无意识的深邃之中，交织着的个人深邃与宇宙深邃又织进文化之美和个人之美中，在这“乱花渐欲迷人眼”（白居易《钱塘湖春行》）的时代，走进美之深邃而不在歧路多多的路上感到迷茫，大概也可注意如下两大点，一是知晓进入美的深邃的系列关联。二是体会各大文化路径的基本特色。这两大点前面多次提过，这里以之针对深邃之美而言。新添的注意项是，这两大点其实是相互关联的。而关联的交汇点，用叶燮的话来讲，就是要一个高远的审美胸襟。孔子在《论语·里仁》中讲“我欲仁，斯仁至矣”。引申到美学中来，可成为：我欲美之深邃，斯美至矣。带着一颗寻美之深邃之心去寻，即力图站在人性的深邃和宇宙的深邃去看去感，是出发的条件。当然由于深邃之为深邃，本在意识、时代、文化之外，虽欲去感，所感之目标如云如烟，缥缥缈缈，就像所有的伟大艺术家在创造伟大艺术品之前一样，只是有着一颗寻觅之心，向前走去。上道之后，注意的两点就显得重要起来。

第一大点，注意审美上道之后的系列关联。具体来讲包含三个方面。

第一方面是注意中西印思路的互动。中西印在进入审美之后有不同思路。面对着无论是现实之美或艺术作品，西方实体关联型思路，要求把美与真、善严格地区分开来，以保证不要滑入非美的真、善之中，越走越远离美的路线。中国的虚实-关联型思路，要求一方面要分，另一方面要分而不分，把美与真、善进行显和隐的置放，一方面要一直在美的主路上行进，另一方面在需要的时候，可以让真或善从隐到显，过来帮个忙，但不能反客为主，让审美的行进，拐到非美的真或善中去。印度的是-变-幻-空型思路，不仅要求注意同时性的显隐分合，而且要求关注历时性的是与变。感美与寻美，过去、现在、未来，进行组合，又不断地在进行新的组合之中，不断地重看已经看了感了做过定性的过去之物在现在的性质，并根据现在和对未来的展望对之重新定性，再根据新的定性和新的展望，向前走去。在这三种方式中，西方的思路使美得到了最大突出，可以保证一直进行的审美的路线上，中国的思路使美因关联而显得丰富，印度的思路使美的主线行进和美的丰富关联都在是与变的交替中，使审美的行进，不停顿在当下，而向更前方和更高处展望。因此，在审美的行进中，兼顾三种思路，不仅有益于理解在三大文化中运行的审美方式的特征，而且可以对三种思路兼收并蓄，酌而用之，更容易从行进中的每一步去仰观俯察，远近游目表层的丰富关联和下面可能有的深层蕴藏。

第二方面是注意艺术作品四个层面中美的深邃的第四层面与前三个层面的互动。虽然美在深邃是在第四层面里，但又要从前三个层面体现出来。前三个层面与第四层面美在深邃的关系，一是显性的，就是中西印一直都在总结的系列的审美法则，二是隐性的，以精神分析的梦的法则方式关联。因此，在进入前三层时，一方面要运用已有的基本法则，另一方面又要从这些基本法则中跳出来，变已定的定法为法无定法的活法，使之成为处处有法又处处无法，这样就可以从显性中的关联，捉摸到隐性里的关联，从而使美的深邃从前三个层面中点点滴滴这里那里明明暗暗地透漏出来。等到第四层，已经有了充分的积累，一方面，可以很顺利地进入景外之景、象外之象、言外之意、韵处之致的美之深邃的“无”中去，另一方面进入美的深邃之“无”以后，再回头望前面三层，一种以前犹如“草色遥看近却无”（韩愈《早春呈水部张十八员外》其一）的未曾看出，而今成了好似“白云回望合”（王维《终南山》）的业已明白的彻悟就会产生出来。

第三方面是注意在审美进行中与灵感的互动。宇宙的深邃是无，人性的深邃是无，与之关联的美的深邃也是无。无即无法按意识、时代、文化的知识和逻辑去讲，这种无在审美上的出现，就表现为灵感，前面讲了灵感来不可遏，去不可止，出人意料，用叶燮《原诗》的话来讲，在灵感之中，理非常理，事非常事，情非常情，呈现为“不可名言之理，不可施见之事，不可径达之情”，“含蓄无垠，思致微渺，其寄托在可言不可言之间，其指归在可解不可解之会，言在此而意在彼，泯端倪而离形象，绝议论而穷思维，引人于冥漠恍惚之境”。在走向美的深邃的路上，在有序的行进中，不时会有灵感降临，灵感的到来，正是美的深邃在被瞥见而可能敞开的时刻，人突然感到了美的深邃在召唤。

第二大点，注意走向美的深邃中的文化宇宙与客观宇宙的关系。

美的深邃的根本在于宇宙的深邃，但宇宙的呈现不是以客观宇宙本身，而是以文化宇宙的面相，从而在审美向深邃运行而去之时，往往相遇的是由文化宇宙面相呈现出来的深邃。虽然，客观宇宙不是文化宇宙但又与之有着有无相生的关联，云烟组合的缥缈，但在理论上体悟其差异，对于走向美的深邃又甚为重要。这里，且以已知的中西印的文化宇宙与客观宇宙之同异为例，使走向美的深邃之道时，对之有所体悟。

西方审美因其文化宇宙的性质，使物体成为独特的审美对象，其审美进程，从物体的外在之“形”，到物体的内在之“式”，最后感受到这一内在的美之“式”不仅使此物为美，而且关联到具有宇宙普遍性的美之理。比如，物体内蕴的黄金比率，不但以古希腊的比例型方式（如维纳斯的雕塑）呈出，也可以近代的数列型方式（如鹦鹉螺中的曲线）呈出，还可以现代的分形型的方式（如埃舍尔的绘画）呈现，当其进入黄金比率的无限多的丰富性时，就进入了美的深邃之中，但如果认为只有黄金比率之“理”才为美的深邃，却并未完全体会到美的深邃，一定要知道，通过黄金比率可以感受到美之深邃，但黄金比率还不是美的深邃本身，比如中国的形式之比，就不主要是黄金比率，而是九五之比。最主要的是，在中国，九五之比也不是美的深邃本身，而是美的深邃的一种呈现。对于西学来讲，美的深邃要在进入对文化认知的某些宇宙深邃之理后，还要进一步地进入文化认定的美之理之外的“理外之理”，这正如海森堡的测不准定理、哥德尔的不完全定理，正如爱因斯坦和德布罗意的波粒二象性呈现的现象。在这一意义上，似可说，当按西方审美的路径进入，从物体的内在之式感受到宇宙的普遍之理，同时还感到这宇宙之理通向着“测不准”和“不完全”的更为浩瀚、更为缥缈的境界时，就感受和接近到了美的深邃。

中国审美因文化宇宙的性质，将物体看作在时空中运行的虚实合一的物体，因其运行这点，审美主要不是关注不动之形，而是观察在时间中运态之象，因此虚实这点，审美应当不仅是关注实体之象，更在于象中之气。然而是由外显之气进入内在之气，进一步，意识到在物体上，气乃一整体，内外相通，即外关联着内，内充溢于外。物之美以气为主，这气就是整体之气。中国的个物之气，本来与他物之气和宇宙之气内在关联互动，审美由物之气而进入宇宙之气，并在这一关联中，感受到了“万物皆备于我矣”（《孟子·尽心上》）的“天人合一”的宇宙感，进入了美的深邃。然而，物之气与宇宙之气的关联，并不是宇宙的整体之气，仅是宇宙整体之气在此物上的有限体现，因此，审美虽然达到了物之气与宇宙之气的关联，有了一种美的深邃，但还不是美的深邃本身，因为所感受到的“万物皆备于我矣”的深邃，不是宇宙整体之气本身，并不拥有真正的宇宙中的万物。如果说，感受到物之气与宇宙之气的关联而产生的一种审美之韵，那么，只有从这一关联进入宇宙整体之气本身的感受，才算进入了美的深邃的深处，这就是中国古人讲的“韵外之致”。这种“韵外之致”，超越了原有的“宇宙便是吾心，吾心即是宇宙”[①]（陆九渊）的深邃，而进入到真正的美的深邃之中，感受到类似于“测不准定律”“不完全定理”以及由“波粒二

① 《陆九渊集》，钟哲点校，北京：中华书局，1980，第483页。

象性”所呈现的必然的局限，而自己又感受到这或波或粒的局限，并体悟到局限之外的宇宙的深邃。

印度的审美因文化宇宙的性质，将物体看作在时间之流中不断呈为如此之“是”又不断转为非此之是的变，而形成是-变一体之“色”，物体之“色”必然引向与之关联的主体、与之相关联的他物，以及天地，并把关联的动态，集中到把各因素结为一体的“境”。审美之“境”关联着各个方面，又必然把审美之观引向各个方面，最终引向与物关联的天地的运行。在绝不停顿的时间之流中，物在是变中不断逝为空，与之相关的他物与天地也随之不断地逝为空，在时间一刹那一刹那的逝去中，物一刹那一刹那地转为空之时，天地万物也一刹那一刹那转为空，物之空与天地万物之空在转为空的时刻，会融为一个空的整体。美的深邃就是由诸因素合一的“境”向诸因素合一的“空”呈现出来。让不断逝转之空，与现在的虽显为实而实际为空的本质之空，物的未来尚未到来的空，在审美和思想中有了一种交融，这一以此一物体为中心点的过去、现在、未来的空的交融，引向了美的深邃。但以此物为中心点而融会起来的空，虽然关联到宇宙整体之空，但并不等于宇宙整体之空。因此，印度审美由色到境到空的最后之空，还不是真正的美的深邃，只有进一步放弃以此物体为中心而来的空，才能够体会到由此物体而关联起来的空犹如波粒二象中的波或粒，既对美的深邃有所得，又对美的深邃有所失。人只有依凭一物一景，审美才可以进行，但要真正地进入到美的深邃，又需要在审美的深入中最后放弃这一物一景，所谓筌者所以在鱼，得鱼而忘筌，言者所以在意，得意而忘言。真正的美的深邃，要求忘物忘我，丧物丧我，与天地同流，与宇宙合一。用印度自己的话来讲，是忘却所有的具体之物之我，而进入到宇宙本来的一中，万物皆来自宇宙之一，内在地具有宇宙之一，美的深邃就是进入到万物内在皆有的一中，具体到审美中，就是物我内在皆有的一。对于印度美学来讲，只要体悟到物与我在时间中每一刹那都在逝转为空，对物和我本来的空就有了一次次的体会，对物和我每刹呈实的客观之“幻”就会有一种真理的认知，从而走向由物到空和由我到空的识之深入。唯识论讲人有八识，最初的眼、耳、鼻、舌、身五识与物的互动，是审美之“色”的呈现，进入到意的第六识，是审美之“境”的形成，进而到末那第七识，是以物为中心与宇宙本质关联起来的空，进入到阿赖耶识的第八识，即感受到了忘物忘我的宇宙本空的深邃。

中西印关于美的深邃的具体讲述都是不同的，这不同犹如波粒二象中的波或粒，而只要知晓了波粒二象性的基本原理，就可以从中西印美学的波或粒中得到互鉴与综合，走向接近正确的美的深邃之路。

无论美的深邃究竟是怎样的，美的深邃的要点还是可以大致体悟的，这就是：人在享受审美的时代高度和文化高度的同时，也应意识到时代和文化的局限，个人在有限的一生中，对自我的深邃应怀有一开放的胸襟，对宇宙的深邃应内蕴探求的初心，在时代和文化的审美中，把人性深邃中的个性潜能发挥出来，去感受宇宙深邃的召唤，在昼夜交替、春秋循环、时代兴衰、文化互动的鸢飞鱼跃、鸟啼花落中，以鲜活的态度，去体悟和享受人生应有的那样一些时刻，既闪耀着个性光彩而又体现着宇宙深邃的时刻，这就是庄子讲的“以天合天”和孟子讲的“与天地同流”的时刻，既是屈原在漫漫而修远的路中，产生出“上下求索”的紧迫之心的时刻，也是杜甫呈现出“水流心不竞，云在意俱迟”（杜甫《江亭》）的悠然之心的时刻，是陶渊明赏菊、周敦颐赏荷、林靖和赏梅的时刻，是嵇康讲的“游心太玄”和陆象山讲的“吾心即是宇宙”的时刻，是禅宗感受到“空山无人，水流花开”的时刻，也是孔子讲的“予欲无言”的时刻……